シリーズ〈建築工学〉
7

都市計画

萩島 哲 編著

太記祐一　　黒瀬重幸　　大貝　彰
日髙圭一郎　鵤　心治　　三島伸雄
趙　世晨　　大森洋子　　佐藤誠治
小林祐司　　菅　雅幸　　　　　著

朝倉書店

編 集 者

萩島 哲 (はぎしま さとし)　九州大学名誉教授

執 筆 者

萩島 哲 (はぎしま さとし)　九州大学名誉教授　［1章，9章 9.1〜9.3］
太記 祐一 (たき ゆういち)　福岡大学工学部建築学科　［2章］
黒瀬 重幸 (くろせ しげゆき)　福岡大学工学部建築学科　［3章，11章］
大貝 彰 (おおがい あきら)　豊橋技術科学大学建築・都市システム学系　［4章 4.1〜4.4，7章 7.1，7.2，13章］
日髙 圭一郎 (ひたか けいいちろう)　九州産業大学工学部建築学科　［4章 4.5，7章 7.1，7.2，13章］
鵤 心治 (いかるが しんじ)　山口大学大学院理工学研究科　［5章，6章］
三島 伸雄 (みしま のぶお)　佐賀大学大学院工学系研究科　［7章 7.3］
趙 世晨 (ちょう せいしん)　九州大学大学院人間環境学研究院　［8章，12章 12.1，12.2］
大森 洋子 (おおもり ようこ)　久留米工業大学建築・設備工学科　［9章 9.4〜9.8］
佐藤 誠治 (さとう せいじ)　大分大学工学部福祉環境工学科　［10章，12章 12.4］
小林 祐司 (こばやし ゆうじ)　大分大学工学部福祉環境工学科　［10章，12章 12.4］
菅 雅幸 (すが まさゆき)　日本文理大学工学部建築学科　［12章 12.3］

まえがき

　都市計画とは，おおざっぱにいえば，経済，行政，環境，生活などの諸活動が空間に投影されたものを素材とし，空間的に望ましい方向に規制，誘導，計画することである．本書は，大学の学部学生の都市計画の教科書として執筆されたものであるが，他分野の方々，一般社会人の方々にとっても有用な情報が入っており，参考書となるよう配慮されている．

　最近の都市計画上必須の課題は，コンパクトな都市像をいかに構築し，どのように実現していくか，そのプロセスを操作可能な政策課題として提起することが問われている．机上のコンパクトな都市像を提起することは比較的容易と思われるが，実際の都市に対して実現可能な案を提起することは，きわめて困難である．一方で，短期的な動向に目を奪われて，「活性化」という理由で郊外に大型ショッピングセンターを立地したり，自動車交通を前提にした低密度市街地を促進したりしても，都市計画の明るい展望はない．それでは既成市街地の荒廃をもたらすだけであり，街づくりに無駄な投資を重ねるだけである．「コンパクト」と「活性化」がトレードオフの関係になっている．

　長期的な見通しをしっかりと堅持した都市計画を立案して，対処することが重要である．定量的な予測を積み上げて人口・産業などのフレームワークを設定し，諸活動と土地利用が適切にバランスされた土地利用計画や施設計画を立案して，人口減少時代の将来像を冷静に描くことが必要である．それは本書の中で繰り返し強調している環境，歴史と文化の中から，次の時代の都市像を語ることである．

　本書の構成は以下のとおりである．第1章は，序論として都市・都市計画の役割について述べている．第2〜3章は，都市計画，都市デザインを歴史的に概観している．第4〜7章は，総合計画，都市のフィジカルプラン，そして実現のための制度や街づくりを述べており，都市計画にとって中核を構成する部分である．第8章は交通と環境であり，前章に対応した都市の骨格の形成のありかたを述べている．第9〜11章は，文化と景観，環境計画，緑地・オープンスペース，歩行者空間とパブリックスペースを述べており，近年の都市計画をめぐる課題の中からピックアップしたものであり，その動向を知る手がかりを与えている．第12章はデータ処理と支援システムで，計画立案のためのややハードな手法について述べている．最後の第13章は都市の防災について述べている．これは建築系の都市計画ではなかなか取り上げない課題であるが，都市計画サイドから考えてみた．

　執筆の先生方は，それぞれの分野で活動をされているので，やや専門的な表現が多くなり，分野が広範囲に及んでいるのはやむをえない．本書を教科書にご採用いただく先生方には，半期の講義にしては盛りだくさんなので，適宜選択されて，ご使用いただきたい．

　なお，本書は諸先生方の多くの成果を参照させていただいているが，参考文献に記載していない場合があるかもしれないし，誤解して引用している可能性もある．あらかじめお詫びを申し上げるとともに，ご指摘いただければ幸いである．

2010年9月

萩島　哲

目　　次

1. 都市・都市計画の理念と社会的役割　*1*

1.1　都市とは何か　1
　1.1.1　都市の発生　1
　1.1.2　都市の基本的機能と都市のタイプ　1
　1.1.3　行政上の都市　2
1.2　都市計画とは何か　2
　1.2.1　都市計画の必要性　3
　1.2.2　都市計画に取り組む姿勢　3
　1.2.3　空間スケール（規模）で異なる計画，異なる計画要素　4
1.3　都市計画の役割　4
　1.3.1　活性化と再生，そして都市問題　4
　1.3.2　環境と文化戦略　4
　1.3.3　行政内の方針の総合調整，住民と行政との調整　4
1.4　都市の総合的な計画　5
　1.4.1　全体計画の必要性と部分の計画の必要性，そして全体計画の不必要性の議論　5
　1.4.2　部門別計画　5
　1.4.3　物的計画（フィジカルプラン）　5
　1.4.4　物的計画を実現していくための法定計画　6
1.5　都市の計画の多様な形式　6
　1.5.1　構想から実施までの計画　6
　1.5.2　時間軸に応じた計画　6
1.6　計画の一般的手順　6
　1.6.1　計画をシステムとして把握　6
　1.6.2　システムズ・アナリシス　6

2. 歴史上の都市計画・都市デザイン　*9*

2.1　東アジアの都市　9
　2.1.1　古代中国の都市計画　9
　2.1.2　日本の都城　10
　2.1.3　城下町の発展　11
2.2　西アジアとアフリカの都市　12
　2.2.1　古代メソポタミアの都市　12
　2.2.2　イスラームの都市計画　12
　2.2.3　イスラームの迷宮都市　12
2.3　ヨーロッパの都市　13
　2.3.1　古代の都市計画　13
　2.3.2　中世の都市デザイン　14
　2.3.3　ルネサンスの都市デザイン　15
　2.3.4　バロックの都市デザイン　16
　2.3.5　19世紀：古き良き都市の終焉　17

3. 近代・現代の都市計画・都市デザイン　*19*

3.1　産業革命と工業都市　19
　3.1.1　産業革命と都市問題の発生　19
　3.1.2　理想都市の提案とモデルタウンの建設　19
3.2　都市の改造　20
　3.2.1　アメリカの都市化　20
3.3　近代都市計画理論の展開　21
　3.3.1　近代都市への対応　21

3.3.2 コミュニティ計画としての都市計画 23
3.4 田園都市とニュータウン 23
　　3.4.1 田園都市の思想 23
　　3.4.2 イギリスのニュータウン政策 25

3.5 新しい都市計画理論 26
　　3.5.1 近代都市計画理論の批判 26
　　3.5.2 現代都市の再生と持続可能な開発 27

4. 総合的な計画　29

4.1 都市の機能配置と土地利用計画 29
　　4.1.1 都市の機能 29
　　4.1.2 土地利用と密度 29
　　4.1.3 土地の諸機能配置と土地利用分布 30
4.2 土地利用の空間構成と土地利用パターン 30
　　4.2.1 空間構成の把握 30
　　4.2.2 居住立地・業務立地・商業立地・工業立地 31
4.3 土地利用予測 33
　　4.3.1 定量的予測の役割 33
　　4.3.2 予測の手法 34
4.4 土地利用計画 35
　　4.4.1 計画で表現すべき内容 35
　　4.4.2 拠点と軸の構成 36
　　4.4.3 集約型都市構造の実現 37
4.5 都市の総合計画 39
　　4.5.1 総合計画の構成 39
　　4.5.2 市町村合併後の総合計画 42

5. 都市のフィジカルプラン，都市計画マスタープラン　46

5.1 国土の利用・保全と都市計画 46
　　5.1.1 国土利用計画（国土利用計画法） 46
　　5.1.2 土地利用基本計画（国土利用計画法） 46
　　5.1.3 国土形成計画（国土形成計画法） 46
5.2 都市計画マスタープラン 47
　　5.2.1 都市計画区域の整備，開発または保全の方針 47
　　5.2.2 市町村都市計画マスタープラン 47
5.3 都市計画マスタープランと実現化へのプロセス 52
　　5.3.1 まちづくりの体制(パートナーシップとネットワーク) 52
　　5.3.2 まちづくりの進め方 54
5.4 中心市街地活性化 54
　　5.4.1 中心市街地の活性化 54
　　5.4.2 中心市街地活性化基本計画の内容 55

6. 都市計画の実現のための制度　57

6.1 都市計画規制と建築規制 57
　　6.1.1 都市計画区域 57
　　6.1.2 市街化区域と市街化調整区域 57
　　6.1.3 地域地区 61
　　6.1.4 開発行為の規制 61
　　6.1.5 建築規制 61
6.2 都市計画の実現のための手法 63
　　6.2.1 土地区画整理事業 63
　　6.2.2 市街地再開発事業 63
　　6.2.3 共同建て替え 64
　　6.2.4 地区計画 64
6.3 都市計画の決定手続き 65
6.4 都市計画提案制度 66
6.5 都市計画と農業政策 66

7. まちづくり　*67*

7.1　都市調査　67
 7.1.1　都市レベルの計画のための調査　67
 7.1.2　地区レベルの計画のための調査　68
7.2　まちづくりの手法　70
 7.2.1　市民参加型のまちづくり　70
 7.2.2　まちづくり支援ツール　70
 7.2.3　まちづくりの実践例　71
7.3　地区単位のまちづくり　74
 7.3.1　都心の再生　74
 7.3.2　中心市街地整備　78
 7.3.3　住環境の整備　78

8. 都市の交通と環境　*80*

8.1　都市交通の特性　80
 8.1.1　都市機能としての交通　80
 8.1.2　都市交通の需要　80
 8.1.3　交通手段とその特質　80
8.2　都市の交通計画　81
 8.2.1　都市交通調査　81
 8.2.2　交通需要の予測　82
 8.2.3　都市総合交通体系計画　83
8.3　道路環境と交通施設　84
 8.3.1　道路網と街路環境　84
 8.3.2　公共交通の結節点の計画　84
 8.3.3　自転車交通　86

9. 文化と景観　*89*

9.1　都市の景観と景観デザイン　89
 9.1.1　景観は地域の解読,地域の発見から始まる　89
 9.1.2　景観のおもな操作的指標　89
 9.1.3　絵になる景観の典型的な3構図　91
 9.1.4　計画対象区域の設定方法　91
 9.1.5　景観デザインのプロセス　91
9.2　景観形成のための規制や事業への展開　92
 9.2.1　景観配慮デザインの事例　92
 9.2.2　ケーススタディ（筑後川流域,久留米市）　94
9.3　景観法（景観計画）　97
9.4　都市の歴史・文化とまちづくり　97
 9.4.1　歴史的町並み保全のまちづくり　97
 9.4.2　歴史的町並みを保全する制度　98
9.5　文化的景観　101
 9.5.1　文化的景観とは　101
 9.5.2　文化的景観と景観法との関連　102
9.6　歴史まちづくり法　102
 9.6.1　背景　102
 9.6.2　歴史まちづくり法の概要　102
 9.6.3　対象となる市町村　102
9.7　歴史的環境保全のまちづくり事例　102
 9.7.1　八女市八女福島伝建地区（福岡県）　103
 9.7.2　日田市豆田町伝建地区（大分県）　103
 9.7.3　竹富町竹富島伝建地区（沖縄県）　104
9.8　観光資源としての活用　105
 9.8.1　地域活性化の期待　105
 9.8.2　歴史的町並みを生かした観光　105
 9.8.3　観光まちづくりの具体的な展開　105

10. 都市の環境計画と緑地・オープンスペース計画　*107*

10.1　都市の環境計画　107
 10.1.1　環境問題　107

10.1.2　エコロジカルデザイン　108
　　　10.1.3　環境基本法と環境基本計画　108
　10.2　都市の緑地・オープンスペース計画　109
　　　10.2.1　緑地とオープンスペースの歴史　109
　　　10.2.2　今日的課題　110
　　　10.2.3　都市緑地法と緑の基本計画　110
　　　10.2.4　景観緑三法と緑の景観　111
　10.3　緑地　111
　　　10.3.1　緑のもつ役割・機能　111
　　　10.3.2　制度から見た緑地の分類　112

　10.4　公園・オープンスペース　112
　　　10.4.1　公園の計画と設置基準など　112
　　　10.4.2　公園の効果と役割　114
　10.5　緑化とまちづくり　114
　　　10.5.1　住宅地における緑地と緑地協定　114
　　　10.5.2　屋上緑化と壁面緑化　114
　　　10.5.3　クラインガルテンなど海外の事例　114
　　　10.5.4　市民参加とこれからの緑の政策　115

11.　歩行者空間・パブリックスペースの計画　*116*

　11.1　都市のパブリックスペース論　116
　11.2　近代以前の歩行者空間　117
　　　11.2.1　ヨーロッパ中世都市　117
　　　11.2.2　都市広場と近世都市　118
　　　11.2.3　ガレリアとパサージュ　118
　　　11.2.4　イスラーム都市と街路網　119
　　　11.2.5　日本の歩行者空間の歴史　120
　11.3　住宅地区と歩行者空間　121

　　　11.3.1　欧米諸都市の住宅地区　121
　　　11.3.2　アジアの都市の住宅地区　121
　　　11.3.3　日本の都市の住宅地区　122
　11.4　商業地区と歩行者空間　124
　　　11.4.1　欧米諸都市の商業地区　124
　　　11.4.2　アジアの都市の商業地区　125
　　　11.4.3　日本の都市の商業地区　126
　　　11.4.4　今後の展望　127

12.　データ処理と支援システム　*128*

　12.1　都市のデータ解析　128
　　　12.1.1　都市情報の選択と分類　128
　　　12.1.2　都市情報の処理　129
　　　12.1.3　都市情報の解析　130
　12.2　都市現象のモデル化　133
　　　12.2.1　都市モデルの概要　133
　　　12.2.2　多様な都市モデル　134
　　　12.2.3　人口予測モデル　134
　　　12.2.4　空間相互作用モデル　135
　12.3　支援システムとしてのGIS　135
　　　12.3.1　GISの特徴　136
　　　12.3.2　GISを使った空間分析と事例　136

　　　12.3.3　Google　138
　　　12.3.4　インターネットを通じた情報提供・サービス　138
　　　12.3.5　地理空間情報高度活用社会の実現　139
　12.4　景観シミュレーション　139
　　　12.4.1　ペイント系ソフトによるシミュレーション　140
　　　12.4.2　CGによるシミュレーション　140
　　　12.4.3　VRによるシミュレーション　141
　　　12.4.4　地形シミュレーション　141

13. 都市の防災計画　*143*

13.1　地域防災と都市の防災計画　143
13.2　都市の防災計画の考え方と手法　143
　　13.2.1　都市レベルの防災計画　143
　　13.2.2　地区レベルの防災計画　144

13.3　防災まちづくりの実践　145
　　13.3.1　防災まちづくりのプロセス　145
　　13.3.2　防災まちづくり活動の事例　145

索　　引　149

本書に掲載した図や写真のカラー版ファイルは，朝倉書店のホームページ http://www.asakura.co.jp/download.html から入手できます．

1. 都市・都市計画の理念と社会的役割

1.1 都市とは何か

1.1.1 都市の発生

集落が成立したのは，おそらく太古における生産活動の進展によるものであった．

狩猟で移動しながらの生活から，定期的に食料が得られる農産物を生産することで住まいが定着する．そして，共同作業などの必要に伴い，集合して住む集落が発生した．

農村集落から農機具などを生産する農工業が発生し，一方では農業生産物を取り扱う商業，流通部門が芽生えて，それらが集落の中で集中していった．ついには土地を介在しない純粋な商取引が成立する都市が発生する．これが「都市」を考える上での基本的傾向である．

その後，商業・流通部門が集中して商業都市の発生，ついで商業・流通部門から開発・管理・情報部門が分離，さらに管理，中枢機能が析出して中枢管理都市が発生，といったように機能が相対的に独立していき，現在まで多様な形状・機能の都市が，発展してきている．

以上の成立からわかるように，都市の形状の指標は，以下のとおりと考えられる．

a. 第2次人口，第3次人口の比重が高い場所

農地を生産手段にしている人ではなく，工業，商業で生業を成り立たせている人が集まって生活する集落である．

b. 人口密度が高い場所

人が集まって生活している場所であり，経済活動の焦点（生産と生活の集積地）で，物的施設の集積地である．

便宜的に「市街地」を表現する指標に，人口集中地区（densely inhabited district, DID）という考え方がある．国勢調査によるDIDの定義は，①人口密度40人/ha以上の調査区（調査区とは約50世帯の区域を1つの単位とする）で，かつ②互いに隣接して5000人以上となる地区である．

c. 都市的土地利用が多い場所

居住，宅地，交通などの人工的土地利用が多い場所，つまり都市的土地利用が多い場所である．

要するに，生活と産業の営みが活発でその密度が高い場所が，都市である．

1.1.2 都市の基本的機能と都市のタイプ

都市の産業構造，都市機能から見ると，生産部門は，かつての農業と工業という単純な図式から，今日では多様な産業で構成されており，それぞれが有利な場所を求めて集中する．

これらの集中する都市は，次の3つの基本的タイプにわかれる．この3つのタイプは，交通・情報・通信網によって相互に緊密にネットワークされ階層化されている．

a. 生産都市（地方都市）

このタイプの都市は，生産力を担う場所（資源と労働力立地，輸送立地，消費地立地）に立地している．地場産業によって成立している都市であり，先端産業の立地している都市もある．もちろんそれをサポートするサービス部門は付加される．地方に分散的に立地している．

中枢管理都市の周辺都市，首都圏内の小都市，その他のもろもろの都市が該当する．確かに地理的に有利な都市はそれだけで競争に有利ではある．

b. 中枢管理都市（ブロック都市）

上記の生産を担う都市は，全国的に展開している．それを統括する管理部門が立地しているのが，このレベルの都市である．ブロック相互間の競争であり，後背圏をいかに抱えるかがこの第2段階

表 1.1 市町村合併による市・町・村の人口・面積の変化（総務省資料）

区 分	1999 年 3 月 31 日			2008 年 3 月 21 日		
	団体数	人口	面積（km²）	団体数	人口	面積（km²）
市	670	90,361,923（76.8%）	104,923.0（28.3%）	783	106,030,910（88.9%）	209,600.7（56.5%）
指定都市	12	19,150,697（16.3%）	6,022.5（ 1.6%）	17	24,469,073（20.5%）	10,411.7（ 2.8%）
中核市	21	9,474,610（ 8.1%）	7,362.1（ 2.0%）	35	15,240,540（12.8%）	17,392.9（ 4.7%）
特例市	−	−	−	44	12,152,650（10.2%）	10,660.5（ 2.9%）
その他の市	637	61,736,616（52.4%）	91,538.4（24.7%）	687	54,168,647（45.4%）	171,135.6（46.1%）
町村	2,562	27,240,709（23.2%）	266,117.5（71.7%）	1,012	13,247,431（11.1%）	161,651.1（43.5%）
町	1,994	24,767,689（21.1%）	206,010.3（55.5%）	817	12,300,980（10.3%）	136,853.2（36.9%）
村	568	2,473,020（ 2.1%）	60,107.2（16.2%）	195	946,451（ 0.8%）	24,797.9（ 6.7%）
全国計	3,232	117,602,632（100.0%）	371,040.5（100.0%）	1,795	119,278,341（100.0%）	371,251.8（100.0%）

を目指す都市の課題である．業種間の調整もあるし，一定の行政とのかかわり合いも重要であり，したがって，県庁所在地や国のブロック機関あるいは国際機関をもつ都市が，決定的に有利で，議論の余地がない．福岡市，札幌市などがブロック都市である．

この都市は，交通通信システムの結節点であり，異業種間の情報収集の便利な大都市に集中する．商業，流通，管理的な業務で成立する都市である．

c. 首都（大都市）

交通通信システムの結節点，資本市場，メディア，政治の最近接地点．主要な多国籍企業の総合本社は，世界の少数の都市に集中する．管理・総括空間が集積している都市，それが首都である．

世界少数の都市とならざるをえず，そのための国際的な競争力が必要である．日本では東京しか候補はないが，しかし国際間の競争であるから，アジアの第 1 都市とするための工夫が要求されている．

d. その他

以上は，基本的な都市の 3 タイプであるが，地理的条件，歴史的条件などにより，副次的なタイプ，準じたタイプが存在する．上記の 3 タイプの周辺に位置する特徴のある地方都市，例えば住宅都市，港湾都市，観光都市，歴史都市，宗教都市などがある．

1.1.3 行政上の都市

以上のような都市タイプが存在しているが，行政上の「市」は，以下のとおりである（表 1.1）．

a. 市

① 原則として人口 5 万人以上，② 中心市街地の戸数が全戸数の 6 割以上，③ 商工業などの都市的形態に従事する世帯人口が全人口の 6 割以上，④ 都市的施設，その他の要件がある．

b. 指定都市

人口 50 万人以上（人口 100 万人程度，または近い将来これに達する見込み）である．他にも状況に応じていくつか要件が加えられるが，おもなものを挙げると，先行指定都市と同格の人口を擁する市であること，第 1 次産業従事者の比率が 10% 以下であること，都市的形態，機能を備えていることなどである．

c. 中核市

人口 30 万人以上．人口 50 万人未満の場合は面積 100km² 以上（1994 年改正 1995 年開始）である．

d. 特例市

人口 20 万人以上（1999 年改正 2000 年開始）である．

1.2 都市計画とは何か

「都市計画」とは，以上のような「都市」を「計画」することである．

生活と産業の営みを「望ましい都市空間」へ誘導していくために「計画」することが，「都市計画」である．「将来のあるべき姿を構想し，それへ至るプロセスを検討し，さしあたり当面の施策を立案すること」である．つまり，① 将来のあるべき姿の立案，② プロセス計画の立案，③ 当面の計画の立案の 3 つが，「計画」の構成要素である．

本書では，都市計画法で規定されている「都市計画」に限定せずに，幅広く「都市」を「計画」することと考えている．「計画」する主体は，制度としては，その実現の多くを担うことから，地方自治体である．役所内では，定期的に人事異動があって，都市調査，分析，提案の専門的，技術的蓄積がやや不十分であるが，総合的な視点をもつ計画が可能なのは地方自治体であり，それは地方自治体の責務でもある．

加えて住民側も力をつけてきており，部分的には住民側からの積極的な計画提案も可能になってきている．

都市計画プランナー，コンサルタントも一定の職能を確立しており，有用な情報を意思決定の場面で提供することが期待される．

このように都市計画は，行政が責務を負っているが，コンサルタント，住民を含めて計画主体の1つとして考える必要があるため，「都市計画」が「まちづくり」とされるのである．

1.2.1 都市計画の必要性

現代の多くの都市は，すでにそこに存在しており，その中でめいめいが異なった目的をもつさまざまな主体による絶え間ない建設によって，都市は改変されていく．それが常に調和を保ち，望ましい地域空間が自動的につくりあげられるという保障は，まったくないのである．生活に当然必要なものがつくられなかったり，住民を脅かすようなものがつくられ，安全性に劣り，安心できない都市，生活空間になったりしていくこともある．これに対する計画的な取り組みが必要になってくるのは，当然である．

また，行政としては，学校や処理施設などの公共施設の配置，供給などは，人口などの予測に基づいて長期の計画を立て，前もって予算化して準備し，順次供給していかねばならない．長期的な見通しに立った，総合的な計画行政が望まれるゆえんである．

地方自治法には，「市町村は，…その地域における総合的かつ計画的な行政の運営を図るための基本構想を定め，これに即して行うようにしなければならない」とある．

a. 方針，ビジョン，理念の提示の必要性

都市のビジョンを住民に示すこと，それは目標と政策の大綱である．われわれはどこからきてどこに行くのか，を示すことは自明である．

b. 全体の骨格の計画の必要性

合理的，効率的な都市機能配置が望まれる．都市の経営という観点からの全体の骨格の計画，全体計画の必要性が生じてくるのである．コンパクトなまちづくりは，この全体計画の観点から生まれてきた概念である．

c. 積み上げによる計画の必要性

一方，身の回りの生活環境などは，生活の尺度にあった計画が望まれる．全体的骨格的観点からは，見過ごされやすい要素であり，日常生活から発想される部分の計画が必要である．

全体の計画と部分の計画，この両者のバランスを考慮した「計画」が必要である．

1.2.2 都市計画に取り組む姿勢

精度の高い長期の予測は難しいが，できるだけ過去の情報を元に，あるべき姿，方向を予測し，「計画」していく．

単に工学的な机上の都市の計画ではなく，生きた生活につながっていく計画を立案することである．住民の意向，首長の交替などの変化があり，住民の生活に対しては，計画の継続性も必要である．

「都市計画」を勉強し研究するのが，われわれの役割である．これらを学んだ技術者，「専門家」は，個人や個人所有の土地を越えて，他人の土地や都市を「計画」するのであって，一般社会に大きな影響を与える．したがって，都市全体を十分に認知できない反省をもつ謙虚さが，「計画」する側に要求される．

これは往々にして忘れがちである．しかし「都市計画」の原点として，心の底にとどめておきたいものである．

1.2.3 空間スケール（規模）で異なる計画，異なる計画要素

　計画内容の精度は，対象とする範囲，広さによって異なる．一般に，計画の対象区域を市域全体とするのが基本計画の分野であるが，市を構成する行政区別，校区レベル，街区レベルの各レベルの課題に対応した計画・提案もある．

　当該の市で抱えている緊急課題に対応するための計画・提案もある．歴史的地区の保全，新興住宅地区の住環境整備なども都市の計画の1つである．さらに，商店街の活性化計画，歩道空間の計画，河川沿い地域，街並みの景観，山林地域，田園地域などの計画である．これらの計画では，空間のスケールは一定でなく，課題に応じて異なっている．ケース・バイ・ケースで「都市計画」は作成されることになる．

1.3　都市計画の役割

　以下の問題は，フィジカルな都市計画の範疇にとどまらないもので，総合的な計画に基づいて幅広い視点から対応すべきである．

1.3.1　活性化と再生，そして都市問題

　持続的な展開を可能にしていくためには，長期の計画とさしあたり実施する短期の計画をセットにした計画が必要である．ここで「活性化」と「再生」について整理しておく．

a. 都市の活性化

　都市の活性化は，中心市街地や商業地の活力あるにぎわいを都市計画上の課題として，追求することである．そのために職住近接が必須であり，商業地は住商混合であるべきで，これが都市計画での活性化を考える基本である．

b. 都市の再生

　都市の「再生」ということが，東京・大阪など大都市で叫ばれている．しかし，大都市はもともと自立しており，自立した都市の「再生」はありえない．それは自己責任で「再生」すべきことである．

　「再生」の原点は，地方の自治体が展開してきた「まちおこし」「むらおこし」であり，住民が担っていた．したがって，「再生」は，都市計画の範囲を含みながらも，自治体の「総合計画」の範疇まで広げて考えるべきである．

　地方都市の地場産業の再生，地方からの「まちおこし」こそが，都市再生の基本である．そこでは，地域に愛され地域に根ざした産業を元に，自立していく生産・産業の創造と地場産業の育成をベースにして，外部に打って出るというプロセスの戦略が求められる．

c. 都市問題

　かつて高度経済の成長期に発生した過疎・過密の都市問題から，住環境問題，生活共同手段の維持，そして今日の環境問題，雇用などの経済問題へ展開・進化してきた．しかし，これらは依然として高度経済の成長期の都市問題がベースとなっている．

1.3.2　環境と文化戦略

　環境問題は，都市のスケールを超えた広い空間で要請されているが，そのコントロールに関しては，企業別で議論されるが，一方で属地的でなければならない．各自治体が目標値を設定，その後官民の分担を考えて，各自が担う必要がある．市町村の環境基本計画が必要な理由である．

　自然・地形や生活・歴史・文化の解読を進めて都市の文化・観光のレベルを上げていくことが求められる．生活・歴史・文化的評価から，経済的評価への展望が生まれ，新規産業の育成につながる文化戦略をもつ必要がある．そのような生活文化の向上が，都市型社会にとって不可欠である．

1.3.3　行政内の方針の総合調整，住民と行政との調整

　総合行政が必要である．福祉，環境，雇用，経済，都市，生活などの多面的な施策を，総合的・効率的に調整し，順位づけし，展開する必要がある．そのような情報をもっているのが行政であるし，それをできるスタッフを抱えているのも行政であり，行政の責務である．

1.4 都市の総合的な計画

全域の計画があって，その部分の計画がある，あるいは総合的で指針的な計画があって，具体的で，規制的，戦略的な施策がある．つまり，それらはビジョン（政策目標，未来像，望ましい状態）およびビジョンを実現するための戦略と言い換えてもよい．

このようにそれぞれに２段階の計画をもっておくことが，長期の総合計画である．

空間スケールにおいては並列的に，都市構造的には垂直的に，２段階を想定した計画が必要である．これは，法定計画であるかどうかを問わず，「計画」というのは，このような性質を有するものである．

1.4.1 全体計画の必要性と部分の計画の必要性，そして全体計画の不必要性の議論

「計画」は文書による説明書だけではなく，図表などでわかりやすく表現すべきである．

全体計画と部分（行政区別，校区別）計画の両者が合わさって，はじめて総合的な計画が成立する．以下では，それぞれに全体計画と部分の計画があると，認識すべきである．

「近年，都市のゼネラルプランは必要なしという議論が起こっている．むしろアクションが起こっているところで，どう対処するか，が課題になっている．全体をどのように把握するか．全体を把握できる時代は，終わったのかもしれない」というような議論もあった．特に大都市では，その全体像が見えにくいこともあって，部分の動向，あるいは当面の動向に目を奪われることが多かった．

さらに，バブルの時期には，根拠や需要はさておき，何を供給すべきか，ビジョンを描くことが性急に求められてきた．需要の把握が十分でないままに，計画の内容は拡大しつづけ，実行されてきた．紙に描かれたビジョンが，根拠もなく，実施されてきた．自動車産業の展開にもその典型がみられる．

結果としてさまざまな投資や都市建設が原因で，経済の極度の不況に陥った．これが，現在当面している実態である．そのつけが，大都市，地方都市にきている．

現状を分析し，きめ細かく予測し，それらを積み上げて需要を推計して，構想を描く．この「計画」の根本原則が，いまわれわれに求められている．「都市計画」の初心に帰るべきである．

まちづくりの先進事例として取り上げられている「事業」の事例は，その背景や成立条件を読みこまないと，適用不可能な事例となり，単なる絵物語になる．記載された事例の自治体は，元気の出るところであるが，その歴史的地理的条件も異なる他都市に，マニュアル的に適用されたとしても，成功に終わることはない．

1.4.2 部門別計画

市町村は議会の議決をえて基本構想を策定するが，その総合計画（目標）の構成は，経済計画，社会計画，産業，生活，情報，文化計画，行財政計画，物的計画などの多様な部門の計画を含むものである．

行政は，「住民の福祉の増進を図ることを基本として」さまざまな側面の計画を立て，総合計画を立案するのである．それゆえに総合計画というのであって，総合性，計画性が原則である．

物的計画はその一部である．近年，都市計画マスタープランにその役割が移りつつあるが，総合計画の中にしっかりと位置づける必要がある．

1.4.3 物的計画（フィジカルプラン）

総合計画の一部を構成するものであり，目標的，骨格的，方針的な計画で，建築学，都市計画学を学ぶ学生にとって必須の計画である．

近年は，環境問題に対する自治体の対応も進んできており，そのフィジカルな政策も記載されることになり，コンパクトな市街地に貢献するような土地利用の計画などが，必要になってきている．

あるいは国際化に対応して，東アジアのネットワークの拠点としての整備も求められている．

物的計画の主要な事項は，以下のとおりである．

a. 土地利用・骨格の配置計画

都心ゾーン・副都心地区の配置，市街地のビジ

ョン，商業用地，工業用地，住宅用地，レクリエーション用地，田園地，森林用地などの配置である．

b．都市軸構成・拠点整備の計画

公共交通ネットワークと道路の整備，都市軸構成，都心・副都心の拠点整備などである．

c．その他

緑地・レクリエーション計画，文化・観光・景観計画，主要施設配置計画，骨格形成のプロジェクトなどが挙げられる．

1.4.4 物的計画を実現していくための法定計画

法定計画は，総合計画を実現していくための，いわば実施計画に移していくための施策となる．

その代表的な計画は，都市計画区域マスタープランと市町村マスタープランの制度である．都市計画区域マスタープランは，市町全域を対象にしたマスタープラン（県決定）である．市町村マスタープラン（市町村決定）は，市町村全域を対象にする計画と，行政区に分けて詳細な計画を立案する地区別マスタープランに分かれる．それをふまえて，都市計画制度，用途地域制などが適用されていくのである（第5，6章参照）．

その他では，国土利用計画，道路交通計画，緑の基本計画，それに景観計画が挙げられる．

1.5 都市の計画の多様な形式

全体として整合性のとれた計画が必要であり，スケールや期間に応じた多様な形式の計画がある．

1.5.1 構想から実施までの計画

a．基本構想

施策の大綱は，10～20年先にわたって実現すべき長期的な展望や政策大綱から成り立つ．

b．基本計画

基本構想を実現するために，5～10年の目標期間内に実施される基本政策が定められる．

c．実施計画

3～5年の期間内で実施する具体的な政策によって構成される．

1.5.2 時間軸に応じた計画

計画を，別の表現として時間軸で表現する場合もある．総合計画は，長期の計画であり，その実現を保障するために中期計画，短期計画を立案する．短期計画は5年，中期計画は10年，長期計画は20年先のビジョンを示すものである．

1.6 計画の一般的手順

プランナーがある一定の条件，仮定のもとに，あるべき都市の姿を構想（予測），その情報を意思決定者に提供するという観点で，計画を立案する．その計画案の作成過程は試行錯誤の連続である．

調査データも乏しい中で，ともすれば早急に結論が求められる．予測のためには詳細で幅広いデータが必要である．計画情報としてのデータを恒常的に蓄積しておくべきであり，しかも整理した形で蓄積しておかねば，計画立案に必要になってから急にデータを収集・整理しようとしても不可能だ．

1.6.1 計画をシステムとして把握

「計画」の立案過程は，試行錯誤の繰り返しである．

計画を深めていけばいくほど，その前段では漠然としていたことが，明瞭になってくる．計画すべき内容が少しずつわかってくるのである．最初から，何をどのように計画すればよいのか全体像はなかなかわからない．いったん，計画が終わると，次に実施計画，あるいは財政計画に入り，計画の問題点や全貌が見えてくる．すると，当初漠然としていた課題計画の甘さに気づき，明瞭な課題が現れてくるのでフィードバックし，再検討しなければならない．いままでわからなかったことが見えてきたのだ．これをふまえて，次の段階の新たな計画を立案することになる．

このようなプロセスを繰り返していくことによって，精度の高い，現実性のある合理的な計画が立案されていく．

1.6.2 システムズ・アナリシス

計画の立案は，以下のプロセスをたどるべきで

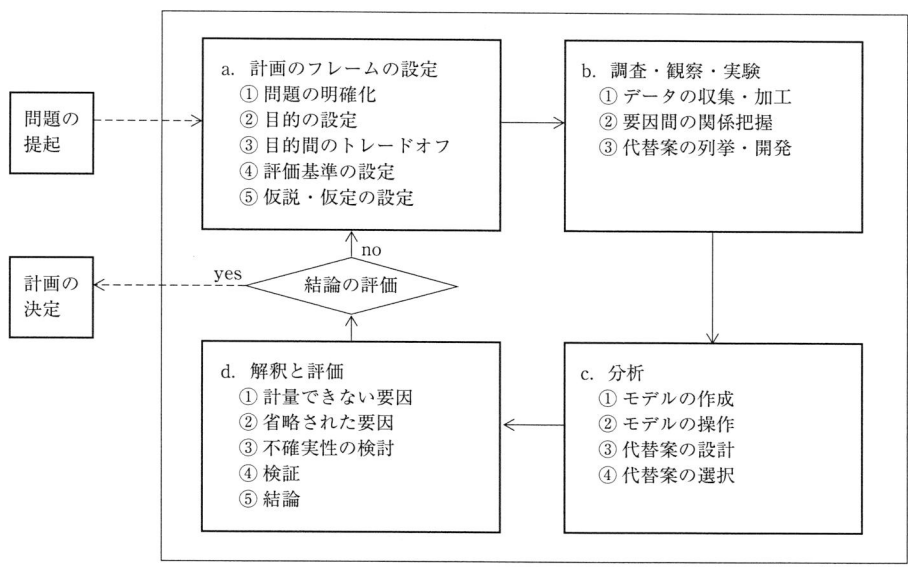

図 1.1 システムズ・アナリシス

あり，そのことをシステムズ・アナリシスという（図 1.1）．

a. 計画のフレームの設定

計画の目標を明確にする段階であり，問題を明確化する段階でもある．目標を定量的，定性的に把握することが大事である．また自由かつ積極的に図，表，フロー，イラストなどを活用しながら問題の骨格，計画の流れを決定する．

計画の全体の枠組みを設定する段階であるし，関連する分野を細大漏らさず俎上にのせて，計画のフレームを想定する段階でもある．

一方で，評価関数を想定しておく必要がある．

b. 調査・観察・実験

目的，課題に照らし合わせて，それにかかわるデータの収集，各種の調査，観察，実験を行う段階である．定量化できるもの，定性的なデータなどを加工・整理していく段階である．要因間の関係を把握する．同時に代替案の列挙も必要となる．

c. 分析

調査データに基づき，分析する段階である．データ相互間の分析，比較，因果関係を明らかにする．さらには代替案を設計して，定量化が可能であればシミュレーション分析を行う段階である．目的と手段・方法にそれぞれ代替案がある．相互比較表を作成する．

d. 解釈と評価

以上の一回りした段階をへて，さしあたりの結論を導いてみる段階である．有効度，費用・実現可能性などの評価基準によって選択する．

そして望ましい代替案を選択してみる．当初は，漠然としていたのであるが，この段階で計画の全体枠組みが見える．全体像がわかったところで，再度，最初の計画フレームの設定からのスタートである．

e. 結論の評価と計画の決定

最終的な結論と目的にかなう計画案の決定の段階である．

計画の枠組みの設定と，それに基づいた調査・分析を行い，将来予測（政策の効果の分析），シミュレーション分析，そして，その結果の検討を行うのである．

その情報を意思決定者に提供する．政策（計画案）の棄却，採択の決定が行われる．結論にいたらなかった場合は，それから再度，調査と分析を行い，評価に持ち込む．

手間がかかるようであるが，このようなプロセスをたどらないと，間違った政策の選択をしかねないのである．早急にビジョンを描くことは，戒めなければならない．

■参考文献

1) 全国市長会編:日本都市年鑑2008,第一法規(2008).
2) 吉川和広:新体系土木工学 第52巻,土木計画のシステム分析,技報堂出版(1980).
3) 萩島 哲:都市「再生」と「安全・安心」,日本建築学会大会協議会資料(2004).
4) 和泉洋人:わが国の都市再生施策の理念と戦略,日本建築学会(東海)都市計画部門研究協議会資料,100万都市の再生論とその都市像,日本建築学会都市計画委員会,5-10(2003).
5) 山崎 朗:アジアの産業立地—分析枠組みと九州経済との関連について—,アジア都市研究,1(3),9-22(2000).

2. 歴史上の都市計画・都市デザイン

　近代以前の都市計画・都市デザインには，多かれ少なかれ建設者の世界観や宇宙観が反映されている．近代的な機能や効率を重視する合理主義とは異なる構成原理は，独特な都市空間を生み出し，その多くは歴史的な景観として今日の都市空間の中に息づいている．

　本章では前近代の都市計画を探りながら，数多くの都市の中からいくつかの興味深い事例を紹介していく．それぞれの時代・地域の都市や都市の生活の全体像に関しては，他の著作を参照されたい．

2.1 東アジアの都市

　筆で漢字を書くことが端的に示すように，東アジアの文化の源は中国であった．これは都市計画に関してもそのままあてはまる．中国の都市計画は，日本をはじめとする周辺諸国の都市へ大きな影響を与えた．その特徴は，世界的にみたときには，皇帝や天皇といった絶対的な権力者の存在が，計画の前提にある点ではないか．

2.1.1 古代中国の都市計画

　古代中国の人々が考えた理想的な都市の姿は，古代の周王朝の制度を記した周礼という本に登場する．それによると全体は一辺9里（約5km）の正方形をしている（図2.1）．周囲を城壁で囲み，東西南北各辺に3つずつ計12の門がある．それぞれ向かい合わせの門をむすぶよう，東西の大通りと南北の大通りが，それぞれ9本ずつ格子状に直交する．宮殿の東には祖先を祀り，西には土地神を祀る．南に朝廷を，北に市場を整備する．

　しかしこれはあくまで理想形であって，現実の中国の都市はかなり異なる姿をしていた．比較的近いのは元が13世紀に建設した大都といわれる．この都は現在の北京の礎となったが，明代に北部を縮小し，さらに南に新市街を拡張したため，現代の北京は凸の字に近い独特な形をしている．

　わが国に大きな影響を与えた7世紀の唐の首都，長安城は以下の特徴をもっていた．東西9.7km，南北8.6kmの巨大な長方形の都で，宮殿（皇城）は北端中央部に設けられていた（図2.2）．

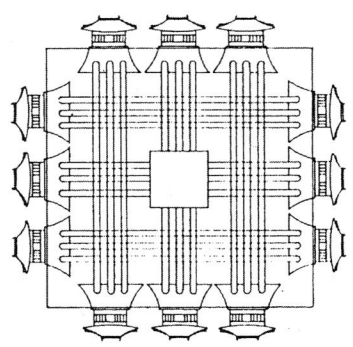

図2.1 周礼の理想都市[1)]

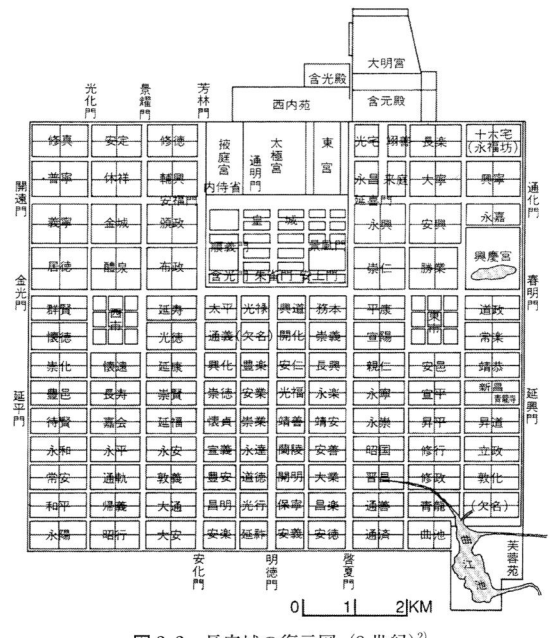

図2.2 長安城の復元図（8世紀）[2)]

南北11本,東西14本の大きな通りが格子状に並んで街区を形成していた.特に重要だったのは,宮殿の南門から都市の中央を南北に貫く朱雀大街(天街)と,宮殿の南端を東西に延長した第五街だった.これは皇帝を太極,つまり北極星になぞらえたことと関係があるといわれている.天子は南面して座し不動なのである.なお通りに囲まれた街区は坊というが,1つ1つが壁で囲まれ,内部はさらに十字路で4つに分割されていた.また敷地は南が山,北が川で南から北へ下がる傾斜となっていた.

2.1.2 日本の都城

飛鳥時代の日本には,都市といえるものは存在しなかった.飛鳥時代という呼び名は,飛鳥地方に天皇の宮殿が営まれていたことにちなんで,つけられたにすぎない.

7世紀末,中国の影響を受けて完成したのが藤原京である.ちなみに藤原京とは現代の呼び方で,当時の記録には新益京(あらましのみやこ)として登場する.これは周礼に影響され,中央に皇居である藤原宮をおき,街区は格子状の街路で坊にわけられていた.

長安城など,当時の中国の都市から直接の影響があったのは次の平城京である(図2.3).平城宮は都の北辺の中央におかれた.大極殿において南面して座する天皇を基準に,東側を左京,西側と右京と呼んだ.そして宮の南端にたつ朱雀門から南に朱雀大路を伸ばし,都市の中心軸としている.平城京ではこの朱雀大路は大和古道の下ツ道につながっている.面白いことに,左京の東側には外京が張り出していた.また平城京では道路の心線が格子状になるように計画されたため,大通りに面した街区は,普通の通りに面した街区よりも一回り小さくなってしまう問題も生じていた.

短期間で放棄された長岡京のあと,それまでの都市計画の教訓を生かした,わが国の都城の完成形ともいえるのが平安京である(図2.4).平安京は完全に左右対称で,街路計画は街区の大きさが一定になるように計算されていた.この街区は身分によって定められた大きさに切り分けられ,貴族の邸宅が造られた.この貴族住宅は後に王朝文化の興隆とともに,寝殿造へと発展していく.このため平安京も宮に近い地区では,街路の両側には築地塀が続いており,高級住宅街のイメージだった.

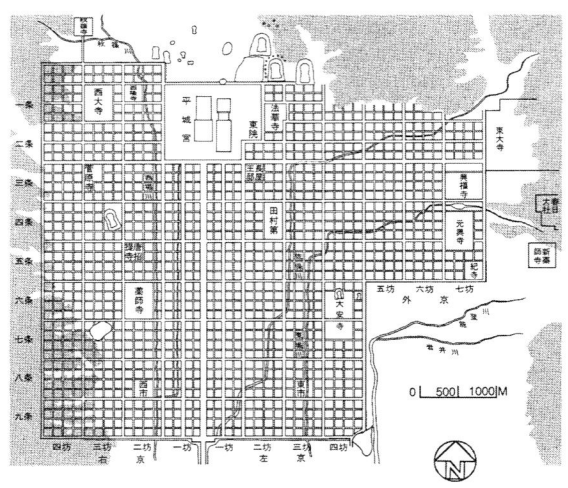

図2.3 平城京の全域図[2]

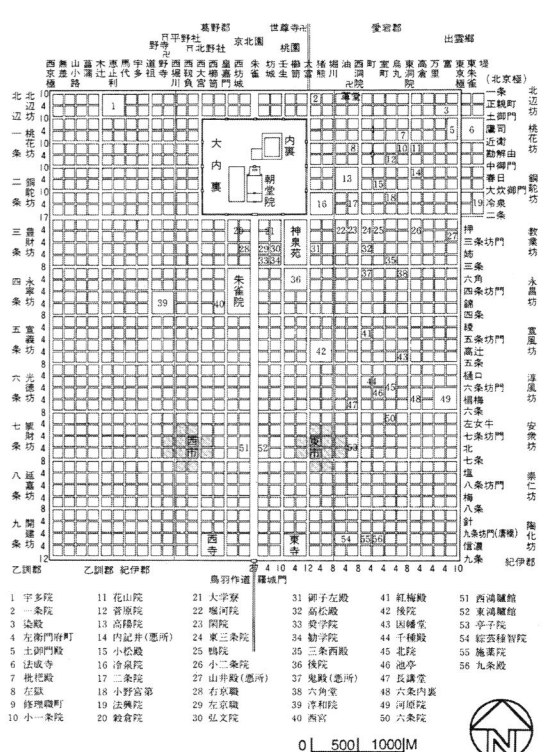

図2.4 平安京の全域図[2]

2.1.3 城下町の発展

古代末期から中世へと時代が変わるにつれ，古代の都城とは異なる形の都市が現れてくる．規模の大きな寺院や神社，公家や武士などの有力者の屋敷，そういったものの近くに人々が集まって住み，都市の萌芽ともいえるものが形成された．また規模の大きくなった複数の村が結びつきを深めていく例や，商人や職人の集団が集まって住む例も知られている．

こういった動きは個別にあるのではなく，多くの場合，複雑に絡み合っていった．15世紀になると多くみられるようになる，戦国期城下町や寺内町も，それぞれ武士の屋敷，有力な寺院が中心となって，その周囲のさまざまな都市を指向するエネルギーを取り込んだものだった．

16世紀末から17世紀初めにかけて，日本各地に城下町が建設された（図 2.5）．各地の大名が自分の領国の中心となる都市を建設したためである．特に関ヶ原の戦い（1600年）から大坂夏の陣（1615年）までの間，言い換えれば諸大名の領国替えから武家諸法度制定までの15年ほどの期間に建設された都市は，そのまま現在の日本の地方都市の礎となった．

城下町は敷地の地勢を生かしてさまざまな計画がなされたが，いくつかの共通点を指摘することができる．城郭を中心におき，その周囲に市街地を計画した．市街地は多くの場合，武家地，町人地，寺社地にゾーン分けがなされた．城郭の天守は，天守からの眺望・景観を考慮し，あるいはまたランドマークとしての意味合いを重視し，大通りのヴィスタにくるよう計画されることもあった．街路計画上，特徴的なのは，しばしば鍵形や丁字形など不規則な形がみられることで，「五の字」にたとえられた．これは市街戦を想定した結果との説もある．

城郭の周囲には身分の高い武士の屋敷が並び，さらにその周囲に中下級武士の住居がおかれ，武家地を形成した．

町人地は武家地の周囲や，城下町を通る街道沿いに計画された．多くの場合，長方形の街区が整然と並び，町屋が軒を連ね，商業や手工業の中心として機能していた．同業者たちが同じ街区に集まることも多く，現在の地名にその名残を留めることもある．街区の短辺の長さと町屋の奥行きには深い関係があり，町屋が二軒背中合わせになっていた．また町屋の間口は，三間（5.4m）ないし二間半（4.5m）のことが多かった．

寺社地は城下町のはずれに宗教施設を集めたも

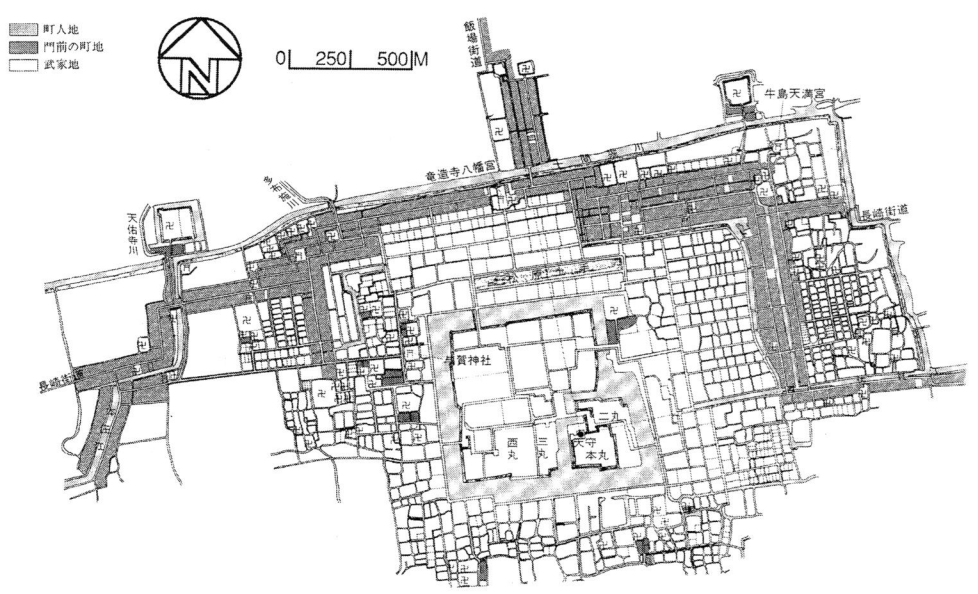

図 2.5　佐賀城城下町の復元図（17世紀）[2]

のである．江戸時代も後半になると，美しい庭園や仏像などの文化財を整え，城下町の住民たちの憩いの場所としても機能した．

2.2 西アジアとアフリカの都市

メソポタミア地方からエジプトにかけての一帯は，人類の最も古い文明が栄えた地域である．当然，歴史上，最も古い都市群をみることができる．おそらく世界最古の都市遺跡はトルコにある紀元前7000年紀のチャタル・ヒュユクで，これは街路のない都市遺跡としても有名である．

メソポタミア地方の都市文明は他の地域と比較して，その実態が比較的わかっており，不明なことが多い古代エジプトの都市と対照的である．

2.2.1 古代メソポタミアの都市

シュメール人が都市を築き都市国家を建設したのは，5000年ほど前ではないかと推測されている．この時代を偲ばせる都市遺跡として有名なのがウルである．おそらく紀元前22世紀から21世紀にかけて栄えた，ユーフラテス川沿いの港町だった．全体は卵形をし，中心には宮殿と巨大なジッグラトという神殿とをもち，市街地には中庭式の住居が高密度で立ち並んでいた．この時期すでに公的な空間——この場合は宮殿と神殿——と宅地をわける発想があったのだ．

紀元前6世紀に栄え，空中庭園の伝説で有名な新バビロニア王国の首都バビロンでも，より大きなスケールで同様な特徴をみることができる．バビロンの城門の1つ，イシュタル門は発掘調査の結果，彩色煉瓦による壮麗な姿がわかっている．

2.2.2 イスラームの都市計画

7世紀に歴史に登場するやいなや，すさまじい勢いで中近東北アフリカを席巻したのがイスラームである．西ローマ帝国の崩壊後，西欧で都市が急速に衰退したのに対し，イスラーム世界では都市が次々と建設された．8世紀のアッバース朝が建設したバグダード（現イラク）や10世紀ファーティマ朝によるカーヒラ（現エジプトのカイロ）は有名である．その中でも都市計画という点から，

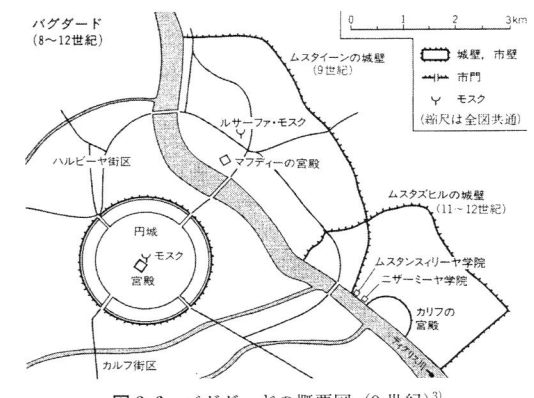

図2.6 バグダードの概要図（9世紀）[3]

特に面白いのはバグダードで，世界でも珍しい円形の都市計画に従って建設された（図2.6）．

これは中心に円形の広場を設け，その外側にドーナツ形の市街をおくという，同心円を基準にした計画だった．中央の広場には宮殿とモスクなどがおかれた．市街地は中心から放射状に並んだアーケードの両側に建物が並んでいた．そして全部のアーケードをむすぶ円環状の道が，アーケードの両端につくられていた．防御は特に堅固で，市街地の外側に二重，市街地と広場の間に一重，計三重の城壁をもっており，おおむね西北・東北・東南・西南の四方に門があった．ただしこの円形都市（円城）はイスラームの宇宙観を表現したわけではなく，またそれゆえ他の都市の祖形にもならなかった．なおバグダードはこの円城を越えて発展し，9世紀に人口70万人に達したという説もある．

2.2.3 イスラームの迷宮都市

イスラームの考え方では，都市とはまず金曜日の集団礼拝の場であった．そして街路や市場（スーク），浴場（ハンマーム）が整備され，統治者がいて，裁判が行われ，商工業が発達した所だった．これらを支えるものとして，十分な水と堅固な守りが重視された．

イスラーム都市の特徴の1つは，迷路のように入り組んだ，狭く細い街路であろう．イスラーム都市の街路は袋小路が非常に多く，多くの都市で4割を超える．街路の両側には3階建て，あるい

はそれ以上の高さの住宅が並ぶが，窓は小さく目立たない．住宅は通常，中庭を美しく整備し，それに向かって諸室が開く形をとっている．このような街区は，例えばシリアのダマスクスのように古代ローマの整然とした都市計画が基本にある場合でも，みることができる．

2.3 ヨーロッパの都市

ヨーロッパ，特にアルプス以北の地域は，長い間，人口も少なく，目ぼしい都市もない状態が続いていた．人口50万を超える都市こそが前近代における真の大都市とするならば，長安（6世紀），バグダード（9世紀），コンスタンティヌポリス（現トルコのイスタンブル）（6世紀）に比肩しうるものは，ローマ（2世紀）以外，長い間，存在しなかった．

ヨーロッパの都市の発達が顕著になるのは，14世紀後半の北イタリアやフランドル地方だった．これらの都市がルネサンス文化を育んでいったことは，説明するまでもないだろう．ロンドンやパリの人口が50万を超え，世界的な中心の1つになるのは17世紀のことである．

そして19世紀になると，市民革命と産業革命を経験することで，ヨーロッパの都市は飛躍的に発展する．言い換えれば近代的な都市問題に直面し，これを克服することが求められたのである．工業化，資本主義，民主制，そういった諸々の現代的なシステムがヨーロッパから世界中に広がっていったように，近代的な都市計画もヨーロッパから展開していくことになるのである．

2.3.1 古代の都市計画

ギリシャ，ローマといったヨーロッパのいわゆる古典文明に共通する特色は，中国のような絶対的な権力者をもたない点である．それゆえヨーロッパの古代都市は，いずれも市民たちの集会が開かれる広場が全体の中心となっていた．アテナイの民会（エックレーシア）は有名であるが，いわゆるローマ帝国でさえも共和制を基礎としており，皇帝は元老院と市民の代表という位置づけだった．

例えば先にふれたアテナイの中心には，アクロポリスがありパルテノンが聳え立っている．ここは女神アテネの神域であり，都市の中心である．そしてその西北にアゴラと呼ばれる広場が整備された．アゴラはストアという吹き放ちの列柱廊によって囲まれていた．このアゴラでは都市生活に必要なさまざまな活動が，混然と行われていた．

古代ギリシャの都市の多くは，アテナイと同様，自然発生的に誕生し発展したものであった．しかし人々は，都市には宗教施設，アゴラとストア，そして多くの公共施設がなければならないと考えていた．このうち特にギムナシオンやスタディオンといった運動施設や野外劇場は有名であろう．

よく最古の都市計画家と称されるのは，ミレトスのヒッポダモスである．彼は生没年不明だが紀元前5世紀にアテナイで活躍した．都市の有様が社会の有様と密接に関係していると考え，整然とした都市を提案した．政治家ペリクレス――パルテノンの再建を推進した――と親交があり，哲学者アリストテレスにも影響を与えたとされる．

彼の都市計画の特徴は2つある．1つは格子状の整然とした街路計画，もう1つは宗教施設，公共施設，住宅といった用途によるゾーニングである．自身の故郷，ミレトスの計画にこれらの特徴はよく現れている（図 2.7）．なおミレトスの街路計画では，寸法の異なる2つの格子が使用されている点は興味深い．

ヒッポダモスの都市計画は，後世に大きな影響を与えた．紀元前4世紀のペロポネソス戦争で破壊された都市の再建や，アレクサンドロス大王の大遠征の際の都市建設などに，ヒッポダモスの影響を見てとることができる．特にアレクサンドロスがエジプトに建設したアレクサンドリア，彼の部下セレウコスが建設したアンティオキア（現トルコのアンタクヤ），この2都市はいずれも格子状の街路計画をもち，古代において地中海を代表する大都市へと発展した．

都市としてのローマは7つの丘の異名からもわかるように，起伏の多い地形に建設された．ユピテル神殿のあるカピトリム（英語のcapitalの語源）の丘と，そのふもとの広場を中心として発展

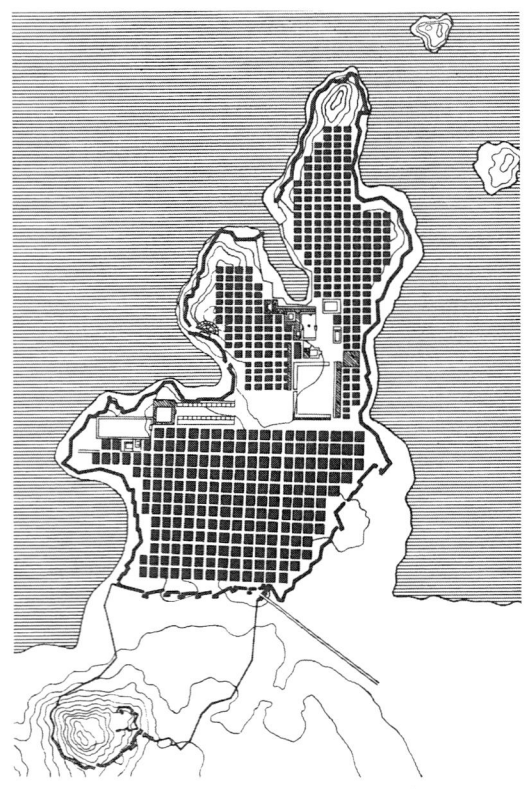

図2.7 ミレトス（紀元前5世紀）[4]

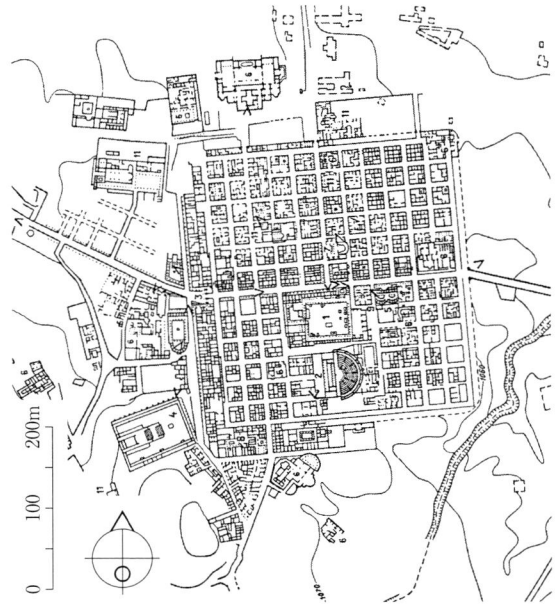

図2.8 ローマ植民都市の街，ティムガド（アルジェリア，1世紀）[4]

した．ローマでは広場のことをフォルムというが，帝政期になると歴代皇帝は次々と巨大なフォルムを建設していった．またフォルムを見下ろすパラティウム（英語の palace の語源）の丘に宮殿を建設した．

この首都ローマも，また遺跡として有名なポンペイも，基本的には自然発生的に誕生した都市だった．しかしいずれの都市においても，古代ローマにおいては，街路は石材で舗装され，車道と歩道にわけられていた．また上下水道が整えられ市内には公共の水汲場が整備された．このような都市基盤の整備は，実はローマが成し遂げた最も偉大な事業といってよいだろう．

この石材で舗装されたローマの街路は都市と都市とを結ぶ街道へとつながり，広大な帝国中に張りめぐらされた交通網を形成していた．そしてローマの人々はこの交通網の整備とともに，新しい都市を次々と建設した．

ドイツの森，リビアの砂漠，トルコの草原，どこであれこれらは皆おおよそ同じ計画に基づいていた．都市は周囲の守りを城壁でかため，要所要所に門が用意されていた．街路は2本の大通りがほぼ正確に東西（デクマヌス）と南北（カルド）に十字形に設定され，これを基準に格子状の街路計画がなされていた．2本の大通りの交差する付近に広場（フォルム）が設けられ，そのさらに中心には神殿が，周囲には列柱廊（ポルティコ）が建設された．そして広場に面して公会堂（バシリカ）などの公共施設が建設された（図2.8）．

このようなローマの植民都市は，広大な領土の至るところに建設された．少し例を挙げれば，ロンディニウム，ルテティア・パリシオルム，ヴィンドボナ，コロニア・アグリッピナといった古代の植民都市は，現在いずれもヨーロッパの主要都市に発展し，それぞれロンドン，パリ，ウィーン，ケルンと呼ばれている．また先に述べたようにシリアのダマスクスも，ローマ都市の名残を今日まで残している．

2.3.2 中世の都市デザイン

5世紀の西ローマ帝国の崩壊は，同時に西ヨーロッパにおける古代都市の終焉を意味した．これ

以後，ビザンツ帝国の首都コンスタンティヌポリスと後ウマイヤ朝の首都コルドバを除けば，人口数十万規模の都市はヨーロッパには長い間，存在しなかった．13世紀末の段階で人口が10万人を超えたのは，パリ，ヴェネツィア，ジェノヴァ，ミラノで，これにヘントとケルンが続いたが，大半の都市は数千人規模であった．

中世都市の重要な点は，経済活動の中心として発展したことである．これは古代の都市が多かれ少なかれ，政治の中心としての意味合いが濃厚であったのと対照的である．その起源はさまざまだが，初期において重要な要素は市場である．交易のための市場を中心に集落が発展し，やがて都市となった例も多い．こうした市場集落をブルグス（ブール）と呼び，古代以来の都市，領主の城，修道院などと関連しながら発達した．

こうした都市は，最初は地域の核でしかなかったが11世紀以降，他地域の都市との交易が盛んになると，ヨーロッパ全体に広がるネットワークの一部となっていった．そしてそれと同時に，都市によって程度の差はあるが，自由な市民の自治による平和な共同体が意識されるようになった．

そのせいか，都市計画を具体化するだけの力がある人物や組織が，中世ヨーロッパの都市には存在しないことが多い．このため都市空間は店舗・住宅・菜園などの私的空間と街路・広場・市場・教会・市庁舎などの公的空間がせめぎ合う，スリリングな場所となった．そして空間的には非常に不規則かつ不整形な都市が形成された．

都市は通常，大きな教会堂（多くの場合，大聖堂の称号をもつ）と広場に面した市庁舎という，聖俗2つの中心をもつことが多かった．特に市庁舎前の広場は重要で，市が開かれるだけでなく，祭の舞台，市民の集会場，処刑場など，さまざまな目的に使われた．また市街地の周囲は通常，城壁で囲まれ城門が整備されていた（図2.9）．

中世の人々にとって都市は，聖書に登場する天上のイェルサレムを連想させる神聖な都のイメージが強かった．しかし現実には商工業の中心である以上，金と物があふれ欲望が渦巻く悪徳の場所でもあった．それゆえ中世後期の都市は貧しい者

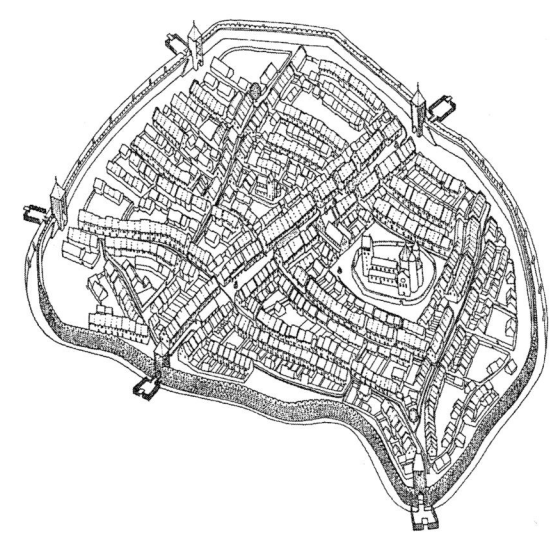

図2.9　フライブルク（1200年頃）[5]

の救済を目標としたフランチェスコ会やドメニコ会などの托鉢修道会の活動の場となった．彼らの修道院は都市の開発・再開発の拠点としても重要な意味をもっていた．

2.3.3　ルネサンスの都市デザイン

中世都市の自由な繁栄の中からルネサンス文化が生まれ出ていったのではあるが，ルネサンスの都市計画はむしろ君主たちのためのものだった．

フィラレーテがミラノ公フランチェスコ・スフォルッツァのために提案したスフォルツィンダは，円形をした理想都市だった（図2.10）．宮殿や教会が並ぶ中央の広場から，放射状に道が延び，頂点が8つある十六角形の星形の城壁へと続いていた．

このような多角形の中心を強調した計画は，要塞都市として後世に実現していくことになる．特に有名なのはパルマノヴァではないだろうか．

さてルネサンス期にローマの文化を庇護し支えた歴代ローマ法王たちは，お膝元ローマの再開発を考えていた．ローマは古代の繁栄の後，異民族の略奪などもあって中世にはかなり規模が縮小していた．そこでこの都市にキリスト教の中心地，世界の都にふさわしい栄光に満ちた荘厳な姿を整えようと考えた（図2.11）．

ルネサンス最高の広場とされるミケランジェロ

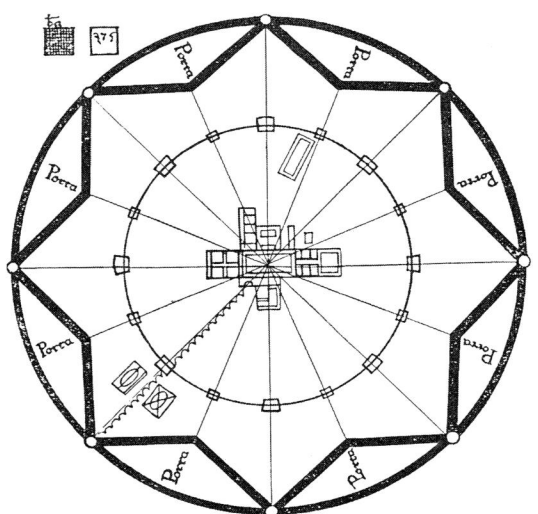

図 2.10 スフォルツィンダの理想都市，フィラレーテ（1465 年頃）[5]

のカンピドリオ広場もこのような流れに乗って，古代のカピトリウムの丘に設計されたのである．またこの作品は，中世においてせめぎ合っていた広場とその周囲の建築が，地勢も含め1つのデザインのもとに統合されうることを，再び示した点でも重要である．

2.3.4 バロックの都市デザイン

16世紀後半になるとローマの再開発計画は法王シクストゥス五世の下で，さらに発展を遂げた．具体的には市内に点在する，由緒正しい教会を周辺も含め整備すると同時に，直線の街路で結び，いってみれば神聖なネットワークで都市を包み込んでしまおうとしたのである．

バロックの巨匠たちが競って彫刻や建築，広場を整備したのも，このような流れが背景にあってのことである．ポポロ広場，スペイン階段などローマの主要な広場は皆，バロック時代に整備されたものである．ダイナミックでドラマチックな彫刻が建築から広場へ，街路へと神の栄光を讃えながらあふれ出し，都市全体を祝祭的な景観で満たしていったのである．そして劇場のような壮麗な広場同士が美しい街路で結び合わされて，都市全体にネットワークとして広がっていくのである．

バロックの都市計画はフランスでさらに発展することになる．丘が重要な意味をもつローマと異なり，パリは平坦な都市である．ルイ14世に仕え，ヴェルサイユ宮で幾何学庭園を完成させたル・ノートルは，ルーヴル宮からまっすぐ西に延びる都市軸を提案し，国王の偉大な権威に形を与えようとした．この軸上には後に，コンコルド広場，シャンゼリゼ通り，凱旋門などが整備され，ルーヴル宮から一直線上に見通すことが可能な壮

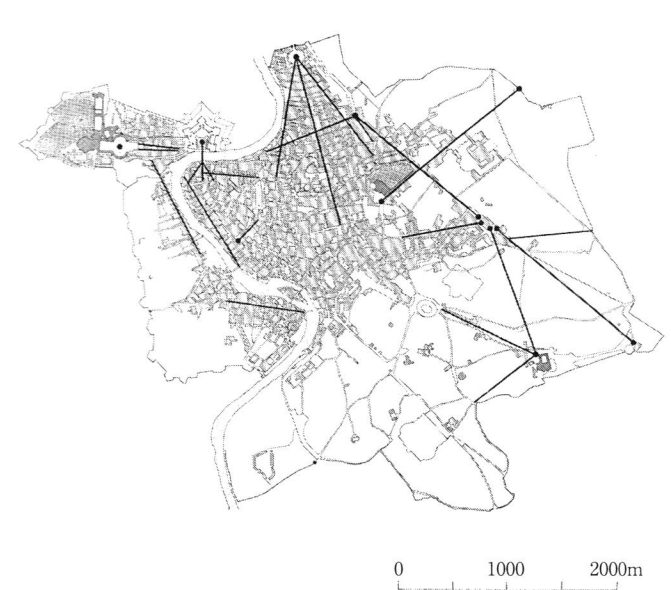

図 2.11 宗教都市ローマの整備[5]
黒い線が15～16世紀に整備された道路．

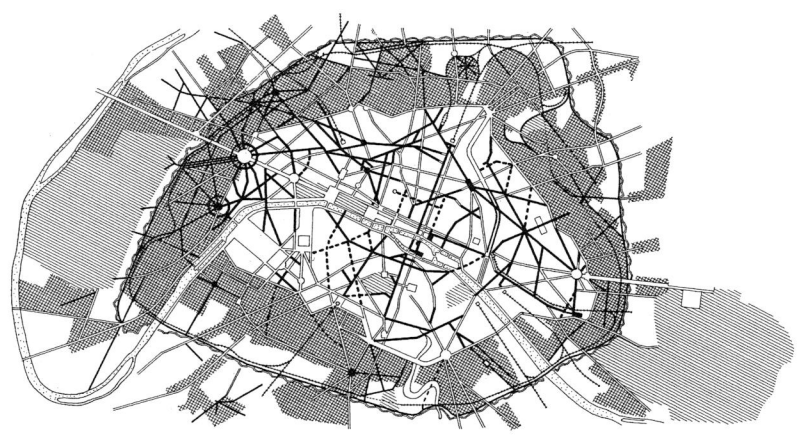

図 2.12　オースマンによるパリの再開発計画[1]
黒線は新しい道路，方眼の部分は新地区，斜線の部分はブローニュの森（左手）とヴァンセヌの森（右手）の2つの大きな郊外公園．

麗な都市景観が誕生した．

このような考え方は，後に取り上げるオースマンの再開発計画でも踏襲されたし，ヨーロッパ以外にも広く影響を与えた．フランス人ランファンによるアメリカ合衆国の首都ワシントンや，20世紀にイギリスの建築家ラッチェンスが計画したインドのニュー・デリーなどは好例といえる．またバロック的な手法がいびつなまでに拡大していった先にはヒトラーの大ベルリン計画があるだろう．もしもこのバロック的な都市デザインを，視線の軸とヴィスタという発想にまで還元するのであれば，丹下健三の広島平和記念公園の計画もバロック都市のモダニズム的翻案といえるだろう．

2.3.5　19世紀：古き良き都市の終焉

19世紀になるとヨーロッパ全体で劇的に人口が増加したこと，急速に工業化が進んだことなどから，都市の人口は劇的に増えた．そして住宅不足だけでなく衛生，交通，治安といった問題が浮上してくる．

その理由の1つには，ルネサンスからバロックへと建築の意匠は変化し都市の表向きの様相も変化したが，活動の基盤となる市街地は，中世以来，ほとんど変化していなかったことが指摘できる．ヨーロッパでは，19世紀に至るまで都市基盤の整備は古代ローマの水準に達することはなかった．曲がりくねった幅の狭い舗装されていない街路

と，それに面してすき間なく立ち並ぶ，何層にも積み上がった木造建築へ，産業革命以後，膨大な人口が農村から流入していったのである．

特に見落としてはならないのは，19世紀に馬車の交通量が劇的に増え，自動車が開発される前にすでに交通渋滞や交通事故が社会問題となっていた点である．19世紀ウィーンの都市デザイナーのカミロ・ジッテは，歩行者と馬車の共存がいかに難しいかをすでに説いている．

19世紀中頃，ナポレオン三世の下でパリの再開発を任されたセーヌ県知事オースマン男爵は，こういった問題に対して，効果的であると同時に乱暴ともいえる手法で臨んだ．つまり歴史的な街区を次々と取り壊し幅の広い直線の大通りを建設し区画整理していったのである（図2.12）．この結果，パリは不潔な曲がりくねった街路から解放されたと同時に，風情のある伝統的な町並みを失った．オースマンはさらにこの大通り（ブールヴァール）に面して中層の集合住宅を建設した．いわゆるアパルトマンである．現在，われわれがパリの歴史的な町並みと考えているものは，このようにして19世紀中頃に生み出されたのである．

これに対して，パリほど規模が大きくなかったウィーンでは，まったく異なる再開発手法が用いられた．ウィーンでは19世紀中頃まで，城壁——より正確には堡塁という大砲のための陣地——が都市の周囲を取り巻いていた．しかし兵器の発達

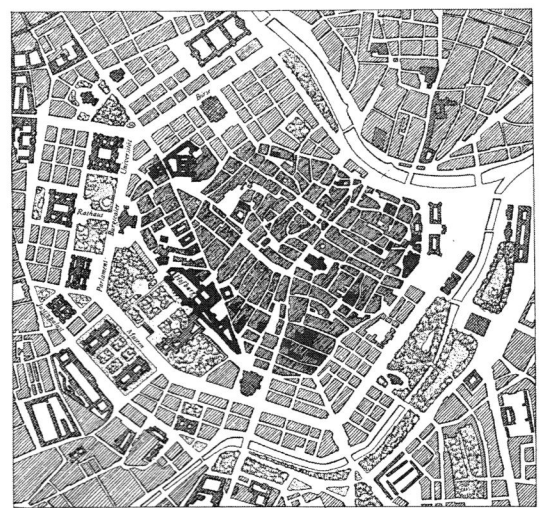

図 2.13 リンクシュトラーセ再開発後のウィーン[6]

により無用の長物と化したため，取り壊しが決定されたのであるが，この城壁の跡地に幅の広い環状道路（リンクシュトラーセ）を建設し，それに沿って大規模な公共建築を次々と建設したのである（図 2.13）．

19世紀，急速に進行した近代化とともに都市の有様は根本から変化した．都市はもはや王の権威や宗教の力を示す舞台ではなく，もとより宇宙観に形を与えたものでなどなかった．近代以降の都市はまず何よりも，国土全体に広がるさまざまな活動の中心として，機能的であることが重要視されるようになったのである．

■参考文献

1) 都市史図集編集委員会：都市史図集，彰国社（1999）．
2) 高橋康夫・吉田伸之：日本都市史入門 全3巻，東京大学出版会（1989）．
3) 三浦 徹：イスラムの都市世界，山川出版社（1997）．
4) ベネーヴォロ：図説世界の都市史 全4巻，相模書房（1983）．
5) グルーバー：ドイツ都市造形史，西村書店（1999）．
6) スピロ・コストフ著，鈴木博之監訳：建築全史 背景と意味，住まいの図書館出版局（1990）．

3. 近代・現代の都市計画・都市デザイン

近代・現代の都市計画・都市デザインには2つのルーツがある．1つはイギリスの産業革命に伴う社会改良主義的な理想都市案であり，もう1つはフランスの17世紀の絶対王政時代のヴェルサイユ宮殿に代表されるバロック的都市デザインである．これら2つのルーツは時代と地域を超えて，その後，近代・現代の都市計画・都市デザインの底流となっていった．

3.1 産業革命と工業都市

産業革命とそれに伴う工業都市の発生は，従来の支配者のための都市計画から産業や生活の器のための都市計画に向かう契機となった．

3.1.1 産業革命と都市問題の発生

18世紀半ば以降，イギリスでは産業革命が進行した．新しく興った工業都市には，農村を離れた農民が労働者として住み着いた．イギリスでは1750年における農村部と都市部の人口比は，500万人：100万人であったが，1850年には，900万人：900万人と大きく変化した．

新しい工業都市における労働者の生活は，惨めなものであった．非衛生的な共同住宅がひしめくスラム（不良住宅地区）が形成され，やがて伝染病が発生した（図3.1）．こうした状況に対して，1840年代にようやく都市の衛生状態の調査が行われ，1848年に公衆衛生法，1851年には，労働者階級宿舎法（シャフツベリー法），1866年に衛生法が制定された．1894年には，ロンドン建築法が制定され，衛生法から住居法さらに建築法が整備された．イギリスにおいては，建築条例によるバイ・ロウ・ハウジング（by-law housing）の無味乾燥な街並みを反省して，1909年に住居および都市計画法（Housing, Town Planning Act）が制定

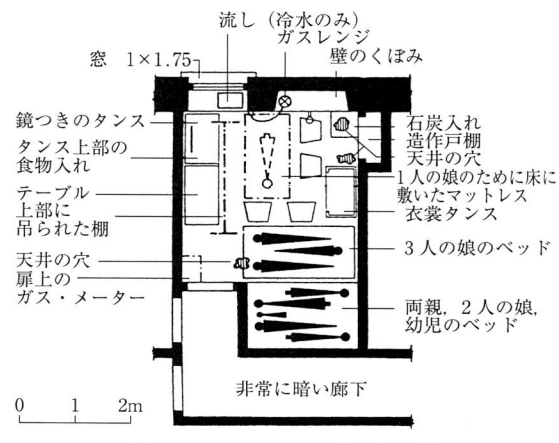

図3.1 グラスゴーの一室過密住宅[1]

された．さらに1925年には都市計画法が制定され，1932年には，都市・農村計画法（Town and Country Planning Act）が制定された．

3.1.2 理想都市の提案とモデルタウンの建設

a. オーウェンの理想工業村

工業都市における労働者の悲惨な状況に対して，社会改良家による理想都市案が提案された．R. オーウェン（Robert Owen, 1771～1858）は，1817年から1820年の間に農業と工業を結合した理想工業村の提案を中央政府や地方政府に行った．この提案は，周囲に1000～1500エーカーの土地をもつ正方形の敷地に1200人の労働者の住宅と工場を建設し，各人に1エーカーの周辺農地を与え，失業のない自給自足的共同生活を営ませようとした（図3.2）．

b. フーリエのファランジュ，ファランステール

C. フーリエ（Charles Fourier, 1772～1837）はファランジュという，1620人からなるコミュニティとファランステールという建物を提案した（図3.3）．ギースの実業家であったJ. B. ゴダン（Jean

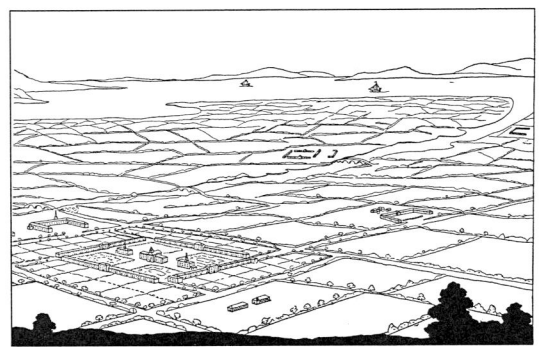

図3.2 オーウェンの理想工業村[2]

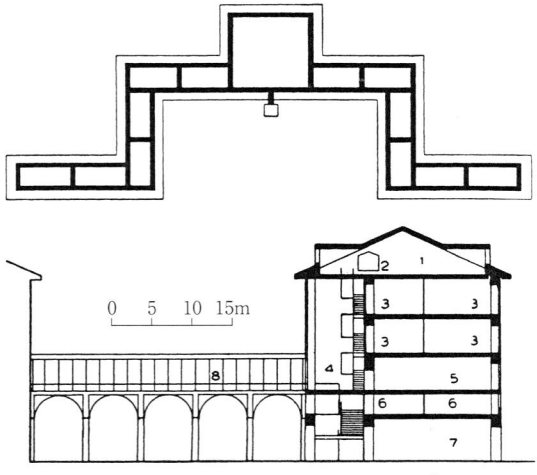

図3.3 フーリエのファランステール[1]
1：客用の部屋のある屋根裏部屋　5：集会室
2：水槽　6：子供用宿舎のある中2階
3：家族用アパートメント　7：車用の通路のある1階
4：階上の通路　8：屋根つきの通路

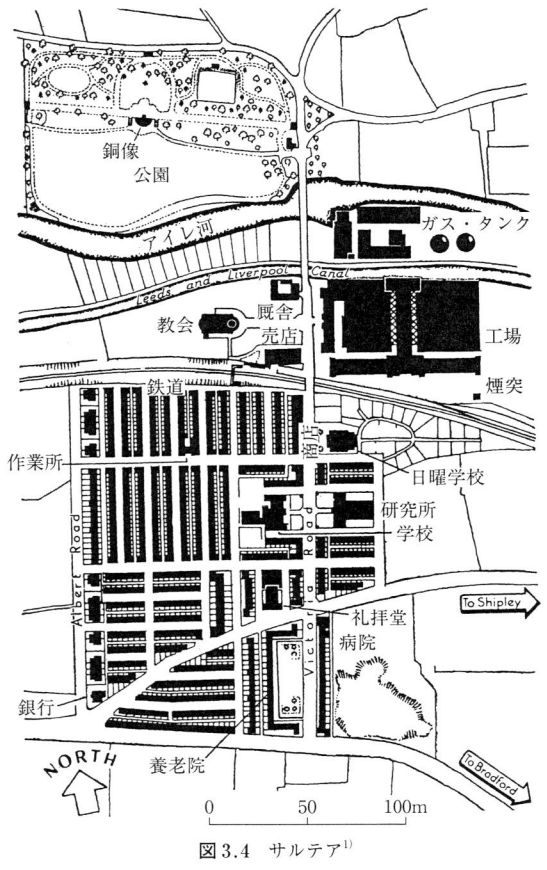

図3.4 サルテア[1]

Baptiste Godin）は，フーリエの提案に触発されて，フランスのギースにファミリステールと呼ばれる建物を実際に建設した．

c. 工場主によるモデルタウン

1852年には，工場主であるタイタス・サルト卿によって，イギリスのブラッドフォード近くに，ある織物工場の2000人の労働者のためのモデルタウンとしてサルテア（Saltaire）が建設された（図3.4）．この開発には工場と住宅のほかに教会，厩舎，食堂，学校，病院，銀行など多くのコミュニティ施設が組み込まれていた．このほかにも1881年にはアメリカにプルマン寝台車製造工場と結合したプルマンのモデルタウン，イギリスの石鹸製造業者レバー兄弟によるポート・サンライトなどが建設された．

3.2 都市の改造

社会改良家による理想都市案が機能的都市を推進する一方で，バロック的都市デザインはパリ，そして新興国アメリカの美的な都市づくりを推進した．

3.2.1 アメリカの都市化

1893年，シカゴで世界大博覧会が開催され，D. H. バーナム（Daniel H. Burnham）を中心とする建築家たちは様式建築によるホワイトシティを出現させ，都市美運動（city beautiful movement）を起こした．また，ニューヨークのセントラルパークを設計したF. L. オルムステッド（Fredrick Law Olmstead）は，ボストンやシカゴに多くの公園を設計し，都市における公園緑地系統（Park System）の重要性を主張した（図3.5）．

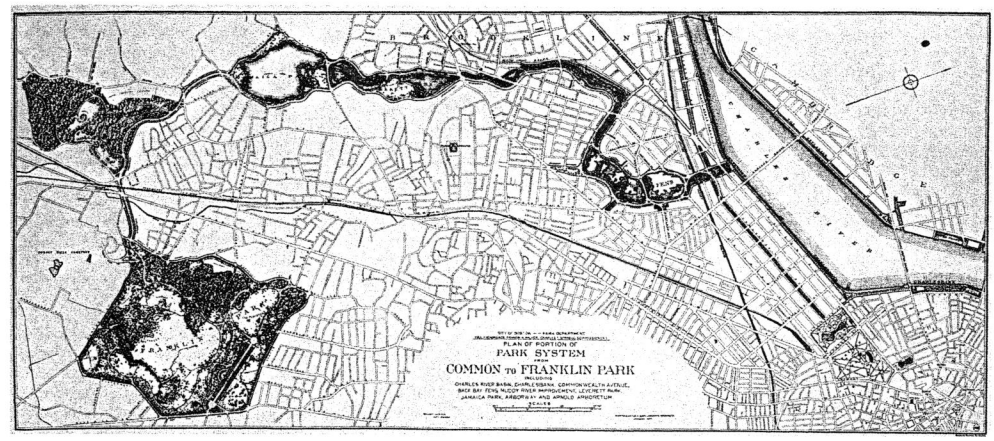

図3.5 オルムステッドによるボストン公園緑地系統[3]

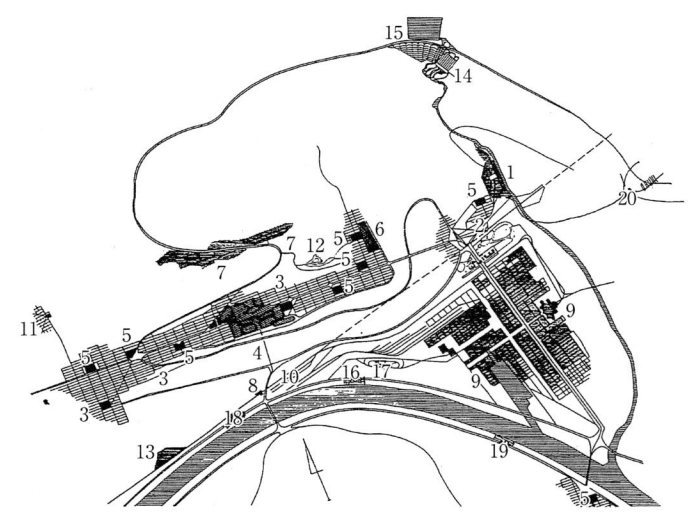

図3.6 ガルニエの工業都市案[4]

1：古い市街地	5：初等学校	9：工場地区	13：家畜市場・屠場	17：試走場
2：主要駅	6：中等学校	10：工場駅	14：ダム・発電所	18：パン製造場
3：住居地域	7：保健衛生地区	11：墓地	15：上水道浄化場	19：養魚場
4：市の中心	8：駅	12：古城のある公園	16：下水・廃棄物処理場	20：鉱山

3.3 近代都市計画理論の展開

社会改良家による理想都市案とバロック的都市デザインの潮流は，やがてCIAM（近代建築国際会議）によって，ゾーニングや交通計画を主眼とした機能的都市計画としてのアテネ憲章に結実する．

3.3.1 近代都市への対応

a．ガルニエの工業都市案

T. ガルニエ（Tony Garnier, 1869〜1948）は，リヨンに生まれ，パリのエコール・デ・ボーザールで学び，ローマ大賞を受賞しローマに遊学した．「ガルニエの工業都市案」（図3.6）は，研究成果報告として遊学先からパリに送られたものである．その後，これは1918年に『工業都市』として出版されている．

「ガルニエの工業都市案」は，リヨン近郊の架空の地域に計画された．人口は35,000人で，東西12.3km，南北8.3kmの区域で，地形は北側を山に囲まれ，南側に蛇行する川があり，都市は川と山に挟まれた丘陵地に展開している．

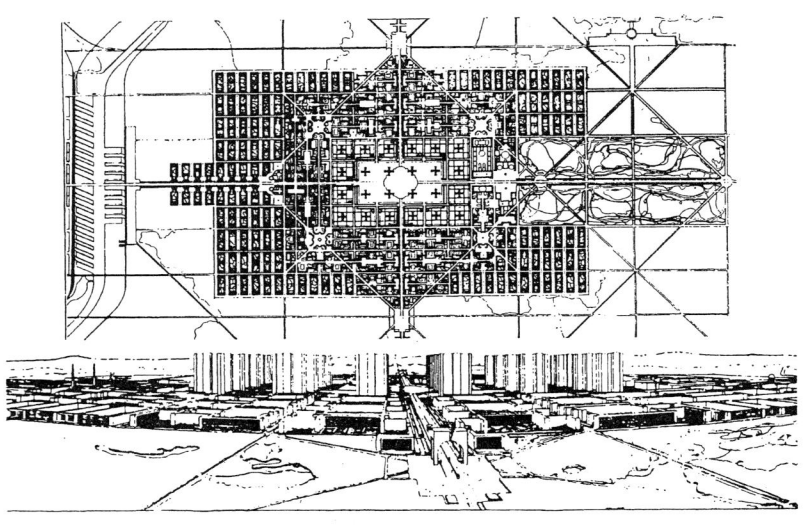

図3.7 人口300万人の現代都市[2]

南北に流れる川の支流は最北部の湖から発しており，湖にはダムが設けられて水力発電によって町や工場に電気を供給している．都市は，市街地，工場地区，保健衛生地区から構成されている．市街地は丘陵地にあり，東西5.5km，南北0.6kmの細長い地区である．この市街地の中央に公共施設のある中心部があり，その両端に住宅地区が広がっている．工場地区は2つの川に挟まれた三角形の低地にあり，川を引き込んで港を設けている．保健衛生地区は市街地の北方の南向き斜面に設けられている．これらの地区は路面電車で結ばれ，外部との連絡は鉄道であり，主要駅は工場地区のすぐ北側に設けられた．

「ガルニエの工業都市案」の空間的特徴は，①機能の分離，②交通網（サーキュレーション）への考慮，③工業の強調である．このように，①土地利用におけるゾーニング，②都市の中心部への機能の集中，③植栽の活用，④単純化した建築のマッス，⑤近代的で清潔なエネルギー源といったガルニエの提案は，ル・コルビュジェにも影響を与えたといわれている．

b．コルビュジェの人口300万人の現代都市

1922年，ル・コルビュジェ（Le Corbusier，1887～1965）は「人口300万人の現代都市」を発表した．彼はこの計画において，「われわれの従うべき基本原則は，① 都市の中心部の混雑を排除すること，② 都市の密度を高めること，③ 動き回るための手段を増やすこと，④ 公園やオープンスペースを増やすことである」と述べている．彼のめざす都市は広大なオープンスペースに囲まれた壮大な摩天楼を中心とする都市であった．都市は巨大な公園であり，都心には3000人/haの人口を収容する60階建てのオフィスビルが林立し，建ぺい率はわずか5％であり，その中心には鉄道や飛行機のための交通センターがおかれた．摩天楼の周辺にはアパート地区があり，その人口密度は300人/haであった（図3.7）．

c．アテネ憲章

1928年，ル・コルビュジェの主張を支持する各国の建築家たちによってCIAM（近代建築国際会議）が結成され，1933年のアテネの会議において現代都市の在り方についての考え方をまとめて，95条からなるアテネ憲章（La Charte D'Athènes）として発表した．ここでは都市の4つの機能として，居住（住む），労働（働く），余暇（憩う），交通（動く）をとりあげ，都市計画は住居単位を中核としてこれらの機能の相互関係を決定すべきであるとしている．緑・太陽・空気を理想都市の目標とするCIAMの主張は多くの人々の共鳴を得て，各国の都市計画や住宅地計画の中に定着していった．

3.3.2 コミュニティ計画としての都市計画

理想都市の機能性とバロックの美観を統合した近代都市計画理論も，その細胞である住宅地区については，社会つまりコミュニティの物的な器という視点からのフィードバックを必要とした．アメリカの郊外住宅地は，車を前提とした20世紀の住宅地計画として世界をリードすることとなった．

a. 近隣住区論

アメリカでは，若き日にニューヨーク市立大学でP. ゲデス（Patrick Geddes, 1854〜1932）に師事したL. マンフォード（Lewis Mumford, 1895〜1990）が，「社会の物的な器としての都市計画（Physical Planning）」という思想のもとにコミュニティに根差した都市の在り方を主導した．C. A. ペリー（Clarence Arthur Perry, 1872〜1937）は，こうした背景のもとに1929年に発表した『近隣住区論（Neighborhood Unit）』の中で，ニューヨーク郊外のフォレスト・ヒルズ・ガーデンズに10年にわたって居住した経験をもとに6つの原則からなる近隣住区理論を提案した（図3.8）．

(1) **規模**：近隣住区の開発は，通常，小学校が1校必要な人口規模とする．

(2) **境界**：住区は通過交通の迂回を促すのに十分な幅員をもつ幹線道路で周囲をすべて取り囲まれなければならない．

(3) **オープンスペース**：近隣生活の要求を満たすために計画された小公園とレクリエーションスペースの体系がなければならない．

(4) **公共施設用地**：住区の範囲に応じたサービスエリアをもつ学校その他の公共施設用地住区の中央部か公共広場のまわりに，適切にまとめられなければならない．

(5) **地区的な店舗**：居住人口にサービスするのに適当な1カ所以上の店舗地区を住区の周辺，できれば道路の交差点か，隣の住区の店舗地区に近いところに配置すべきである．

(6) **地区内街路体系**：住区には特別の街路体系がつくられなければならない．まず，幹線道路は，予想発生交通量に見合ってつくられ，次に，住区内は，循環交通を促進し，通過交通を防ぐように，全体として設計された街路網がつくられる．

b. ラドバーン住宅地区計画

1926年に，ニューヨーク市住宅公社はロングアイランドにサニーサイドガーデンズを計画した．この計画は，C. スタイン（Clarence Stein）とH. ライト（Henry Wright）が担当した．さらに，この2人は，1928年にはC. A. ペリーの理論に則って，ニューヨーク市から24km離れたニュージャージーに420haの敷地をもつ「ラドバーン（Radburn）住宅地区計画」を担当した．ここでは，当時，大衆化しつつあった自家用車を前提にクルドサック（袋路，図3.9）を利用した完全な歩車分離を実現した．これは後にラドバーンスタイルとして世界中に広まった（図3.10）．

3.4 田園都市とニュータウン

世界で最初に産業革命を経験したイギリスは，田園と都市の結婚による田園都市という新しい都市の思想を生み，ロンドンを母都市，田園都市を衛星都市とするネットワーク，つまり，複数の都市をもつ広域の計画理論を志向することとなった．

3.4.1 田園都市の思想

E. ハワード（Ebenezer Howard, 1850〜1928）は，1898年に『明日の田園都市』を発表し，都市と農村の利点をあわせもつ田園都市を理想の都市と主張した．

L. マンフォードは，『明日の田園都市』の序文において，田園都市は次の6つの原則をもつと述べている．すなわち，① 都市と農村の長所の結合——都市に欠くことのできない要素として農地を永久に保有し，このオープンスペースを市街地の拡張を制限するために利用すること，② 土地の公有——都市の経営主体が土地をすべて所有し，私有を認めず，借地の利用については規制を行うこと，③ 人口規模の制限——都市の人口を制限すること，④ 開発利益の社会還元——都市の成長によって生ずる開発利益の一部をコミュニティのために留保すること，⑤ 自足性——当該都市人口の大部分を維持することのできる産業を都市内に確保

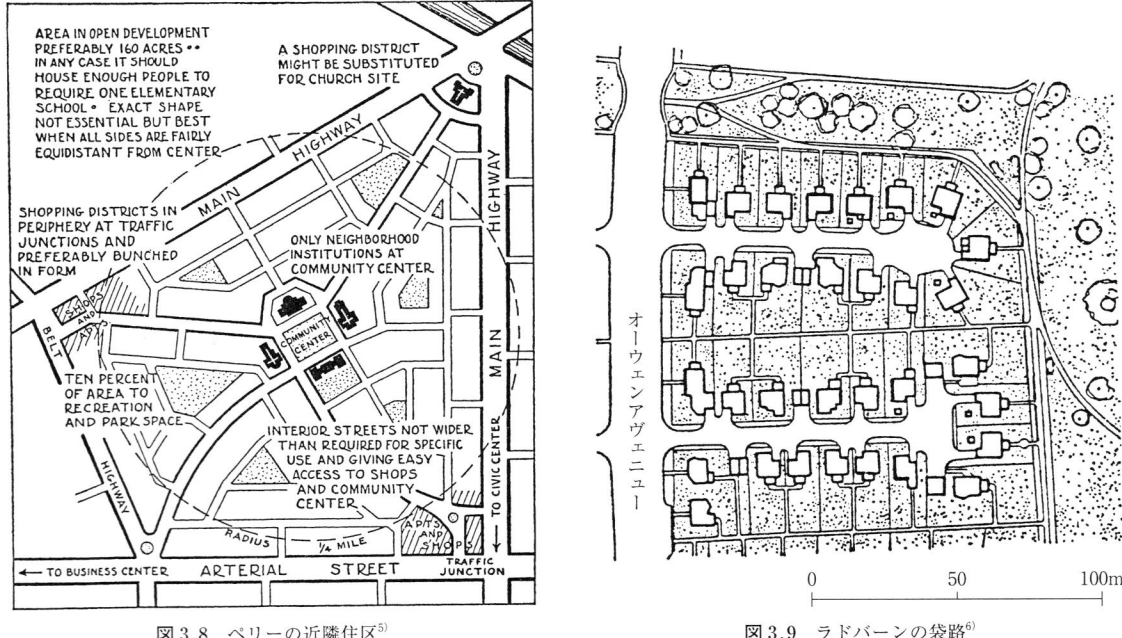

図3.8 ペリーの近隣住区[5]　　　図3.9 ラドバーンの袋路[6]

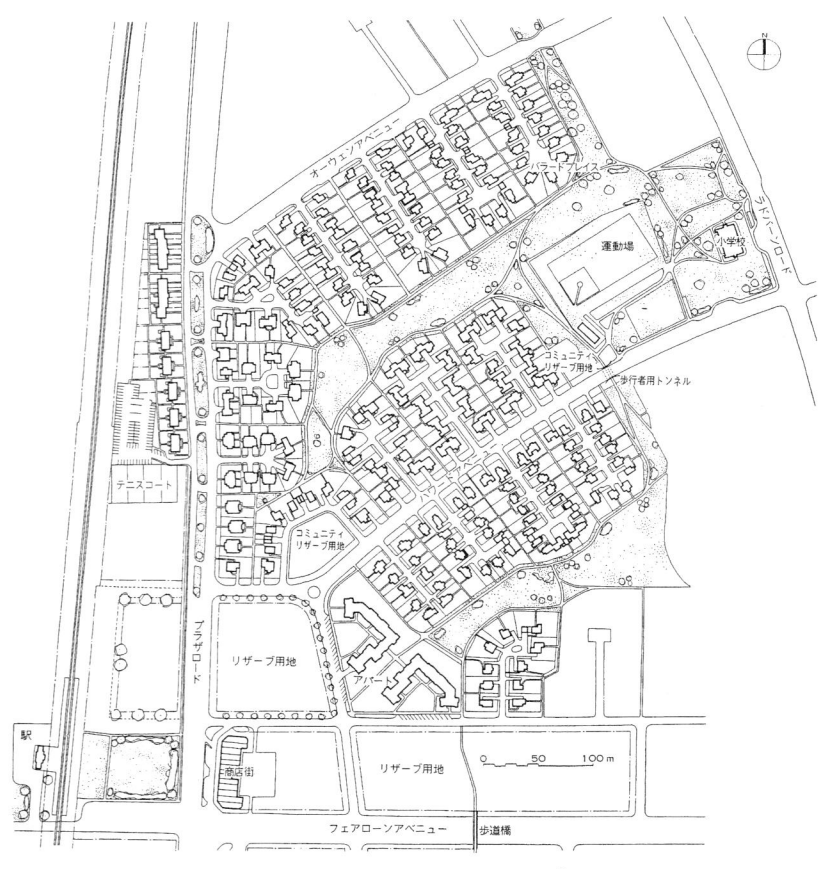

図3.10 ラドバーン住宅地区計画[6]

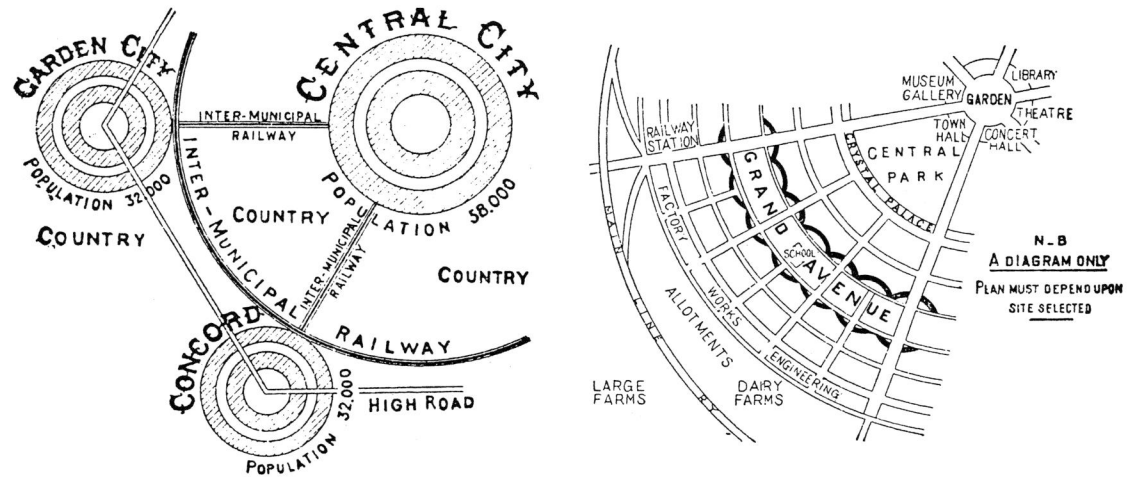

図3.11　田園都市のダイアグラム[2]

すること，⑥ 自由と協同——住民は自由結合の権利を最大限に享受しうることである．

田園都市のダイアグラムによれば，1つの田園都市の人口は，32,000人で，市街地の面積は400ha，人口密度は80人/haであり，周囲を2000haの農地が取り囲んでいた．6つの田園都市の中心には，人口58,000人の母都市があり，全体で人口25万人の地域を構成していた．1つ1つの田園都市は衛星都市と呼ばれ，母都市および他の衛星都市とは鉄道と道路で結ばれていた．田園都市の市街地は，円形で同心円状と放射状の街路で構成され，中心部には広場，市役所，博物館などの公共施設が置かれ，中間部は主として住宅，教会，学校が配置された．外周地帯には工場，倉庫，鉄道があり，その外側は，大農場，貸農園，牧草地などからなる農業地帯であった．

彼は，1899年に田園都市協会を設立して，1903年には，ロンドンの北方54kmに最初の田園都市レッチワース（Letchworth）を実現した．計画にはR. アンウィン（Raymond Unwin, 1863～1940）とB. パーカーが参加した．さらに1920年にはロンドンの北方36kmに第2の田園都市ウェルウィン（Welwyn）が建設された．田園都市の思想は第2次世界大戦後，イギリスのP. アーバークロンビー（Patrick Arbercrombie）の大ロンドン計画においてニュータウン政策として引き継がれ，ロンドン周辺に11カ所，イギリス全土で30カ所のニュータウンが建設された．また，フランスやドイツ，アメリカ，日本にも影響を与えた（図3.11）．

一方，R. アンウィンはロンドンの郊外ハムステッドに，条例住宅地（by-law housing）を改良し，住戸密度の低いハムステッド田園郊外を実現した．彼は74～79戸/haの条例住宅地の住戸密度に反対し，30戸/ha（Twelve to the Acre）を推奨した．サフォーク州のカージィ村を模範とし，景観に配慮した住宅地計画を実現した（図3.12）．

3.4.2　イギリスのニュータウン政策

1945年の第2次世界大戦終結後，イギリスでは，住宅不足の解消が重要な課題であった．労働党内閣は公営住宅4戸に対して個人住宅1戸という制限を設け，公営住宅の普及を進めた．

1944年，P. アーバークロンビーは大ロンドン計

図3.12　サフォーク州カージィ村[7]

画を発表した．これはロンドン大都市圏を設定し，複数の衛星都市としてのニュータウンと母都市としてのロンドンを地域計画の観点からとらえなおしたものであった．ロンドンの市街地の膨張を防ぐために，周囲に幅約10kmの緑地帯（グリーンベルト）をめぐらし，緑地帯の外側に8つのニュータウンを建設し，約40万人の人口を分散して収容するものであった（図3.13）．

その後，イギリスでは，近隣住区をベースとしたハーロウ型のニュータウンが建設されたが，中心部のにぎわいの不足から，リニアでワンセンター型の中心部をもつフックのニュータウンが計画された．この計画は中心部に多くの人々が集うことのできるものであったが，実現されなかった（図3.14）．1955年にはエディンバラの郊外にフックのニュータウンと同様のワンセンター型のカンバーノールド・ニュータウンが建設された．

3.5 新しい都市計画理論

順調に世界に浸透したかに見えたCIAMの近代都市計画理論は，1960年代以降，その抽象性や形式性を批判されるようになった．とりわけ，J. ジェイコブス（Jane Jacobs, 1916〜2006）による近代都市計画に対する包括的な批判は，多様性や街路の重要性といった，これまでになかった価値観を提示し，新しい都市計画理論の展開を促した．さらに，1970年代以降地球環境問題の顕在化により，「持続可能な開発（sustainable development）」を至上命題とする，コンパクトシティなどの都市・地域計画理論が主流となっていった．

3.5.1 近代都市計画理論の批判

1961年，J. ジェイコブスは，『アメリカ大都市の死と生』を発表し，E. ハワードやL. マンフォードを分散派と呼び，都市らしさの欠如した田園都市を批判した．一方，集中派のル・コルビュジェの高層建築とオープンスペースからなる「輝く都市」を「垂直田園都市」と呼び，根本的には田園都市と同じであるとして退けた．さらには，D. H. バーナムらによる「シティビューティフル運動」を「シティモニュメンタル運動」であるとして批判した．彼女はこうして，それまでの正統的な近代都市計画理論をことごとく論破したのである．

彼女は都市にとって最も重要なものは多様性であると主張し，次の4つの条件を挙げた．① 地区は複数の機能を果たすことが望ましい．② 街区は小さくなければならず，街角を曲がる機会が頻繁でなければならない．③ 地区にはさまざまな年代の建物が混在しなければならない．④ 人々は十分に密集していなければならない．

また，都市の街路は交通以外に多くの機能を果

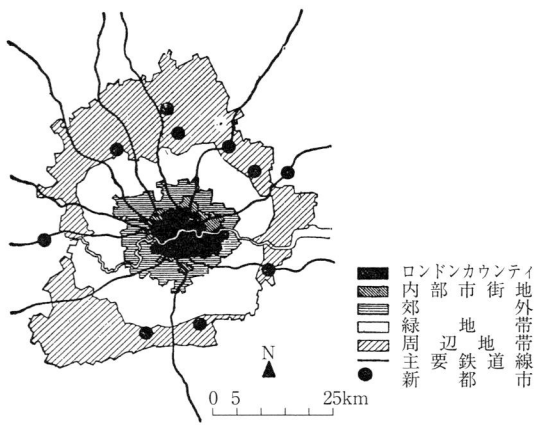

図3.13　ロンドン大都市圏計画[2]

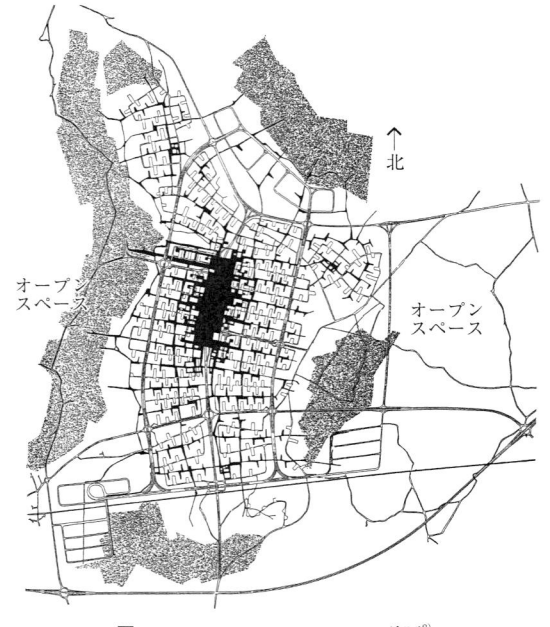

図3.14　フックのニュータウン計画[8]

たすべきであるとし，安全でにぎわいのある街路の重要性を説いた．結局，彼女は，ニューヨークの下町にみる，過密ではない，ある程度高密度のコミュニティの重要性を唱えた．

3.5.2 現代都市の再生と持続可能な開発
a. 持続可能な開発

1972年，MITのD. H. メドウズ（Donella H. Meadows）を中心とする若手研究者グループ（ローマクラブ）は，『成長の限界』という書物の中で，「世界モデルによるコンピュータ・シミュレーションによれば21世紀の半ば以降に，地球は人口増加による食糧不足や資源の枯渇，環境汚染により，制御不能な状況に陥る」と警告した．これは，いわゆる，地球環境問題の発生に対する世界最初の警告であった．

1987年，国連の「環境と開発に関する世界委員会（ブルンドラント委員会）」は，「われら共通の未来」という報告書を発表した．ブルンドラント委員長は，「持続可能な開発とは，未来の世代がその必要に応じて用いる可能性を損なうことなく，今日の必要に用いる開発のことである」と定義した．その後，「持続可能な開発」は地球環境問題への地域および都市計画的対応を示す言葉として頻繁に用いられるようになった．

b. コンパクトシティ

1975年，ダンツィヒとサティは，『コンパクトシティ（Compact City）』という書物で25万人が住む8層で直径2.65km，または，200万人が住む16層で直径5.3kmの高密な人工空間を提案し，この人工空間では人間の水平と垂直の移動距離がきわめて小さく，エネルギー消費が最小となることをオペレーションズリサーチの立場から主張した（図3.15）．

その後，1996年，M. ジェンクス（Mike Jenks）らは，コンパクトシティに関するさまざまな論文を集めて，『コンパクトシティ（The Compact City: A Sustainable Urban Form?）』を発表した．コンパクトシティは，イギリスを中心としたEUの21世紀における都市戦略として採用され，ヨーロッパ各国の都市・地域政策に大きな影響を及ぼ

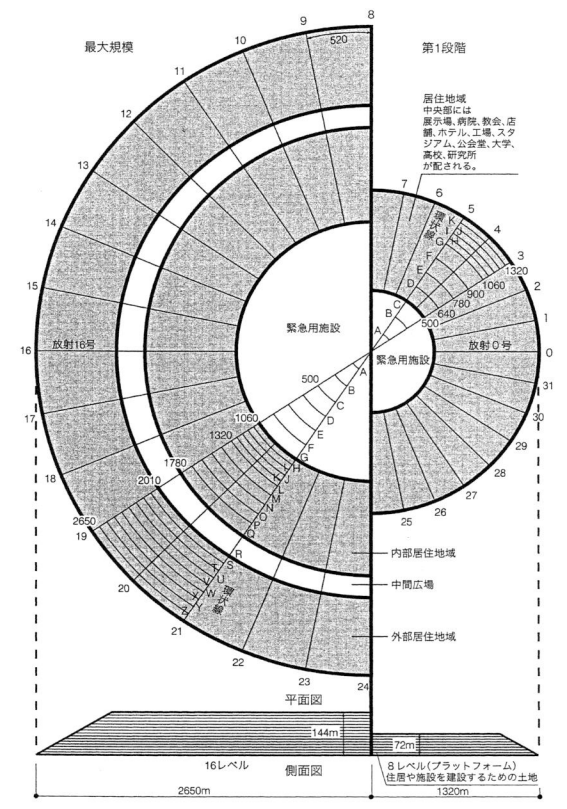

図3.15 ダンツィヒとサティによるコンパクトシティ[9]

してきている．

c. ニューアーバニズム

一方，アメリカでは，P. カルソープ（Peter Calthorpe）を中心とした建築家グループが，1991年にカリフォルニア州ヨセミテにあるアワニーホテルに集まり，アメリカにおける新しいまちづくりの原則を「アワニー原則（The Ahwahnee Principles）」として発表した．アワニー原則は4つの原則から構成されていた．① 序言——自動車への過度の依存，コミュニティの一体感の喪失，パブリックなオープンスペースの喪失への反省，② コミュニティの原則——歩行を中心とした施設配置など，コミュニティの物的な計画指針，③ コミュニティを包含する地域（region）の原則——公共交通の優先，地域の歴史・文化の独自性を表現する工法・素材の使用など，④ 実現のための戦略——柔軟な全体計画と地方公共団体による計画策定，計画策定への住民参加，がアワニー原則の中身であり，C. A. ペリーの近隣住区に根差し，公共

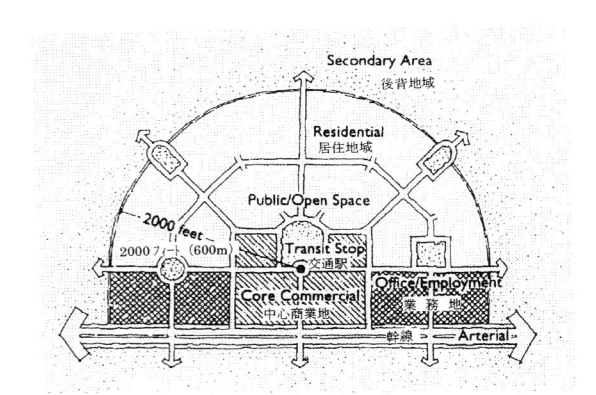

図3.16 ニューアーバニズムのTOD[10]

交通を中心に他の地域とつながる歩行圏のコミュニティの建設が謳われている．こうしたアメリカにおけるまちづくりの潮流はニューアーバニズムと呼ばれている（図3.16）．

d．広域行政府メトロ

1977年，アメリカ，オレゴン州で，ポートランドの都市地域を管轄する地域政府，メトロポリタンサービスディストリクト（MSD），通称メトロ（Metro）が設立された．1973年にオレゴン州は都市の成長管理政策を採択しており，ポートランド市を中心とする地域に都市成長境界線（urban growth boundary）を制定した．この都市成長境界線に囲まれた範囲がポートランドメトロポリタンエリアである．メトロは3つのカウンティ，24の市を含む行政府であり，① 地域全体の土地利用計画，② 都市計画とリンクした交通計画，③ 廃棄物の処理，を重要な任務としている．とりわけ，マックス（max）と呼ばれるLRTは，マイカーを抑制する地域の公共交通機関として，1986年に営業を開始した．

■参考文献

1) レオナルド・ベネヴォーロ著，佐野敬彦，林寛治訳：図説 都市の世界史 第4巻，近代，相模書房（1983）．
2) 日笠 端，日端康雄：都市計画 第3版，共立出版（2001）．
3) アルバート・ファイン著，黒川直樹訳：アメリカの都市と自然，井上書院（1983）．
4) 吉田鋼市：トニー・ガルニエ「工業都市」注解，中央公論美術出版（2004）．
5) クラレンス・A・ペリー著，倉田和四生訳：近隣住区論，鹿島出版会（1975）．
6) 日本建築学会編：建築設計資料集成9，丸善（1993）．
7) 西山康雄：アンウィンの住宅地計画を読む―成熟社会の住環境を求めて―，彰国社，1992．
8) ロンドン州議会編，佐々波秀彦，長峯晴夫訳：新都市の計画，鹿島出版会（1978）．
9) 玉川英則編：コンパクトシティ再考―理論的検証から都市像の探求へ―，学芸出版社（2008）．
10) Calthorpe, P.: *The Next American Metropolis*, Princeton Architectural Press (1993).

4. 総合的な計画

4.1 都市の機能配置と土地利用計画

4.1.1 都市の機能

都市の基本的機能は，生産・流通にかかわる機能と，再生産，つまり生活にかかわる諸機能である．住民が収入を得る生産や流通などの働く場所がなければ生活は成り立たない．職場の存在が都市にとって第1の機能である．

次いで，働く住民が生活する場所が必要である．金融危機に端を発した非正規労働者の大量解雇は，ホームレスを生み出した．住むということが都市の第2の機能である．

第3の機能は，住宅と職場を空間的に結ぶ移動，生産活動における人・物の移動など，つまり交通の機能が必要である．

さらに，働き，生活する日常生活の中にあって，リフレッシュするためのレクリエーションにかかわる機能も重要である．これが第4の機能である．

この4つの基本的機能を都市計画の対象とすべきと説いたのがCIAMの1993年アテネ憲章で，それは現在も有効である．

もちろん，これら4つの基本的機能を補う副次的機能がなくては，都市は成り立たない．生活を支える教育，医療・福祉，買い物や行政などさまざまなサービス機能，上下水道，電気，ガスなどの供給施設，さらには人・物の移動のためのターミナル，港湾施設，空港施設，これらは生産・流通，生活，移動といった都市の諸活動を支える機能である．これらが複雑に構成されているのが都市の実態である．

産業革命以降の近代都市から現代に至るまで，そして将来にわたって，4つの基本的機能とそれを支える副次的機能を，人間の諸活動が円滑に，効率的に，かつ安全，快適に行えるよう，どのように配置するかが，都市の骨格づくりの計画課題である．

4.1.2 土地利用と密度

a. 土地利用の定義

都市の基本的機能「働く」「住む」「移動」「レクリエーション」は，そもそも人間の生産と消費にかかわる諸活動が都市に対して要求する機能である．生産活動のために「働く」機能があり，再生産活動のための「住む」機能，つまり住宅がある．また「働く」「住む」機能を支える生産サービス活動や生活サービス活動のための副次的機能が求められるといえる．

一般に，人間の諸活動は，最終的には地表面に反映される．土地利用は，このような人間の生産と消費にかかわる諸活動が，土地の上で行われる，または起こっている種類（機能）とその強度（密度）を，場所（空間）の関数で表現したものといえる．平たくいえば，都市内のどこで（Where），どのような活動が（What），どの程度（How），行われているかを表現したものである．

都市の土地利用計画が対象とするのは，人間の活動が反映される土地利用とその諸活動である．いうまでもないが，個人的諸活動ではなく，人間の社会的活動を対象とする．

b. 土地利用と密度

土地上で展開される人間活動の姿は，高い建物のある場所，低い建物のある場所，あるいは多くの人が住んでいる場所，少ない人しか住んでいない場所，あるいは人の移動に着目すると，昼間にたくさんの人通りがある場所や人通りの少ない場所などとして表出される．このように住宅や事業所などの建物の混み具合，あるいは住む人や働く人の多い，少ないというものを表現する概念とし

て「密度」がある．この密度は，単位面積当たりの活動量を示すもので，この密度が地表面で展開される人間の生産と消費の活動（経済活動）を反映している．

建物に着目すれば，例えば1ha当たりに何戸の住宅（住宅戸数密度）あるいは事業所が存在しているか（事業所密度），人に着目すれば，例えば1ha当たりに何人が住んでいるか（夜間人口密度），あるいは従業者は何人いるか（従業者密度）である．

都市の計画において，人間の活動と土地利用を取り扱う場合，この密度の概念なしに議論することはできない．都市の土地利用の把握と計画は，人間の諸活動と諸機能の空間配置を取り扱う．したがって，都市空間内での多い，少ないといった議論は，空間（場所）のサイズに依存しない指標でとらえて，初めて客観性を有することになる．だからこそ，密度は重要な概念である．

4.1.3 都市の諸機能配置と土地利用分布

人間の諸活動が要求する諸機能の都市内での空間配置を検討することは，土地利用の分布を検討することに等しい．

a. 土地利用の種類

都市的諸機能，つまり都市的土地利用を検討する際には，土地利用の種類（用途）を，都市的活動を反映する住居系用地，商業業務系用地，工業系用地の大きく3つに分ける．対象とする計画のスケールによっては，さらに細かく分ける場合もある．また密度を加えると種類はさらに多くなる．

これ以外に，道路，鉄軌道敷などの交通系用地や，公園・緑地系，農地などの生産緑地系，森林などの自然緑地系の用地が加わる．

b. 土地利用の分布

以上の土地利用の種類が空間的に展開された結果が，土地利用の分布である．したがって，土地利用分布は，その都市の諸機能配置にかかる特徴を表現するものである．土地利用は，分布が表現されてはじめて意味をもつ．つまり地図表現が求められる．

土地利用の検討は，常に地図上で，その種類と密度の分布をもとに行われる．

4.2 土地利用の空間構成と土地利用パターン

土地利用計画の立案では，まず土地利用の分布傾向を把握することが必要で，既往の研究成果に学ぶ必要がある．1つは地理学からの成果であり，他は土地利用用途の立地論的研究の成果である．

4.2.1 空間構成の把握

a. E. W. バージェスの同心円モデル

都市の中心地から同心円状に，中心業務地区，推移地帯，労働者住宅地帯，良好住宅地帯，通勤者住宅地帯の順に，5つの異なる土地利用が分布することを示したもので，同じ用途の土地利用が連担してゾーンを形成するというモデルである（図4.1）．その考え方の特徴は，① これらの環は，都市が成長するにつれて，1つずつ外の環へ侵入していく．② 中心部は，ドーナツ現象．最外縁部は，さらにスプロールしていく．③ 土地利用が絶えず変動する推移地帯が存在することである．

土地利用分布の時間的変化を実証的にとらえ，都市内部に特殊なゾーン（推移地帯）が発生するという革新的な説である．現在の都市においても大枠の空間構造は，このモデルで理解できる．

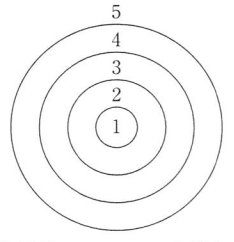

1　C. B. D.
2　推移地域
3　労働者住居地域
4　中産階級住居地域
5　通勤者住居地域

1. C. B. D. ：小売り店舗，劇場，ホテル，事務所，金融機関が中心部に分布し，そのまわりに市場，卸売り店舗，倉庫，水際であれば港湾施設，工場が分布する．
2. 推移地域 ：工場や卸売りなどの中心部の諸施設がしみだしてきている地域であり，昔の住宅の残存物，低水準の住宅スラムが混在している．
3. 労働者住居地域：工場労働者，一般労働者の住宅が分布する．
4. 中産階級住居地域：中産階級の良好な住宅が分布する．
5. 通勤者住居地域：郊外の市町村を含み，高所得者層である通勤者の住居が分布する．

図4.1　バージェスの同心円モデル[1)]

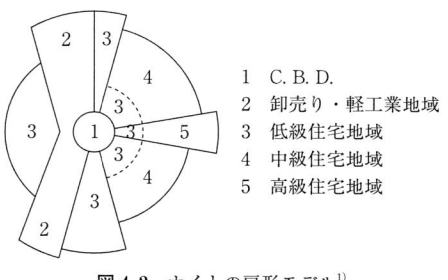

図4.2 ホイトの扇形モデル[1]

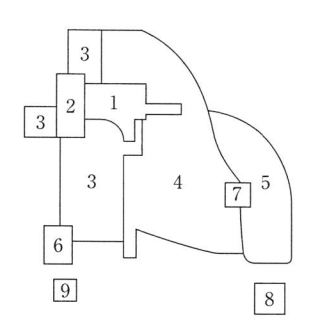

1　C.B.D.
2　卸売り・軽工業地域
3　低級住宅地域
4　中級住宅地域
5　高級住宅地域

図4.3 ハリスとウルマンの多核心モデル[1]

1　C.B.D.
2　卸売り・軽工業地域
3　低級住宅地域
4　中級住宅地域
5　高級住宅地域
6　重工業地域
7　周辺商業地域
8　郊外住宅地域
9　郊外工業地域

b. H. ホイトの扇形モデル

同心円モデルに加えて，セクターによる土地利用分布の差異を示したモデルである（図4.2）．都心から放射状に延びた交通幹線沿いの楔状の扇形（セクター）によって，住居に関する土地利用区分を説明している．

① 都心を頂点とする扇形の区域ごとに異なった収入階層の住宅が見出されること．
② 高家賃住居地域は，一定の扇形区分にだけ見られ，中間層は，この片側または両側に接して，同様なセクターを構成し，下層階級は，他のセクターに広がる．
③ 中小業務地区と卸売・軽工業地区が分離する．
④ 下層階級グループは鉄道沿線に分布する．

都心距離に加え，交通条件の差異が土地利用分布に影響することを示している．

c. ハリスとE. ウルマンの多核心モデル

都市の土地利用が単一の核でなく，複数の核によって構成されるとするモデルである（図4.3）．

① 中心業務地区は，都市交通機関の焦点に立地，そして道路沿いに拡大していく．
② 卸売・軽工業地区は，都市内部にあっても域外と連絡する交通機関の焦点近くに立地する．
③ 重工業地区は，都市外縁部に立地する．
④ 高級住宅地は，水はけのよい高台，騒音，悪臭，煤煙および鉄道路線から離れたところに立地する．
⑤ 副核が住宅地内に発生する．
⑥ 郊外に住宅地，工業地が飛び地として発生する．
⑦ 住宅地は，中心近くに下層階級住宅地，次いで中間階級住宅地，その外周に高級住宅地が配置される．

このような複数核の発生や飛び地の形成される要因として，特殊な立地条件を求める活動の存在，同種の活動の集積の利益，他の活動に敬遠される活動の集積，高家賃負担の困難性が挙げられる．

4.2.2 居住立地・業務立地・商業立地・工業立地

ここでは，住宅，業務，商業，工業の立地に関する実証分析から得られた立地傾向について説明する．

a. 住宅の立地傾向

1）居住立地要因

住民が住宅地を選択する際に規定される一般的条件は大きく分けると，居住地を定めるために選択する土地の条件と，住居を選択する住民自身がもっている条件，つまり属人的条件の2つに分かれる．

土地の条件は，① 世帯主の職場からの距離，② 自然環境水準（太陽，大気，緑，災害安全性など），③ 社会的文化的環境水準（交通・通信施設，学校などの教育文化施設，購買施設，あるいは土地柄など），④ 都市施設（道路，公園，上下水道，電気，ガスなどの整備状況）．人は，このような土地利用条件の中で，最もよい土地に住居を定めたいと考える．

一方，属人的条件は，① 世帯主自身の職業，労働条件，所得階層などの経済的要因，② 地縁性などの地域社会的要因，③ 年齢，世帯構成（ファミリー世帯，共働き世帯など），④ 性格，趣味，嗜

好，感覚，欲求，教育，文化，教養など）である．

人々は，以上の諸条件ができるだけ多く備わっている場所に住宅地を定めたいと競争する．その結果，条件のよい土地の価格は上昇する．結果として，個々人の家賃負担能力（所得水準）が居住地を決定する際の大きな要因となる．

2）居住立地限定階層論

属人的条件の中でも経済的要因，特に職場と労働条件は，他の要因とは異なり，住宅地選択に対するきわめて厳しい限定性をもつ．特に労働条件で居住地が決定される階層を「居住立地限定階層」という．

例えば，ビルや工場，倉庫の施設管理・守衛，消防隊員などの保安サービス従業者などは，職業から地域的に職場と住居が分離しにくい階層である．

夜間を含む交替制勤務型労働者も早朝，深夜作業を伴うため居住地は事業所の至近の場所が要求される．また小規模な家族労働型小売店舗，飲食サービス業などの従事者も帰宅時間が深夜となり，公共交通機関を利用できないため，通勤距離は，徒歩か，せいぜいタクシーの最低料金距離に限定される．

これらの職場はいずれも比較的都心に近いため，そのような職業の階層は，地価が高いにもかかわらず，労働条件によって職場に近い場所（都心近接部）に住宅地を定めることになる．都心居住の推進を前提にした対策が必要である．

3）不良住宅密集地区の発生

このように，地価が高いにもかかわらず都心近くに住まざるをえない階層の存在が，不良住宅密集地区形成の可能性を高める．住宅規模は狭小で，木賃アパート，民間借家が多く，かつ老朽化している．設備，日当たりなど住環境も相対的に悪い状況にある．それでも労働条件という制約からそこに住まざるをえない．結果，必然的に不良住宅密集地区の形成につながっていく．それはまた，災害に対する都市の脆弱性をもたらす．

b．事業所の立地傾向

一般に考えられる事業所の立地要因は，① 地形（標高，傾斜，山林など），② 交通アクセス条件（鉄軌道の駅，バス停，道路など），③ 官公庁施設（国の出先機関，県庁，市庁舎）へのアクセス条件，④ 後背圏（周辺の人口密度，商業業務従業者密度など）の集積状況，⑤ 周辺環境条件（都市施設，公益施設など），⑥ 土地利用規制（用途地域など），⑦ 地価である．

これらの条件が重ね合わされて条件の最もよい場所に事業所は立地する．

1）業務系事業所の立地要因

業務系事業所の立地は，特に ② 交通アクセス条件，④ 後背圏の集積状況に大きな影響を受け，業務系事業所の集中立地の要因となる．

鉄軌道の駅は，乗降客数によって大ターミナル（乗降客数10万人以上／日），中ターミナル（2万人以上／日），小ターミナル（その他）に区分される．どの規模のターミナルでもそれへのアクセスの容易さは，事業所の立地要因として作用する．大ターミナルの場合は特にそうである．

後背圏では，例えば周辺の人口密度が100人／ha以上の高い場合，事業所はその集積地区に集中する．さらにバスルート，道路のネットワークの密度が高い地区は，アクセスがよいために事業所の集中を促進する要因として作用する．

以上のように，業務系事業所は，市外との結節点となっているターミナル駅へのアクセスの容易さ，さらに周辺の都市活動の集積，または鉄軌道駅を中心とするバス網や道路網の充実度合いによって集中立地が促進され，このようにして都心，副都心が形成される．

2）都心のオフィスの立地傾向

事業所の業務活動で最も重要なものが営業であり，営業活動は取引先などとの商談や情報収集のための面接活動（フェイスツーフェイスコミュニケーション）を中心に行われる．インターネットやテレビ会議システムなどの情報通信手段を使った情報収集や会議などは，あくまで補助的役割を担うものである．

このような業務系事業所（オフィス）のもつ営利目的の活動特性から，オフィスは，取引先などとの接触の利便性，情報収集の利便性を求めながら市外から市内へ，さらに市内のCBD（central business district，中心業務地区）外から CBD 内へ立地，移転し，CBD 内でもさらに土地・建物条件の優れた場所に立地・移転を繰り返していく．集積が集積を生み出すサイクルによって都心域の商業業務活動の集積と拡大が進む．

3）小売・サービス業の立地要因

一般に，商業の事業所にとって，地域の後背圏のさまざまな集積が立地要因として働く．つまり，後背圏の人口密度が高い（100 人/ha 以上）場合や事業所従業者密度が高い（40 人/ha 以上）場合に，商業活動はその場所に立地，集積する傾向がある．その結果として形成される商業地の形態は以下のとおりである．

① 都心・副都心商業地：買い回り品店舗（家具，衣料品，電化製品，趣味嗜好品，高級品など），業務，官公庁，銀行などの集積地である．後背圏の事業所の集積が高い地区，大ターミナルなどの乗降客数が多い都市間交通の結節点に形成される．

② 近隣商業地：最寄り品店舗（生鮮食料品，クリーニング店，薬局，理髪店，日用雑貨店など）の集積地である．それらは，域内交通（バスルート）などの結節点あるいは後背圏の人口密度が高い地区の中心地に形成される．

③ 郊外型・ロードサイド型商業地：郊外型は，郊外の幹線道路沿いに大規模な駐車場を併設して立地する大規模複合商業施設で構成される．ロードサイド型は，郊外の幹線道路沿いにディスカウントショップ，専門店，チェーンストア，飲食店，娯楽施設などが立地・集積して形成される．

以上はすべて自動車利用を前提として形成されるが，これらの立地を都市の骨格を構成する拠点として積極的に誘導するか，それとも規制するか，適切な計画的対応が必要かつ重要である．

4）工業の配置

工業地は，工業の種類に応じて以下のように形成される．

① 既成市街地：都市型工業（印刷業，出版，食料品，家具工業など）は，市場指向性が強いため市場立地型といわれ，依然として既成市街地に立地する業種である．また伝統的工業，地場産業なども，市街地内で発展してきた業種で，既存の場所を移動しては成立しがたい．

② 臨海埋立地：船舶輸送によって原材料の移入，製品の移出を行う業種は，港湾に近接した臨海部に立地する．輸送立地型といわれる石油化学コンビナート，重量品を製造する業種である．

③ 内陸工業地：高速道路インターチェンジ付近，バイパス，オーダーの高い幹線道路沿い，臨空地（空港）などに立地する業種で，これも輸送立地型と呼ばれる．輸送機械，電気機器などの加工組み立て，ハイテク・IT 産業などが立地する．交通アクセスのみならず環境条件を重視する業種も多い．

④ 工業団地・流通団地：内陸部に立地する軽工業，中規模工場，倉庫業，配送業などである．おもに内陸部（インターチェンジ付近，臨海部の場合もある）に計画的に造成された工業団地・流通団地に立地する輸送立地型の業種である．

4.3 土地利用予測

都市の総合的な計画を立案する過程において，将来の人口・従業者とその活動が反映される土地利用分布の変化を予測する作業は，重要かつ不可欠なものである．ここでは，定量的な予測の役割と予測手法について述べる．

4.3.1 定量的予測の役割

4.2 節で述べた都市の諸機能の行動原理や住宅，商業業務，工業などの立地傾向を基本に，その都市空間における諸活動や土地利用のメカニズムを数学的モデルによって表すことで，過去から現在までの土地利用変化を一定程度再現することが可能になる．定量的な土地利用の将来予測は，このような数学的モデルを使って行われる．その役割には以下の 3 つがある．

(1) 単純予測：これは，過去から現在までの趨勢をそのまま延長して将来の姿を予測するもので，現在とられている政策，事業，諸活動がどのような欠陥をもつかを拡大してみせる役割をもつ．これによって，現在の政策を点検し，将来の計画のための問題提起を行う．

(2) 政策実験としての予測：政策手段の組み合わせを予測モデルに導入し，それらが将来にいかなる影響をもたらすかを検証する予測である．政策手段間の関係がどのように人口や土地利用に作用するか，確実にわかる範囲内で予測し，提案された複数の政策代替案から決定案を選択するための手がかりを与える．計画，政策の効果を検証する役割をもつ．

(3) 計画のための予測：以上の予測結果を総合的に勘案して，都市の総合的な計画（総合計画，都市計画マスタープラン）では，数値上の枠組み（フレームワーク，人口や従業者数，土地利用などの将来値）を設定する．これらを一般に計画フレームと呼ぶ．この計画フレームは，土地利用計画はもちろん各種施設計画や交通計画などの各種施策立案の前提としての役割をもつ．

4.3.2 予測の手法

ここでは，数学的モデルを使った予測の手法について述べる．予測の手法は，おもに計画フレームの検討のためのマクロモデルと，おもに都市の諸機能配置の検討に活用される土地利用分布予測のためのミクロモデルに大別される．

a. トレンドモデルとコホートモデル

マクロモデルは，さらにトレンドモデルと構造型モデルに分かれる．トレンドモデルは，従来から将来人口予測に最もよく用いられ，社会変化の趨勢の安定性に依存したモデルである．図4.4に代表的トレンドモデルを示す．

トレンドモデルは，変化の趨勢のみに着目し，なぜそのような変化が起こるかは完全にブラックボックスとして処理される．これに対して，構造型モデルは，変化の起こる要因あるいは構造に着目し，その安定性に依拠したモデルである．その代表に，コホートモデルがある．

コホートモデルは，都市の人口変化の要因を，出生と死亡からなる自然増減と都市間の人口移動による社会増減からとらえ，都市人口を年齢階層別に推定するモデルである（モデルの詳細は12.2.3項を参照のこと）．

従来の計画フレーム設定では，トレンドモデルが採用されることが多かった．しかし，人口減少・少子高齢社会においては，人口を総量だけでなく，人口構造の変化をとらえて，将来の姿を検討する必要がある．特に，地方都市では市町村合併で農山村を抱える自治体が増えている．また近年誕生した政令指定都市（浜松市，静岡市，新潟市など）も都市域と過疎化の進む中山間地域を同時に抱えている．これらの自治体ではコホートモデルによる予測が重要である．

b. ミクロ土地利用予測モデル

マクロモデルの予測には，都市内の諸活動の分布や機能配置といった空間的概念が取り扱われていない．その総量が都市の空間的制約の下で収容可能かどうかはチェックされない．

このようなマクロモデルの予測を補完するものとして，ミクロ土地利用予測モデルがある．ミクロな空間単位で，住宅や商業等の立地ポテンシャルと土地の制約を説明変数として，推計人口を積み上げていくアプローチである．一般に計画フレームをコントロールトータルとして，これを空間的に配分する機能をもつ．と同時に，計画フレー

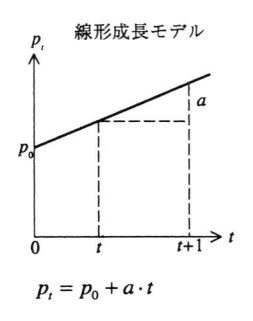

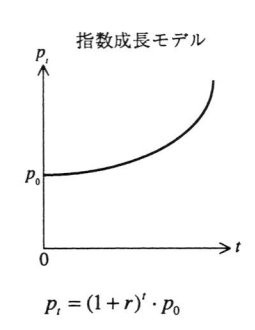

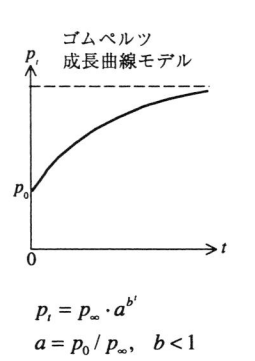

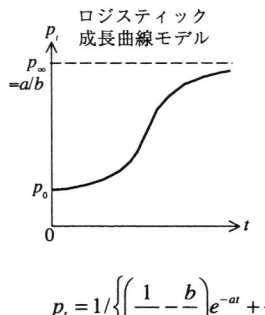

線形成長モデル
$$p_t = p_0 + a \cdot t$$

指数成長モデル
$$p_t = (1+r)^t \cdot p_0$$

ゴムペルツ成長曲線モデル
$$p_t = p_\infty \cdot a^{b^t}$$
$$a = p_0 / p_\infty, \quad b < 1$$

ロジスティック成長曲線モデル
$$p_t = 1 / \left\{ \left(\frac{1}{p_0} - \frac{b}{a} \right) e^{-at} + \frac{b}{a} \right\}$$

図4.4 代表的トレンドモデル[2]

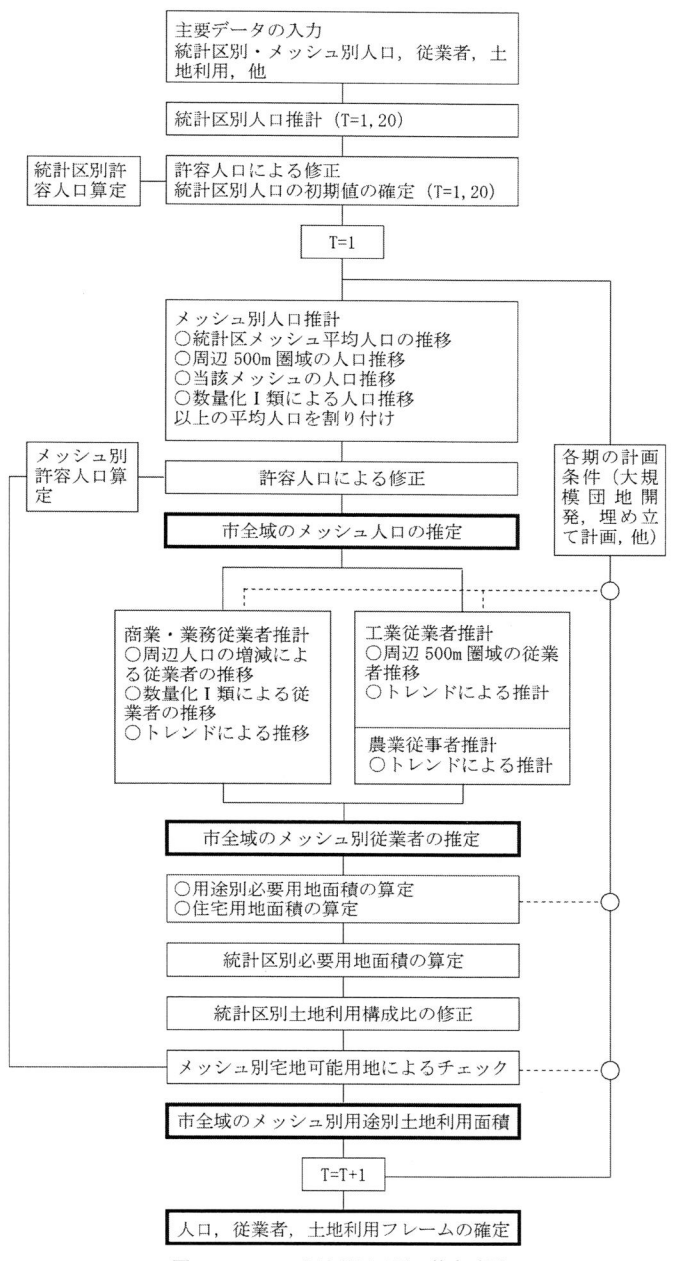

図 4.5 ミクロ土地利用予測の算定手順

ムのチェック機能も有する．

図 4.5 は，このような考え方のもとに開発された 250m メッシュを予測単位としたミクロ土地利用予測モデルの事例である．土地利用計画に必要な人口，従業者，用途別土地利用面積をメッシュ別に推計して，最後に市全体のフレームを推計するというモデルになっている．

4.4 土地利用計画

4.4.1 計画で表現すべき内容

土地利用計画は，用途別土地利用分布と人口密度分布，従業者密度分布などの密度分布の，それぞれの将来あるべき姿で構成される．

以下の各項目の配置方針について，文章，図表，地図で示すことが必要である．

表 4.1　都市的土地利用用途の配置

項目	カテゴリー
住宅地	密度に応じた人口配置（低密度，中密度，高密度）
商業業務地	都心（中心拠点），副都心，近隣商業地（地域拠点）
工業地	内陸型，臨海型，市街地型

表 4.2　保全的土地利用用途の配置

項目	カテゴリー
保全地	主要な河川，海浜，湖沼地，景勝地，歴史的遺産地，その他保全すべき自然地
田園地	集落，田畑，果樹園など
森林地	

① 都市的土地利用用途の配置：住宅地，商業業務地，工業地の配置方針を文章で表し，その分布をマップで表現する（表4.1）．

② 保全的土地利用用途の配置：表4.2に示す項目について配置の方針を説明し，その分布をマップで表現する．

③ 人口配分計画（密度計画）

④ 従業者配分計画

⑤ 公共施設・公園・緑地等配置計画

⑥ その他プロジェクトの配置計画

図4.6は，市全域を対象にした土地利用配置図の例である．表現項目，表現方法も多様であり，計画策定では，それぞれの地域のもつ条件や特徴を反映させることが肝要である．

4.4.2　拠点と軸の構成

戦後の高度経済成長によって形成された都市は，基本的に低密度にスプロールした拡散型の構造である．しかしながら，これからの人口減少・少子高齢社会において都市の諸機能配置，つまり土地利用計画に求められるのは，低炭素型，低環境負荷型，省資源・省エネルギー型の都市構造の形成である．

このような都市構造の実現のためには，現状の市街地をふまえつつ，拠点と軸によるコンパクトな市街地像を基本目標として，土地利用配置の方針を定めていく必要がある．

まず，都市の骨格を構成するための基幹的空間

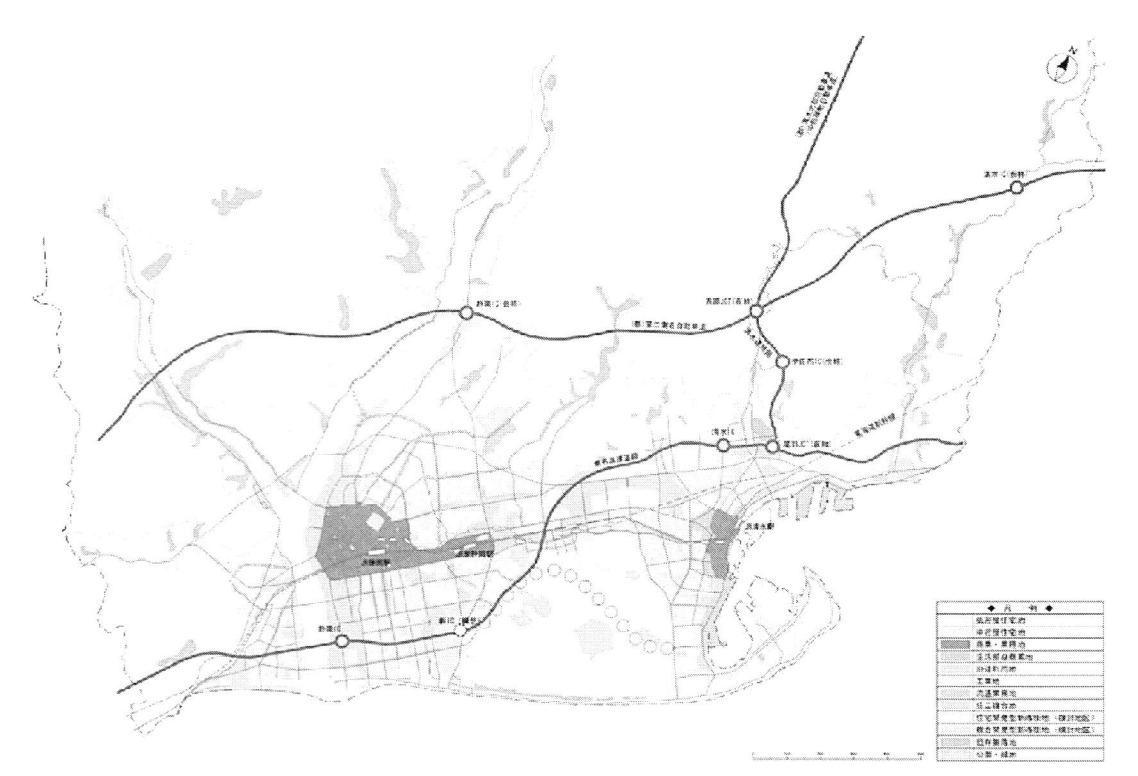

図 4.6　土地利用配置図（静岡市）[3]

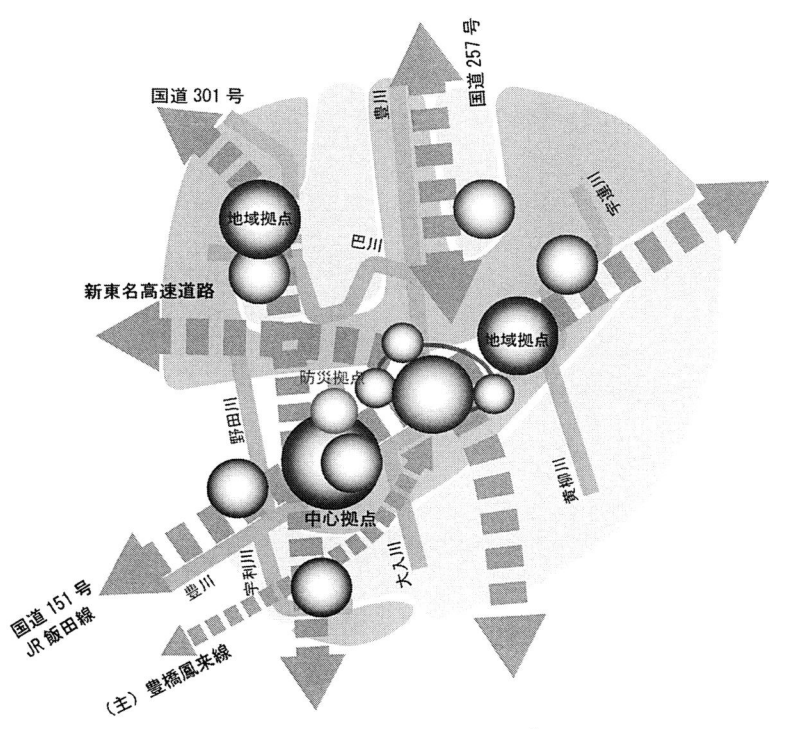

図 4.7 拠点と軸の構成（新城市）[4]

構造として，中心拠点（都心，副都心），地域拠点，生活拠点などを配置し，将来の交通網を前提に，これらをつなぐ都市軸を設定する．

この基幹的構造を補完するものとして，生産・物流拠点，自然緑地系の水と緑の拠点，歴史と文化の拠点，さらに重点プロジェクト拠点などの配置を構想する．また軸の構成としては，河川・山林などの水と緑の軸またはネットワークなども重要な検討項目である．

図 4.7 は新城市における拠点と軸の構成の概念図，図 4.8 はその構成に基づく将来都市構造図の例である．

近年の市町村合併で広域化した地方都市では，特にめざすべき土地利用像を都市と農山村を合わせた空間構造として，いかに拠点と軸による形成を図るかが重要である．

4.4.3 集約型都市構造の実現

人口減少・少子高齢社会にあっては，以上のような拠点と軸で構成するコンパクトな都市構造＝集約型都市構造の形成が不可欠である．

a. 都市構造の基本的考え方

そこに要求される基本理念は，① 誰もが移動しやすく，過度に車に頼らず，公共交通でアクセスしやすいこと，② 住宅，商業業務，公共公益施設などが集積した拠点の形成，③ 地域の歴史・文化などの資源を生かすことであり，これによって「歩いて暮らせるまち」を実現することである．その結果として，都市生活者の利便性向上，環境負荷の低減，そして行政サービスや都市基盤の維持管理コストの低減による持続可能な都市マネジメントが可能となる（国土交通省のホームページ[5]参照）．

図 4.9 は，富山市がめざす集約型都市構造のイメージで，市電・私鉄などの公共交通によって駅中心の生活圏をつないだコンパクトなまちづくりを進めている．中心市街地は広域拠点として位置づけられている．

b. 中心拠点（中心市街地）の機能配置

一般に中心拠点となる中心市街地がもつべき機能としては，商業業務・各種サービス機能に加え，都心居住ないしまちなか居住が重要である．特に

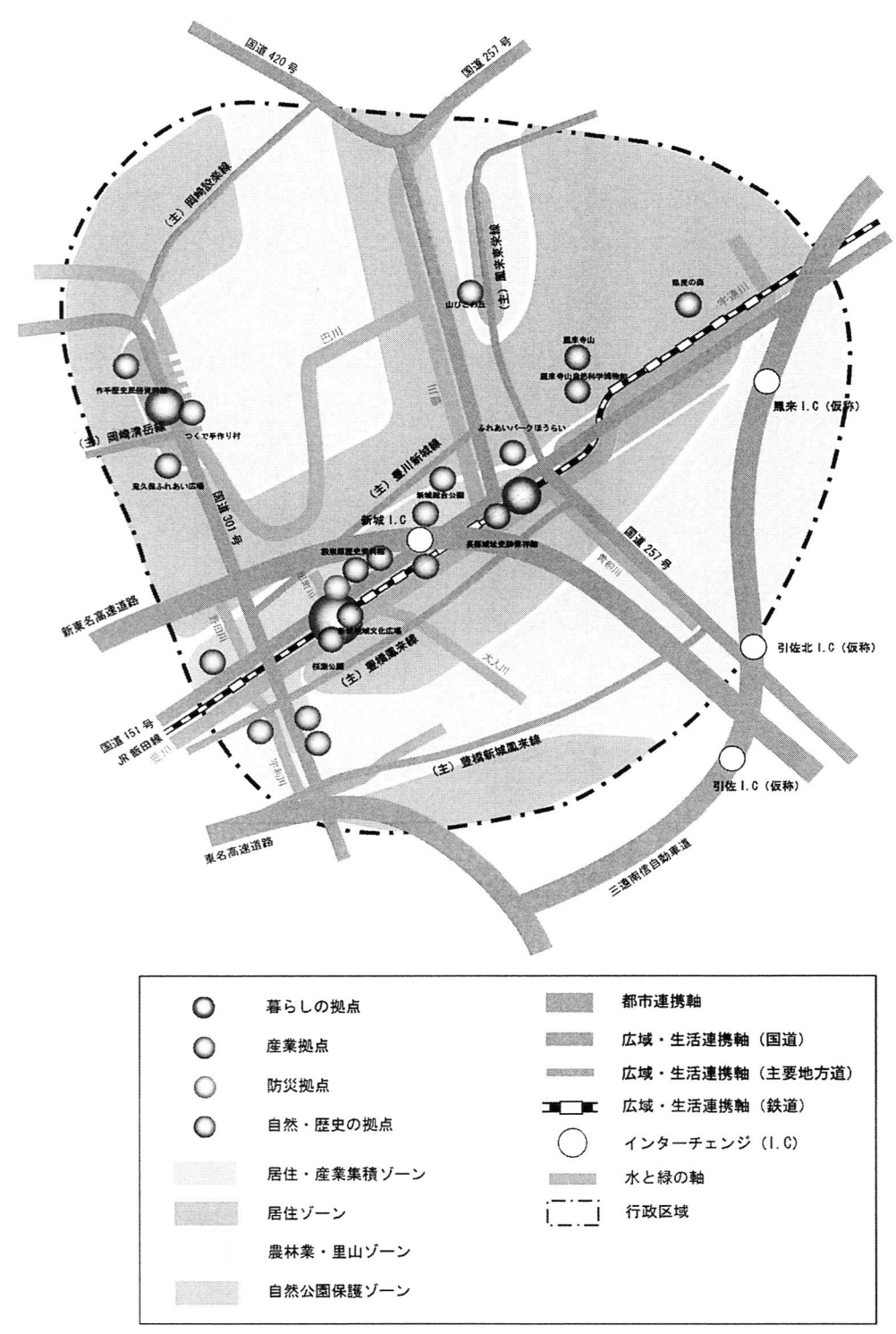

図 4.8 拠点と軸の構成による将来都市構造図（新城市）[4]

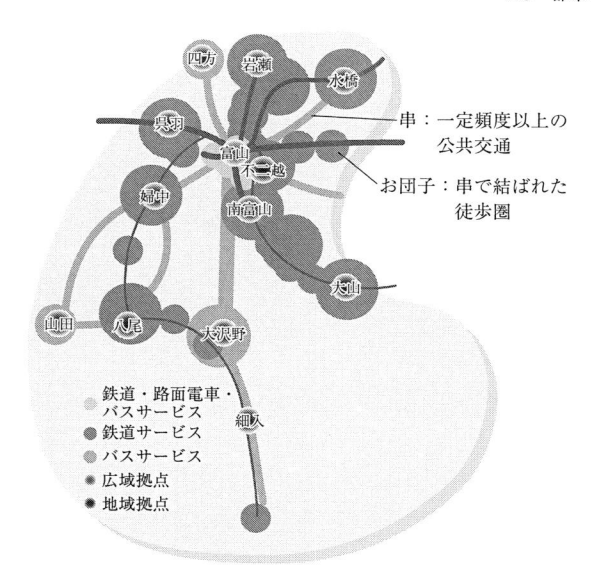

図 4.9 LRT を活用した駅周辺整備（富山市）[6]
徒歩圏（お団子）を公共交通（串）でつなげることにより，自動車を利用せずに日常生活に必要な機能を満たせる．

地方都市のコンパクトな都市構造の実現には，商と住の混合，さらには商・住・工の混合の推進が求められる．

c. 地域拠点または生活拠点の機能配置

一方，公共交通ネットワークで結ばれた地域拠点又は生活拠点には，日常的住生活に不可欠な各種住民サービス機能（行政サービス窓口，医療機関，近隣型商業施設，教育・福祉施設等）を集約させることである．郊外型ショッピングセンターの立地については，都市の骨格を形成する地域拠点として積極的に位置づけて誘導するか，逆に規制するか，明確な対応が肝要である．

4.5 都市の総合計画

前節において述べられた土地利用計画を実現する計画の1つとして都市の総合計画がある．ここでは，総合計画の概略と，そのなかで示される土地利用配置の方針について，事例を通して概観する．

4.5.1 総合計画の構成

総合計画は，基本構想－基本計画－実施計画の3層構造が基本モデルであることは，第1章で示した．ここでは，総合計画の中核となる基本構想・基本計画の概略を説明する．

a. 基本構想

基本構想は市町村の将来の姿を展望し，これに立脚した長期にわたる市町村経営の根幹となるものであり，その地域の将来像およびこれを達成するために必要な政策の大綱から構成される．具体的な事業や個別計画に相当するような内容までは言及しない．

構成とその概要は次のとおりである．

1) 基本目標

① 将来像（都市像）：社会，経済，文化などの地域特性に応じて定める地域の将来像であり，1～5ページ程度の文章で表現される．

② 主要指標：目標年次を定める場合に設定する人口，経済（所得や産業構造など）に関する目標値，将来人口，市民所得，産業分類別就業者数・生産額などを推計し，これを行政値に修正して計画フレームとして掲載する．

③ 土地利用構想：土地利用の基本方針，土地利用の将来目標，目標達成のための措置などを図表などで掲載する．

なお，関係する個別計画との内容の調整が必要となるため，詳細な記載は基本計画に委ねる場合が多いが，基本構想において示すことが望ましい．

2) 施策の大綱

将来像を実現するために取り組むべき，施策の基本体系や各施策の取り組み方針などを示したもので，すべての行政分野および，各種行政施策の基本となるものであり，生活環境整備，健康・福祉，教育・文化，産業振興などの行政分野ごとにその内容を示す．

b. 基本計画

基本計画は，基本構想に定められた将来像を実現するために必要となる施策について，目標年次を定め，その期間における根幹的かつ具体的な事業などを盛り込むものである．すべての行政分野にわたり，地域で展開される諸活動の全体像を示し，必要な場合は，国，県，関係市町村の施策や民間事業などを含めて施策が掲載される．

なお，基本計画の作成にあたっては，個別事業の羅列にならないように，計画としてのまとまり

に配慮しなければならない．また，達成目標や成果指標はできる限り客観化することが望ましいが，目標や指標を矮小化することがないようにしなければならない．

c．総合計画の事例：福岡県福岡市

ここでは福岡市の総合計画を事例として示し，その概略とその中で土地利用・骨格のゾーン計画，交通・軸構成がどのように示されているかについて解説を行う．

1）福岡市基本構想（1987年度～）

「基本構想」では，「自律し優しさを共有する市民の都市」「自然を生かす快適な生活の都市」「海と歴史を抱いた文化の都市」「活力あるアジアの拠点都市」の4つの都市像が示され，その都市像実現のための施策の大綱および施策を推進する上での基本的姿勢などが文章により表現されている．福岡市の場合，主要指標は記載されていない．

土地利用・骨格のゾーン計画，交通・軸構成については，おもに「自然を生かす快適な生活の都市」を実現するための施策「人間と自然が調和した都市環境づくり」「都市の発展と調和した市街地整備」「多用で円滑な交通体系づくり」「水を大切にする都市づくり」「安全快適な生活基盤づくり」「共同体としての福岡都市圏の連帯」として，その方針が示されている．図表などでは提示されてはいない．

2）福岡市・新基本計画（2004～2015年度）

「基本計画」は，大きく「全市編」と行政区ごとの「区基本計画」から構成されている．「全市編総論」では，第1章で計画の前提として，都市経営の基本的な考え方，行政運営の基本姿勢，目標年次における人口および世帯数の計画フレームが示されている．

次に，第2章で福岡市の現状，展望と課題が記載されている．第3章では16の政策目標を掲げ，その実現に向けて，具体的な目標となる項目と達成・維持されるべき水準として，数値による成果指標が示されている．この政策目標実現のための詳細な施策内容が「全市編各論」で示されている．

「全市編各論」では，都市空間構成の基本的考え方として，図4.10に示す都市構造図が示され，都心と3つの副都心（西新副都心，南部副都心，東部副都心），7つの地域拠点，九州大学とアイランドシティなどの新たな主要拠点と主要なゾーンの位置づけとまちづくりの方向性が文章により記述されている．

「区基本計画」では区の将来像を示し，区内をさらに小地域に区分した上で，各地域のまちづくりの方向性などを記述している（図4.11）．区の計画においても拠点と拠点間を結ぶネットワークを明示することが重要である．

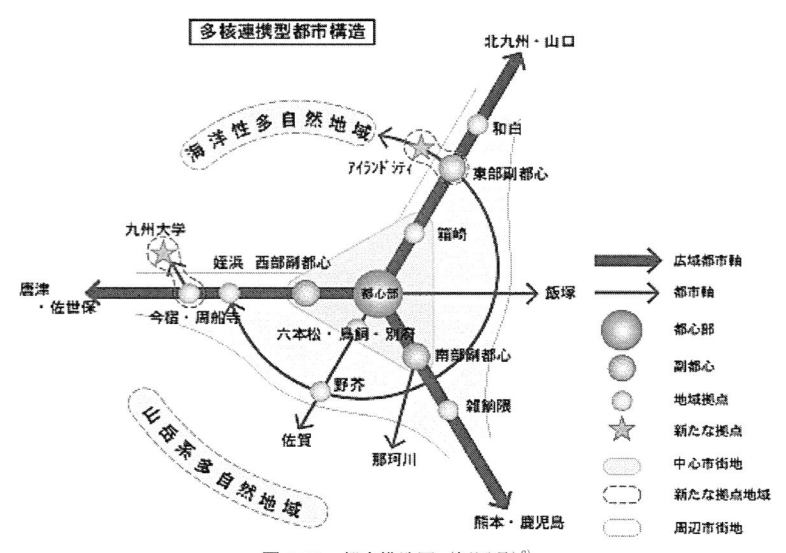

図4.10　都市構造図（福岡県）[8]

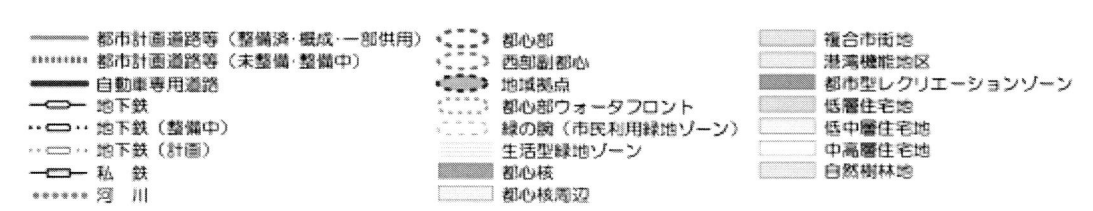

図 4.11 福岡市中央区の将来像[9]

3) 福岡市 2011 グランドデザイン（2008〜2011 年度）

福岡市 2011 グランドデザインは，市政運営の実施計画と位置づけられ，政策推進プランと行政改革プラン，財政リニューアルプランより構成されている．

政策推進プランのなかには，以下の物的計画にかかわる施策が文章により記載されている．

① 土地利用・骨格のゾーン計画に関する施策
・都心部機能更新の誘導
・博多駅交通結節機能強化および周辺まちづくり
・エリアマネジメントの推進
・商店街活力アップ事業
・新たな拠点への企業立地の促進
② 交通・軸構成に関する施策

- アイランドシティ港湾機能強化
- 中央ふ頭港湾機能強化
- 空港将来方策の検討

③ 緑地・レクリエーション計画に関する施策
- 緑化推進事業
- 市民農園拡大推進事業
- 自然共生型ため池整備事業
- 動物園再整備事業
- 那珂川水系の河川整備

④ 文化・観光・景観計画に関する施策
- 都心部の景観・回遊環境形成
- 鮮魚市場活性化計画

⑤ 主要施設配置計画に関する施策
- 学校規模の適正化・大規模校等教育環境整備
- 学校施設の耐震化
- 保育所整備の推進
- 東部療育センターの整備

⑥ 骨格形成のプロジェクトに関する施策
- アイランドシティ住宅まちづくり
- アイランドシティ新しい産業集積拠点の形成
- 九州大学学術研究都市構想の推進

4.5.2 市町村合併後の総合計画

a. 合併後の基幹的空間構造

市町村合併には、新設合併と編入合併の2つの形態がある。新設合併は複数の市町村が一緒になって新しい市町村をつくる合併形態である。編入合併は、市町村の区域の全部または一部を、他の市町村に編入する合併形態である。

新設合併の場合は、旧市町村の既存の総合計画にとらわれることなく、まったく新しい総合計画を作成することになる。

市町村合併後の総合計画では、これまでの空間構造に配慮しつつ、基幹的空間構造として、集中型と分散型のどちらかを選択し、新しい土地利用配置の方針を示さなければならない。

b. 市町村合併後の総合計画の事例

1) 編入合併で集中型の例：新・新潟市総合計画（2007〜2014年度）

本事例は、合併後の総合計画において集中型が選択された事例である。

新潟市は、2005年に4市5町5村の広域合併が行われ、2007年に新たな総合計画として「新・新潟市総合計画」を策定している。

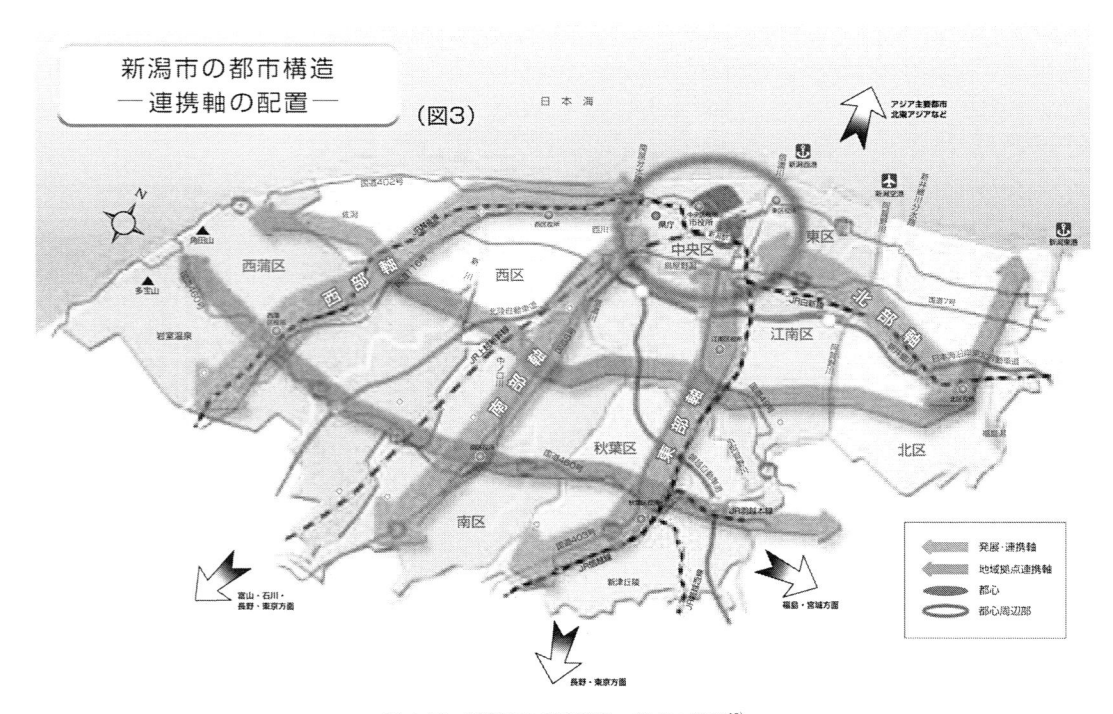

図 4.12 新潟市の都市構造：拠点の配置[13]

基本構想では，めざすまちのかたちとして，旧新潟市の中心市街地を都心とした既存の都市構造を維持しつつ，それぞれの地域の特性をふまえ，まとまりのある質の高い市街地づくり（コンパクトなまちづくり）をめざす方向としている．さらに交通体系の整備により各地域間の緊密性を高め一体化を図るとしている．

基本計画の土地利用の方針では，「多核連携のまちづくり」を進めるとし，旧新潟市の中心市街地を都心・都心周辺部として明確に位置づけており，集中型の基幹的空間構造をとっている．さらに，6つの地域拠点，10の生活拠点を設定し，それらを鉄道・バス路線および幹線道路による4つの連携軸（北部軸・東部軸・南部軸・西部地区）と，2つの環状軸（地域拠点連携軸）により結び，合併後の市全体の一体的な発展をめざすとしている（図4.12）．

2）新設合併で分散型の例：第1次静岡市総合計画（2005～2009年度）

本事例は，合併後の総合計画において分散型が選択された事例である．

静岡市は，2004年に旧静岡市と旧清水市が新設合併により誕生している．2005年に新たな総合計画として「第1次静岡市総合計画」を策定している．その基本計画に示される都市空間形成の基本的考え方の1つとして「多核連携型都市形成とネットワーク化」を掲げている．その中では静岡都心，清水都心，東静岡都心の3つの都市核に都市機能を分担させるとし，分散型の基幹的空間構造をとっている．

さらに，都市空間連携軸として，周辺都市との連絡強化のための広域都市環状軸，3つの都市核間の機能連絡のための多核機能連係軸，その補完のための東西発展軸，山間地と海岸部連携のための南北発展軸，都心部と拠点地の連携強化のための市街地放射状軸，都心部の市街地環状軸を形成するとしている．

以上の方針に基づき，質の高い3都市核を形成する「トライアングルシティプロジェクト」を重点プロジェクトとして基本計画の中に掲げている（図4.13）．

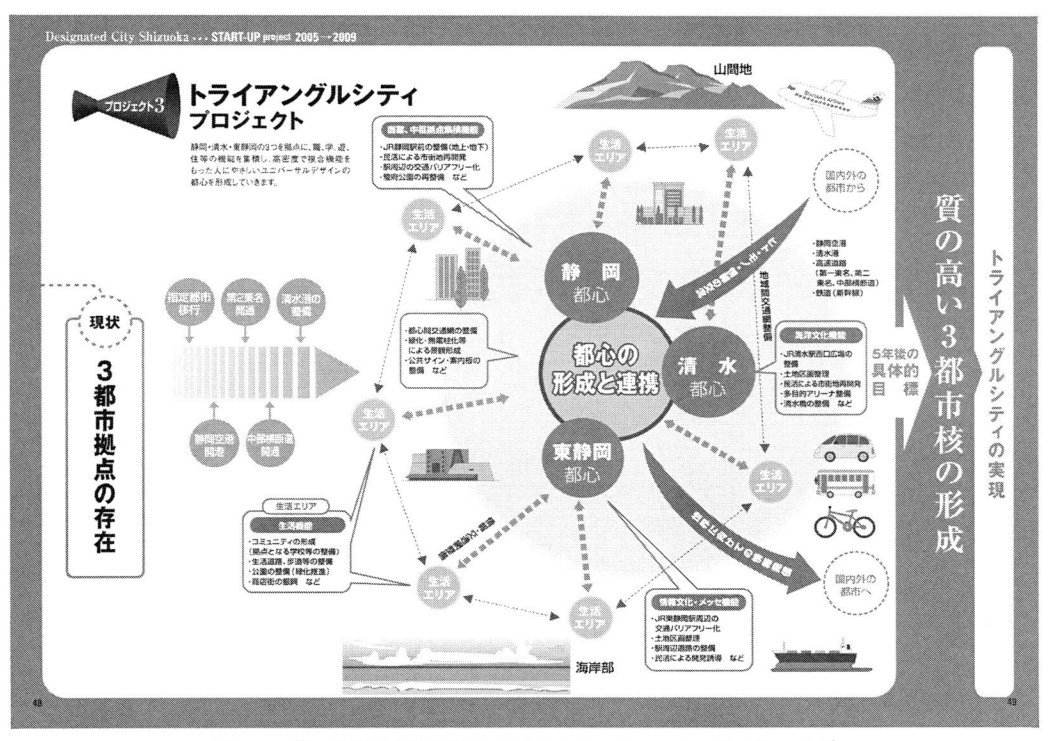

図4.13　第1次静岡市総合計画に示されたトライアングルプロジェクト[14]

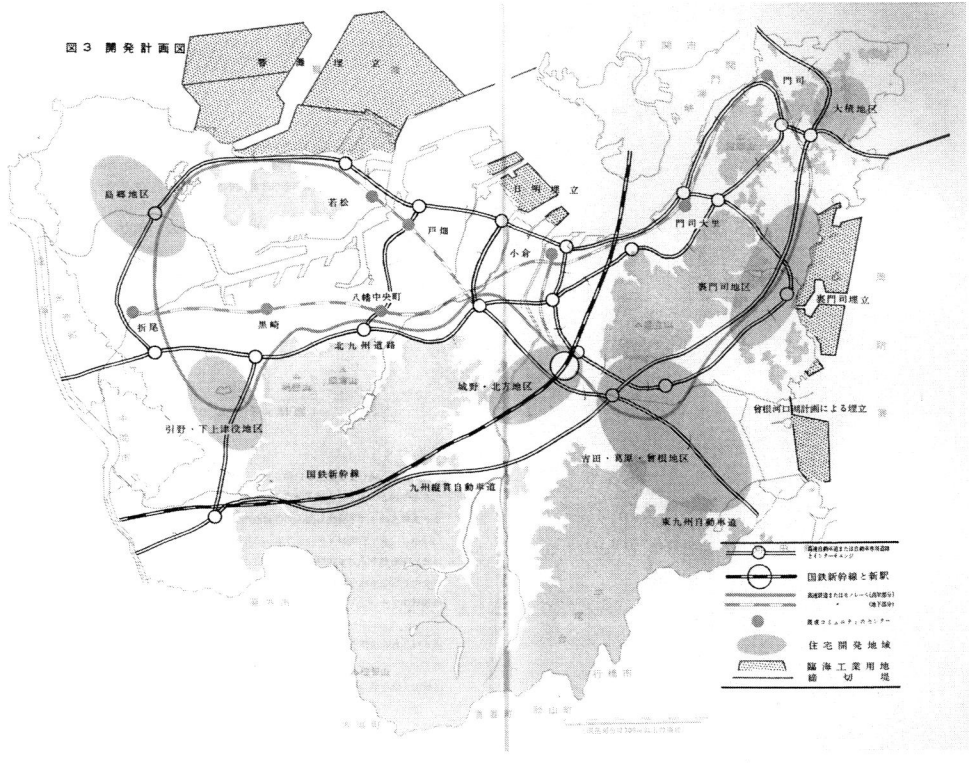

図 4.14　北九州市長期総合計画・基本計画における開発計画図[15]

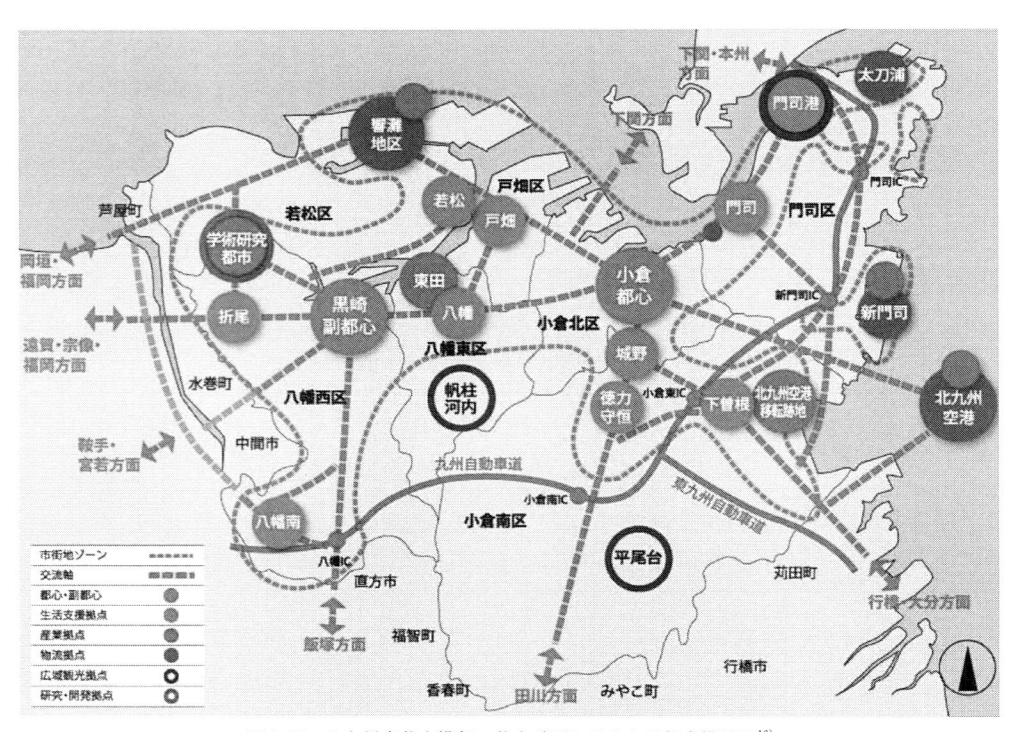

図 4.15　北九州市基本構想・基本計画に示される都市構造図[16]

3）分散型から集中型へ移行した例：北九州市の総合計画

ここでは，合併後に分散型の基幹的空間構造を選択し，その後，集中型へ移行した事例として北九州市を紹介する．

北九州市は，1963年に門司市，小倉市，戸畑市，八幡市，若松市の5市の大規模な新設合併により誕生している．

合併後の最初の総合計画である北九州市長期総合計画・基本計画（1965～1974年度）では，旧5市の中心市街地であった門司港，門司，小倉，戸畑，八幡，黒崎，折尾，若松の8つの拠点を，「既成コミュニティのセンター」として設定し，それらを高速道路や高速鉄道などによりネットワーク化する多核都市構想，つまり，分散型の基幹的空間構造の選択を行っている（図4.14）．次期の総合計画である北九州市基本構想・長期構想（1975～1988年度）においても，この多核都市構想は踏襲され，合併後約25年間にわたり，市政の基調テーマとして取り扱われ，地価高騰，交通渋滞，住宅難などの一般的な大都市問題の発生を防御することができたと一定の評価が得られている．

しかしながら，多核都市構想は，百万都市に求められる機能集積を抑制する結果も同時にもたらした．そのため，ルネッサンス構想（1989～2005年度）では，都心（小倉），副都心（黒崎）を明確に設定し，分散型から集中型の都市構造への転換を図っている．このルネッサンス構想で示された小倉都心，黒崎副都心とする都市構造は，北九州市基本構想・基本計画（2008年度～）にも踏襲されている（図4.15）．

■参考文献
1) 都市計画教育研究会編：都市計画教科書，第2版，彰国社（1995）．
2) 萩島 哲編：新建築学シリーズ10 都市計画，朝倉書店（1999）．
3) 静岡市：静岡市都市計画マスタープラン（2006）．
4) 新城市：新城市都市計画マスタープラン（2008）．
5) 国土交通省ホームページ：
http://www.mlit.go.jp/crd/index/pamphlet/index.html
6) 富山市：富山市都市マスタープラン（2008）．
7) 牛見 章：居住立地限定階層に関する一連の研究，日本建築学会論文報告集 **216**，25-35（1974）．
8) 福岡市：福岡市基本構想（1987）．
9) 福岡市：福岡市 新・基本計画（2003）．
10) 福岡市：福岡市における市政運営の基本方針．
11) 福岡市：2011 グランドデザイン（2008）．
12) 佐々木信夫：市町村合併，ちくま新書（2002）．
13) 新潟市：新・新潟市総合計画（2007）．
14) 静岡市：第1次静岡市総合計画（2005）．
15) 北九州市：北九州市長期総合計画・基本計画（1965）．
16) 北九州市：北九州市基本構想・長期構想（1974）．
17) 日高圭一郎：まちづくりの方向性に関する評価，北九州市ルネッサンス構想の評価に関する調査研究報告書，北九州市立大学都市政策研究所（2007）．

5. 都市のフィジカルプラン，都市計画マスタープラン

5.1 国土の利用・保全と都市計画

5.1.1 国土利用計画（国土利用計画法）

国土利用計画は，長期にわたって安定した均衡ある国土の利用を確保することを目的として，国，都道府県および市町村の各段階において，国土の利用に関する行政上の指針として法に基づいて定める計画である．国土利用計画の計画事項は，農用地，森林，宅地などの地目や公共施設用地，環境保全地域などの「国土の利用目的に応じた区分」，地目別，用途別などの目標面積である「区分ごとの規模の目標」，自然的，社会的，経済的，文化的条件を勘案して，地域ごとに定める前述の目標についての概要である「地域別の概要」を内容としており，全国計画，都道府県計画，市町村計画がある．

5.1.2 土地利用基本計画（国土利用計画法）

国土利用の基本理念に基づいて土地の投機的取引や地価の高騰による弊害を抑制し，乱開発を未然に防止しながら適正かつ合理的な土地利用の確保を図る必要がある．土地利用基本計画はこれらの秩序を維持するための計画であり，都道府県知事が国土利用計画（全国計画および都道府県計画）を基本として当該都道府県の区域について定めるものである．

土地利用基本計画は，次の5つの地域を定めることになっている（表5.1，図5.1）．これらの5つの地域は，それぞれ個別の土地利用規制法の地域・区域と直接的に関連して，上位計画として総合調整機能を果たす役割がある．
① 都市地域：都市計画法の都市計画区域
② 農業地域：農業振興地域の整備に関する法律の農業振興地域
③ 森林地域：森林法の国有林および地域森林計画対象民有林の区域
④ 自然公園地域：自然公園法の国立公園，国定公園および都道府県立公園の区域
⑤ 自然保全地域：自然環境保全法の原生自然環境保全地域，自然環境保全地域および都道府県自然環境保全地域

5.1.3 国土形成計画（国土形成計画法）

わが国は，戦後，「地域の均衡ある発展」をめざ

表5.1 土地利用基本計画における5つの地域

地域の種類	地域の要件
都市地域	一体の都市として総合的に開発し，整備し及び保全する必要がある地域
農業地域	農用地として利用すべき土地があり，総合的に農業の振興を図る必要がある地域
森林地域	森林の土地として利用すべき土地があり，林業の振興または森林の有する諸機能の維持増進を図る必要がある地域
自然公園地域	優れた自然の風景地で，その保護及び利用の増進を図る必要があるもの
自然保全地域	良好な自然環境を形成している地域で，その自然環境の保全を図る必要があるもの

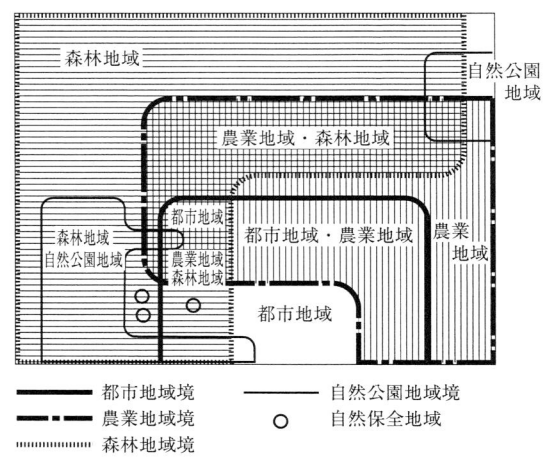

図5.1 土地利用基本計画の5つの地域

し国土総合開発法に基づいて，全国総合開発計画が1962年に策定された（第1次計画から第5次計画（1998年））．しかし，戦後復興や高度成長期の都市化社会から人口減少，経済成長の安定化に伴い都市型社会へ移行し，従来型の社会資本整備が時代に対応しきれなくなってきた．このような背景から国土総合開発法は2005年に改正され，国土形成計画法へと改められた．

国土形成計画は，国土形成計画法に基づき，今後おおむね10カ年間における国土づくりの方向性を示す計画である．本計画は，新しい国土像として，多様な広域ブロックが自立的に発展する国土を構築するとともに，美しく，暮らしやすい国土の形成を図ることとし，その実現のための戦略的目標，各分野別施策の基本的方向などを定めるものである．全国計画と広域地方計画がある．

5.2 都市計画マスタープラン

5.2.1 都市計画区域の整備，開発または保全の方針

都市計画法では，都道府県は，「都市計画区域については，整備，開発又は保全の方針（以下，都市計画区域マスタープラン）を都市計画に定める」と規定している（図5.2）．都市計画区域マスタープランは，都市のマクロな都市計画を定めることであり，その内容は以下のとおりである．

① 都市計画の目標
　1）都市像
　2）都市づくりの基本理念
② 区域区分の方針
　区域区分を定めるときは，その方針を示す
　1）市街化区域の土地利用の方針
　2）市街化調整区域の土地利用の方針
③ 主要な土地利用を都市計画で定めるための方針
④ 主要な都市施設を都市計画で定めるための方針
　1）道路，鉄道などの交通施設
　2）公園緑地
　3）下水道，河川
　4）その他（ゴミ処理施設，卸売市場，学校，総合病院，防災施設など）
⑤ 市街地開発事業に関する都市計画を定めるための方針

5.2.2 市町村都市計画マスタープラン

a. 将来空間像の必要性

都市計画は，自分たちの地域やまちが将来こうなってほしいと考え，その目標に向かって地域住民が話し合いながらまちづくりを進めていくことが求められる．つまり，将来の空間像（ビジョン）を共有化しながら進めるまちづくりである．

マスタープランとは，市民の意見を反映させながら，地域の実情に即した将来の都市像を明確にし，これを実現するための諸施策を総合的にかつ計画的に進めていく指針となるものである．マスタープランは，土地利用や各種施設の整備の目標など，都市の物的な側面（建築や道路，公園といった都市施設）のみを静的にとらえるだけでなく，生活像，産業構造，自然的環境などについて現況および動向を勘案して目標とする将来ビジョンを明確にする必要がある．マスタープランは，図面や文章，ダイアグラムなどで表現される．

b. 市町村の都市計画の基本方針

近年の社会経済環境の変動とともに，都市の拡大を基調とする「都市化社会」から，安定・成熟した「都市型社会」へと大きく移行しており，こうした都市型社会では，身近な都市空間の充実や地域の個性を活かしたまちづくりが重視される．このような状況の中，1992年に都市計画法が改正され，地域の特性に配慮した都市計画ができるよう，住民参加のもとに市町村自らが定める「都市計画に関する基本的な方針（以下，市町村都市計画マスタープラン）」が創設された．市町村都市計画マスタープランは，行政区域単位で策定され，策定主体は市町村であり，計画の目標年次は，おおむね20年としている．

市町村都市計画マスタープランは，住民に最も近い立場にある市町村が，創意工夫のもとに地域住民の意見を反映させながら，都市づくりの具体的な将来ビジョンを設定し，地域別のあるべき市街地像，整備課題に応じた整備方針，地域の都市

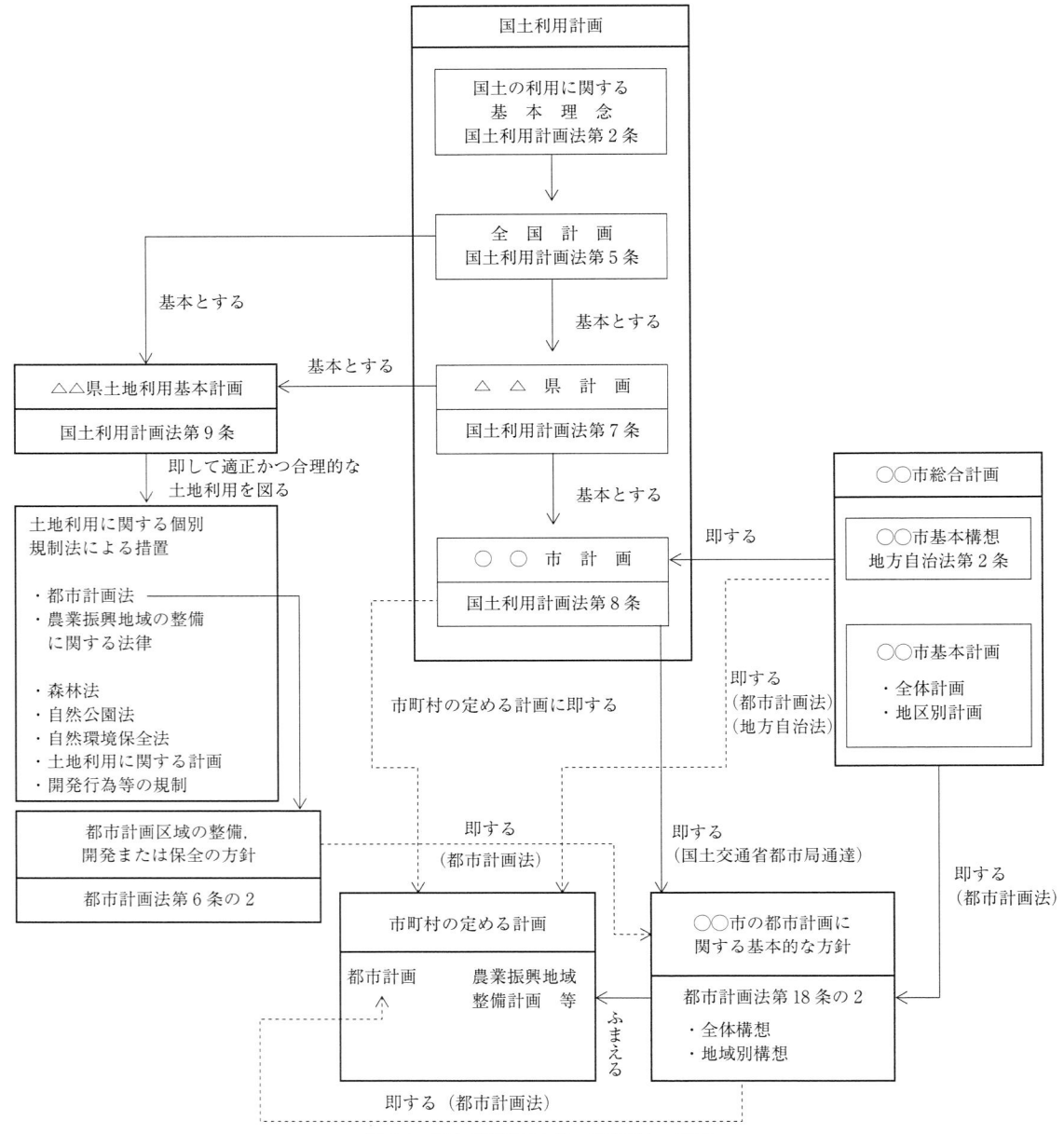

図5.2 国土利用計画と他の諸計画との関係

生活や経済活動を支える諸施設の計画などをきめ細かく総合的に定めるという内容となっている．市町村都市計画マスタープランは，全体構想（図5.3）と地域別構想（図5.4，図5.5）で構成される．それぞれに定める内容は以下のとおりである．

① 全体構想
1) 都市構造・空間形成の基本的考え方
2) 土地利用・施設整備・市街地開発事業等の方針
3) 良好な都市環境形成の方針
4) 都市景観形成の方針など

② 地域別構想
1) 建築別の用途・形態
2) 整備すべき諸施設
3) 緑地の保全・創出
4) 空地の確保
5) 景観形成上配慮すべき事項

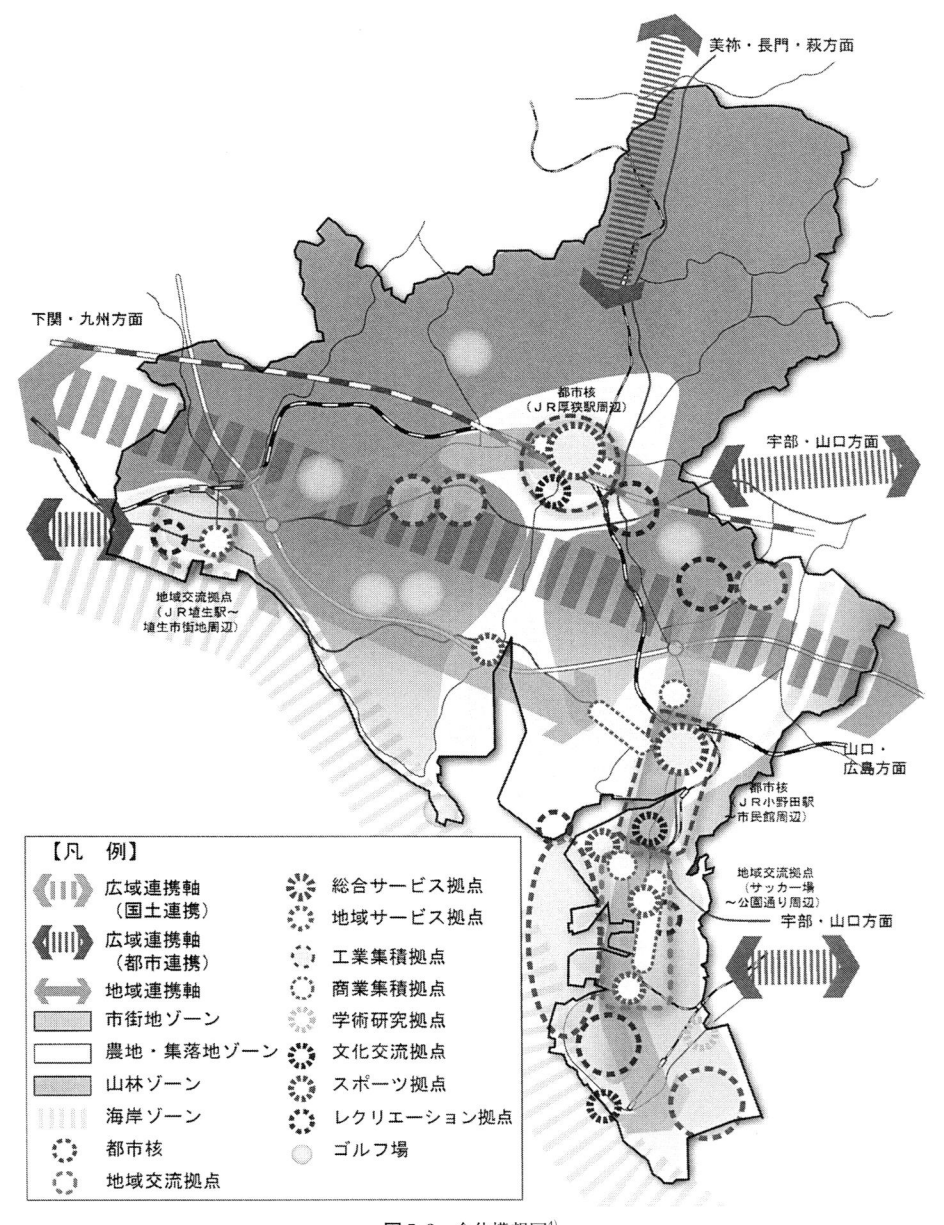

図5.3 全体構想図[4]

c. マスタープランを市民とともに検討するプロセス

身近な環境への関心の高まりや個性あるまちづくりを進めていく上で，マスタープランの策定プロセスにおいて住民参加を果たしながら進めていくことが求められる．都市には地域の文化や歴史，風土，自然などの貴重な地域資源が存在している．このような資源を基本とした都市計画の方針を考えていくことが重要である．将来像を立案し，地域住民で共有化していくためには，まず，地域の現況を正確に把握することが必要になる．都市計画は総合的な取り組みなので，まずは，地域のことを理解するために，地域の人口や世帯，歴史や文化，土地利用，建物，基盤施設，経済的な動向に関することなどを統計書などからデータとして調べることから始める．次に，実際に現地を歩いて調べる．商店街や住宅地，道路・歩道や公園，街並み景観などを個別に観察し，それぞれの良い

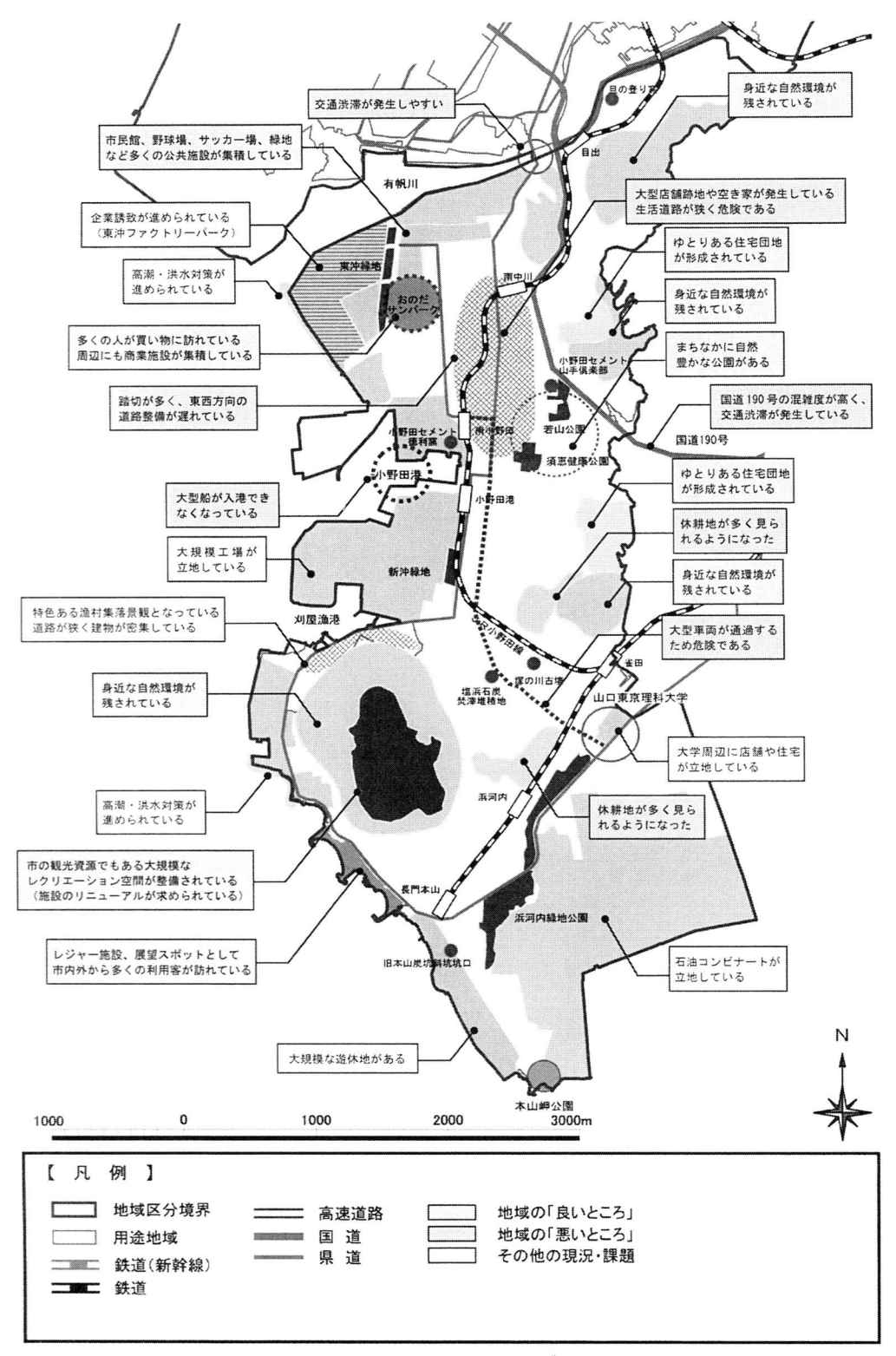

図 5.4　地域別の現況課題図[4]

5.2 都市計画マスタープラン

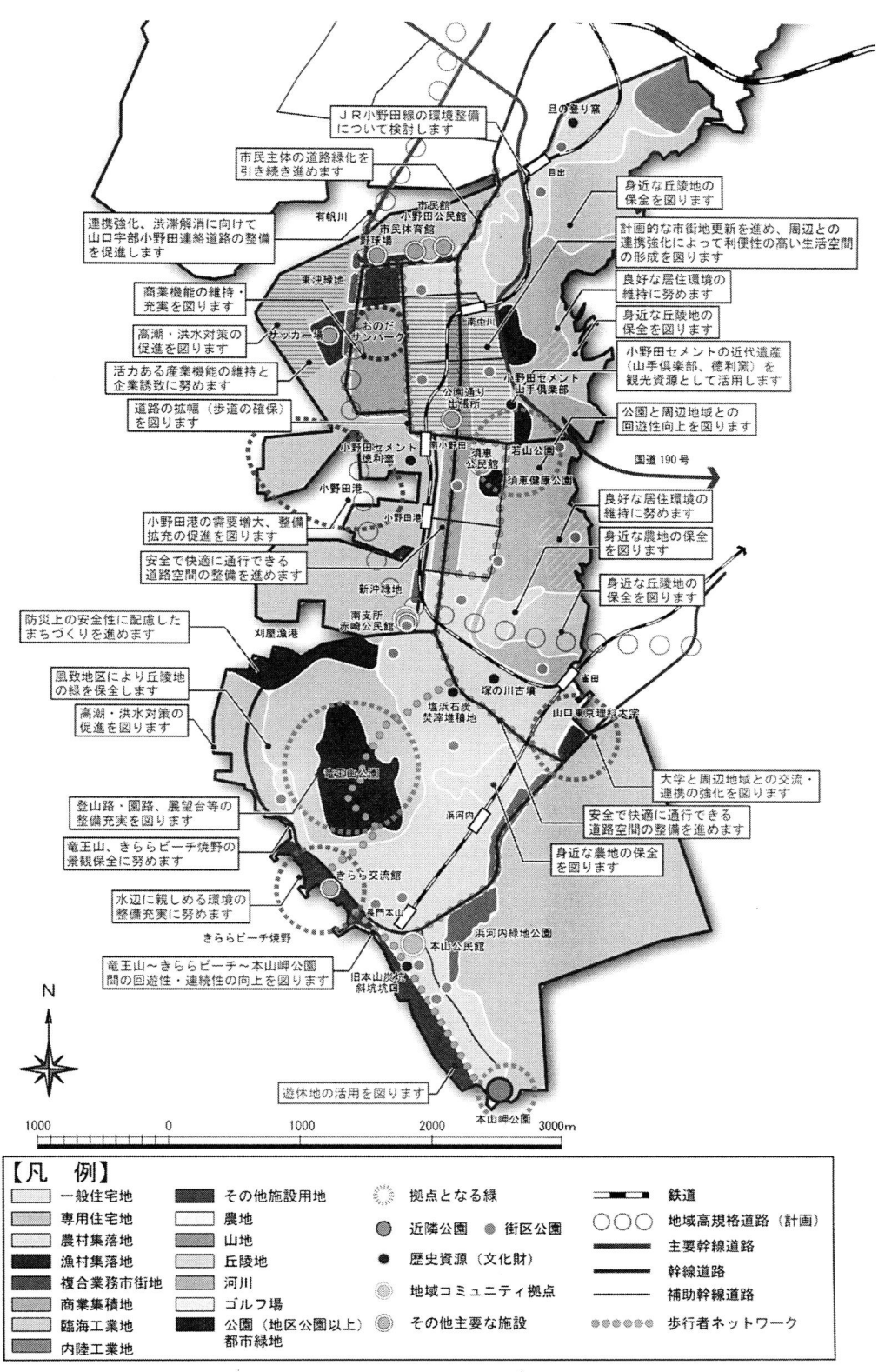

図 5.5 地域別構想図[4]

図5.6 意見交換のようす

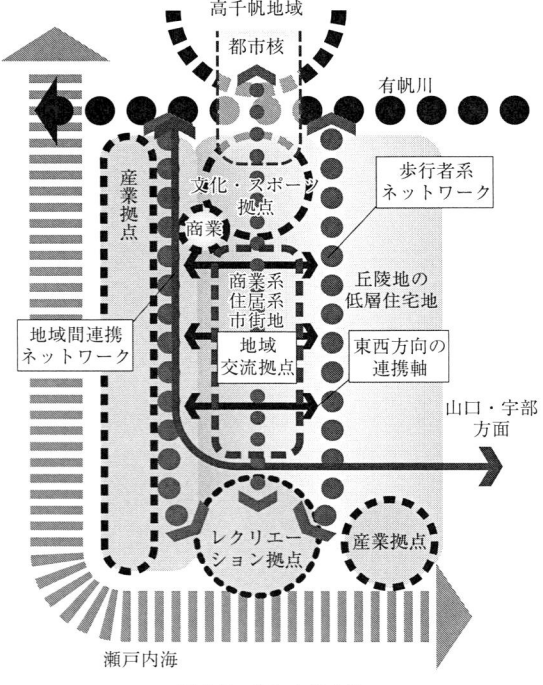

図5.7 まちの将来像

式がある．この方法は，さまざまな分野で活用されており，多くの人が共同して研究や学習，意見交換，作業を行うことによって参加者全員の意見を効果的に導き出しまとめあげる．最終的には，参加者全員の意見が一目でわかる大きな地図を作成し（図5.6），この地図を見ながらまちの将来像について意見を出し合い，まちの将来像をまとめあげる（図5.7）．

d. 空間スケールに対応した各種のマスタープラン

マスタープランは，1つの都市全体の構想から都市の地域別の構想まで，いろいろな空間スケールで考えることができる．また，法定の市町村都市計画マスタープランに限らず，地域のまちづくりを進めるために，任意のマスタープランも存在する．したがって，対象とするまちの空間スケールやまちづくりのテーマに沿って，いくつかの空間スケールでまちづくりの方針を検討することが重要である．例えば，小学校区程度の空間スケールでまちづくりを考える場合は，その都市全体のマスタープランを構想した上で対象とする小学校区のマスタープランを構想することが望ましい．また，1つの街区程度の空間スケールであれば，その街区を含む地域レベルの空間スケールでのマスタープランを構想した上で，対象とする街区のマスタープランを構想することが望ましい．この際，小スケールと大スケールの構想に表現される事項が相互に有機的な連携を保つように留意する．

5.3 都市計画マスタープランと実現化へのプロセス

5.3.1 まちづくりの体制（パートナーシップとネットワーク）

まちづくりは，単発的な活動ではなく，多くの人を巻き込んだ，息の長い活動である．そのためにも，まちづくりを支える「人」や「組織」の仕組み（まちづくりの体制）をデザインすることが，まちづくりには欠かせない．「まちづくりの体制」は，基本的には「市民」と「行政」がつくるものである（図5.8）．市民ひとりひとりの力では限界

ところと悪いところに整理して調べることが必要になる．このまち歩きによって地域の特徴を導き出すことが可能となる．調査した現況から地域の将来はどうあるべきか，また，どのような課題を解決するべきか，良いところをどうやってさらに伸ばしていくかを具体的に議論しながら将来像を共有化していくことになる．まち歩きを行い調査，分析が終われば，地域住民，行政，専門家と意見交換を行うことが重要である．効率良く楽しくディスカッションする方法としてワークショップ方

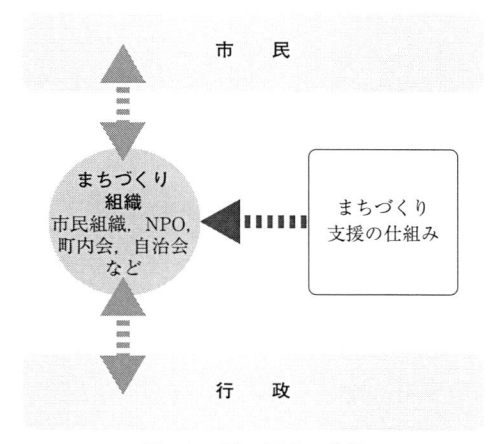

図5.8 まちづくりの体制

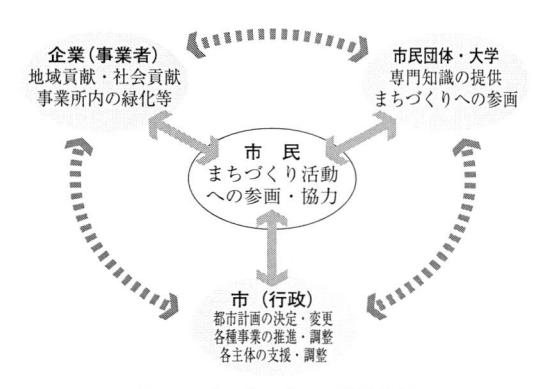

図5.9 実現化に向けた協働体制

があるので，具体的には，町内会や自治会，市民組織やNPOなどが結成され，それらと行政で「まちづくりの体制」をつくることになる．こういった市民の組織をここでは「まちづくり組織」と呼び，「市民」と「行政」の中間におく．まちづくりの体制をデザインするということは，まず①市民の中から「まちづくり組織」をデザインし，次いで②「まちづくり組織」と「行政」の関係をデザインし，最後に③それに必要な「支援の仕組み」をデザインすることである．ここで，まちづくり組織をデザインする際には，組織として「どのようなまちづくりの課題」を「どのように実現する」ことを目標とするか，という組織の目標を誰にでもわかりやすい表現で掲げることが重要になる．そして，その目標に沿って具体的な事業の計画が組み立てられることになる（図5.9，図5.10）．

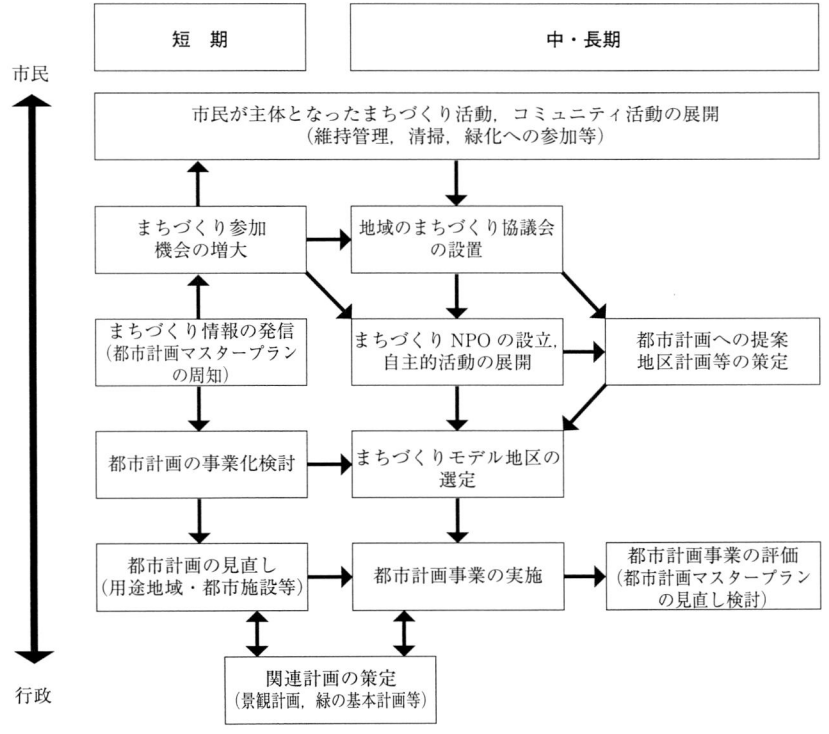

図5.10 実現化プログラム

5.3.2 まちづくりの進め方

a. まちづくりの課題がどのように実現するかをイメージする

まちづくりの課題を解決するために「地域全体の合意を必要」とするのか，むしろ「限られたメンバーで機動的に動くことが必要」なのか，という点を明確にする．地区計画の策定やまちなみ保全であれば，地域に住む人たちを広く巻き込む必要がある．一方で，商店街振興などに取り組む場合は，時間をかけて合意形成に取り組むよりは，具体的な活性化のプロジェクトを立案し，できるメンバーですぐに動き出すことが重要である．次に，そのまちづくりの課題は，「自治体に実現をはたらきかけるような課題」なのか，という点を明確にする．地区計画は行政が都市計画として決定するものなので，行政との協力関係は不可欠になる．まちなみ保全に取り組む場合は，個人の所有する建物や敷地がおもな対象となるため，住民側の相当な努力が必要になる．

b. まちづくりの実際：将来像と計画の関係

将来像は，キャッチフレーズ的な文章で表現される．例えば，「緑豊かで安全安心な低層住宅地の創造」という将来像が共有化されたとすると，この将来像に沿った具体的な計画（マスタープラン）を検討する段階に移る．上述の将来像の場合，「緑豊か」を具体的にどうするのかということになる．街路樹を増やすのか，それぞれの住宅に植栽を増やしてもらうのか，公園を整備するのかということになる．どのようなプランをどのような方法で実践していくのかを検討しなければならない．街路樹や公園となれば，行政と議論することになるし，住宅地の植栽ということになれば，地域住民が自発的に植樹をしていかなければならないので，十分な話し合いが必要となる．また，「安全安心な」はどのように具体化するのか．例えば，道路閉塞をなくすためにブロック塀は禁止にするとか，沿道の住宅の土地を少しずつ提供して道路を拡幅するのか，といったハードな検討と合わせて，災害時の活動や避難経路の設定などソフトな取り組みも検討する必要がある．「低層住宅地」ということになれば，建物の高さを制限する必要が出て

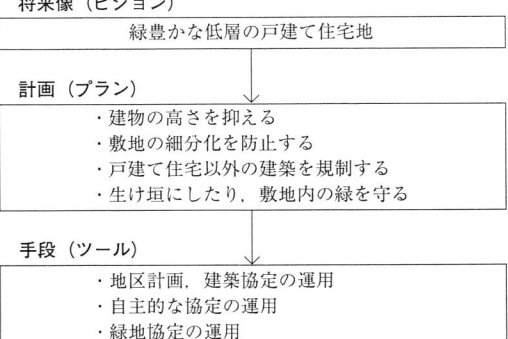

将来像（ビジョン）
　緑豊かな低層の戸建て住宅地

計画（プラン）
・建物の高さを抑える
・敷地の細分化を防止する
・戸建て住宅以外の建築を規制する
・生け垣にしたり，敷地内の緑を守る

手段（ツール）
・地区計画，建築協定の運用
・自主的な協定の運用
・緑地協定の運用

図5.11　将来像の具体化

くる．または，集合住宅を立地させないようにする必要もある．このように住民が先導的に動いて実現させる方がよいものと，行政と協働で進めていく方がよいものとを明確にし，それぞれに応じた空間整備手法を採用しながら継続的に実践していくことが求められる．このような具体的な計画は，地域住民全員で守っていくルールとしてまとめられ，将来像を具体化するための1つのツールとして活用されることになる（図5.11）．地区計画制度や緑地協定，まちづくり条例などが制度として準備されている．

5.4　中心市街地活性化

5.4.1　中心市街地の活性化

a. 中心市街地は「まち」

中心市街地は，商業，業務，居住などの都市機能が集積し，長い歴史の中で文化，伝統を育み，各種機能を培ってきた「まちの顔」ともいうべき地域である．しかしながら，病院や学校，市役所などの公共公益施設の郊外移転など都市機能の拡散，モータリゼーションの進展，流通構造の変化などによる大規模集客施設の郊外立地，居住人口の減少などコミュニティとしての魅力低下，商業地区が顧客・住民ニーズに十分対応できていないことなどにより，中心市街地の衰退が進みつつある．

このままの状態が進行すると下記のような課題が起こることが予想されている．

① 生活利便性の低下：車を利用できない高齢者などが，公共公益施設や店舗などを利用しに

くくなり，生活が不便になる．
② 公共サービスの低下，都市経営コストの増大：新たなインフラの整備が必要になり，維持管理のコストも増加する．
③ 生活空間としての魅力の喪失：人との交流やにぎわい，文化などの機能がなくなり，「まち」としての魅力を失ってしまう．
④ 環境負荷の増大：車の利用が増え，多くのエネルギーが必要になるとともに，開発により自然が喪失する．

これらの課題を減少させていくためには，郊外化や都市機能の拡散に歯止めをかける必要がある．また，生活拠点を再生させ，都市機能が集積した，アクセスしやすい「生活拠点」をつくる必要がある．

高齢者を含めた多くの人にとって暮らしやすい「まち」をめざして，さまざまな都市機能がコンパクトに集積し，アクセスしやすい「歩いて暮らせるまちづくり」を，都市の個性や歴史を活かしながら進めることが必要である（図5.12）．中心市街地は，公共交通ネットワークや都市機能・インフラなどのストックがあり，効果的・効率的に都市機能を集積する拠点として重要な候補地といえるのである．

b．中心市街地活性化とは何か

中心市街地の活性化は，単に商店街を活性化することではない．都市全体の，コンパクトなまちづくりを進める市町村都市計画マスタープランのもと，「市街地の整備」，「商業・業務」，「交通アクセス」，「公益施設」，「まちなか居住」の5つの要素を中心に，生活拠点として総合的に中心市街地のまちづくりを進めることである．そのためには，前述の「ビジョン」によって将来像を共有し，「プログラム」によって戦略的に取り組むことが必要である．そして，中心市街地を持続可能な「まち」とするために，「都市空間の管理運営」，「土地の合理的活用」，「地域固有の価値の創出」，「地域経済循環の構築」，「市民・民間の参画」の5つの視点をもつことが重要である．

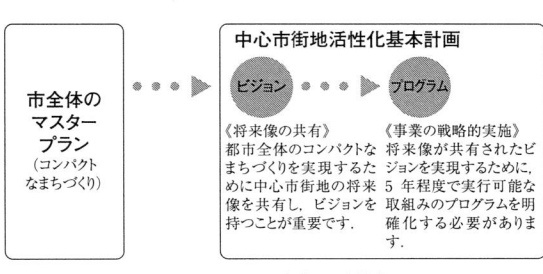

5.4.2 中心市街地活性化基本計画の内容

以上のような背景から，1998年に「中心市街地活性化法」（2006年改正）が制定された．同法律では，市町村が作成する中心市街地活性化基本計画について，内閣総理大臣の認定を与え，基本計画に基づく取り組みについて，法律，税制の特例や補助事業により，重点的に支援を実施することとしている．また，都市機能の増進を推進する者（まちづくり会社，中心市街地整備推進機構）と経済活力の向上を推進する者（商工会または商工会議所など）が必須の構成員となり，ディベロッパーや，商業関係者，地権者など多様な民間主体と，基本計画の策定主体である市町村などが参画した中心市街地活性化協議会が，まちづくりの多様な主体による合意形成のための協議の場として機能させることをめざしている（図5.13および図4.9参照）．

中心市街地活性化基本計画の内容は，以下のとおりである．
① 中心市街地の活性化に関する基本的な方針
② 中心市街地の位置および区域
③ 中心市街地の活性化の目標
④ 土地区画整理事業，市街地再開発事業，道路，公園，駐車場などの公共の用に供する施設の整備その他の市街地の整備改善のための事業に関する事項
⑤ 都市福利施設を整備する事業に関する事項
⑥ 公営住宅などを整備する事業，中心市街地共同住宅供給事業その他の住宅の供給のための事業および当該事業と一体として行う居住環境の向上のための事業に関する事項
⑦ 中小小売商業高度化事業，特定商業施設等整備事業その他の商業の活性化のための事業および措置に関する事項

図5.12 中心市街地活性化

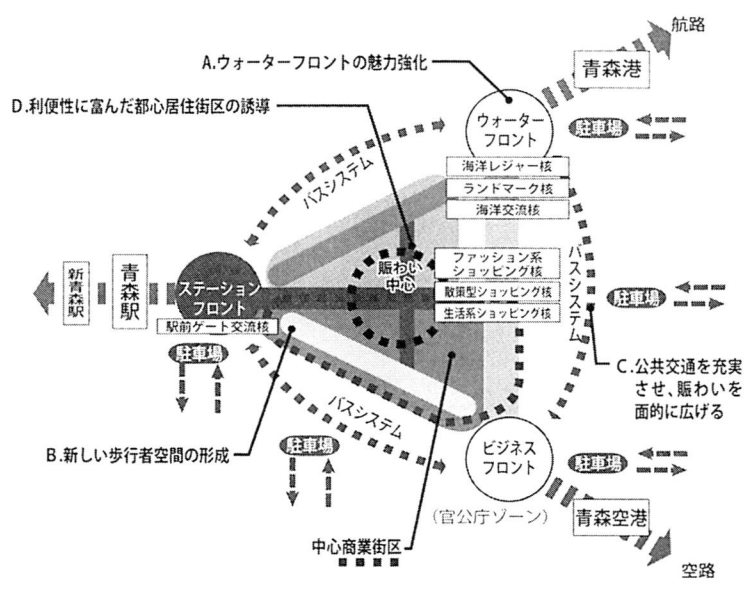

図 5.13 中心市街地活性化基本計画の例（青森市）[5]

⑧ 以上の事業および措置の総合的かつ一体的推進に関する事項
⑨ 中心市街地における都市機能の集積の促進を図るための措置に関する事項
⑩ 計画期間

基本計画の作成の際は，客観的現状分析，ニーズ分析に基づく事業などの集中実施，さまざまな主体の巻き込み，各種事業などとの連携・調整などを図る必要がある．特に，住民などさまざまな主体の参加・協力を得て地域ぐるみで取り組むことが重要である．

■参考文献
1) 都市計画教育研究会編：都市計画教科書，彰国社（2001）．
2) 日本建築学会編：まちづくりの方法，丸善（2004）．
3) 日本建築学会編：まちづくりデザインのプロセス，丸善（2005）．
4) 山陽小野田市都市計画マスタープラン（2009）．
5) 青森市中心市街地活性化基本計画（2007）．
6) 富山市中心市街地活性化基本計画（2007）．
7) 富山市都市計画マスタープラン（2007）．
8) 国土交通省ホームページ：http://www.mlit.go.jp/

6. 都市計画の実現のための制度

6.1 都市計画規制と建築規制

都市は建築の集合体であり，人々が生活し活動するための機能を損なわずに，都市の環境や秩序を維持していく必要がある．現在から将来の都市における諸活動の秩序を維持していくための公的な手段が都市計画規制と建築規制（集団規定）ということになる．

6.1.1 都市計画区域

市，または一定の要件に該当する町村は，一体として総合的に整備，開発，および保全する必要がある区域を都市計画区域として指定する．その指定対象は以下の3つである．

① 当該市町村の人口が1万人以上でかつ商工業に従事する人が50％以上
② 発展の動向から見ておおむね10年以内に①に該当すると期待されること
③ 中心の市街地を形成している区域内の人口が40人/ha以上の密度で3000人以上の町村

都市計画区域は，都市計画を策定する場であり，この区域内に限って，具体的な都市計画法の諸規定が適用される．中心市街地から連続的範囲で指定され，市町村界に拘束されない．

さらに，無秩序な市街化を防止し，計画的な市街化を図るために，都市計画区域を市街化区域と市街化調整区域の2つに区分して指定する．

6.1.2 市街化区域と市街化調整区域

一定水準の基盤を備えた市街地形成を図るためには，市街化に先行して市街地基盤整備が行われることが好ましい．一方，基盤整備には多額の資金を必要とするため，資金投資の範囲を狭める意味で，市街化の範囲を限定しなければならない．

そこで都市計画区域を優先的，かつ計画的に市街化するべき区域と当面市街化を抑制するべき区域とに分けて，段階的な市街化を図ることを目的として，区域区分制度（線引き制度）が昭和43年に創設された（図6.1）．

a. 市街化区域

市街化区域は，すでに市街地を形成している区域，およびおおむね10年以内に優先的かつ計画的に市街化を図る区域として，以下の場合に定める．

① すでに市街地を形成している区域（人口密度が40人/ha以上，かつ5000人以上の区域）
② おおむね10年以内に優先的にかつ計画的に市街化を図るべき区域

b. 市街化調整区域

市街化を抑制すべき区域に指定するもので，① 将来の見通しなどを勘案して，市街化をすることが不適当な区域，② 集団的優良農地（おおむね20ha以上）または10ha程度の農地で10年間農用地として利用されることが確実な区域，③ 災害の

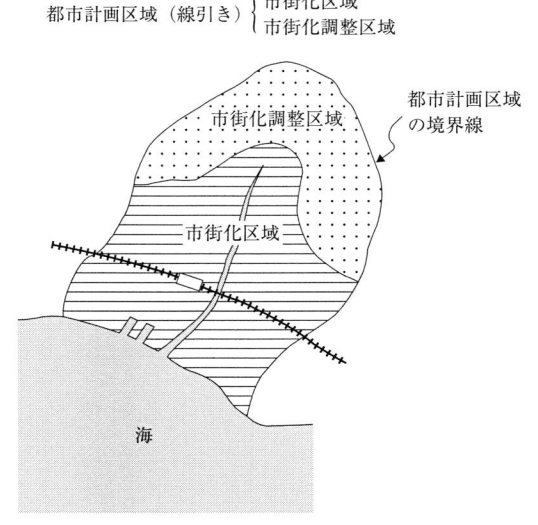

図6.1 都市計画区域

表 6.1 地域地区制度

	種 別		設 定 の 目 的	規制の根拠法令
用途地域 (法8・1・一, 法8・3で定義)	第1種低層住居専用地域	法9・1参照	低層住宅の専用地域	法10 建48 建50 建52 建53 建54 建54の二 建55 建56 建57 建・別表第2
	第2種低層住居専用地域	法9・2参照	小規模な独立店舗を認める低層住宅の専用地域	
	第1種中高層住居専用地域	法9・3参照	中高層の住宅専用地域	
	第2種中高層住居専用地域	法9・4参照	住宅に必要な大規模な利便施設の立地を認める中高層の住宅地域	
	第1種住居地域	法9・5参照	大規模な店舗,事務所を制限するが,ある程度の用途混在を認める住宅地域	
	第2種居住地域	法9・6参照	大規模な店舗,事務所を容認する,ある程度用途が混在する住宅地域	
	準住居地域	法9・7参照	大規模な店舗,事務所だけでなく,自動車関連施設と住居も調和しうる地域	
	近隣商業地域	法9・8参照	近隣の住宅地のための店舗,事務所等の利便の増進を図る地域	
	商業地域	法9・9参照	店舗,事務所等の活動がしやすい地域	
	準工業地域	法9・10参照	環境の悪化をもたらすおそれのない工場が,活動しやすい地域	
	工業地域	法9・11参照	工業の利便を図る地域	
	工業専用地域	法9・12参照	工業の利便を図る専用地域	
特別用途地区 (法8・1・二)	地方公共団体の条例	法9・13参照 建49・2参照	用途地域の指定基準の緩和をする地区	建49・1 建50
特定用途制限地域 (法8・1・二の二, 法8・3・二のニ)	地方公共団体の条例	法9・14参照	用途地域が定められていない区域の環境を守るため,大規模な店舗・風俗営業施設・危険物を扱う施設などを制限する区域	建49の二 建50
特例容積率適用地区 (法8・1・二の三, 法8・3・二のホ)	特例容積率適用地区	法9・15参照	商業区域内の未利用容積の有効利用を図る目的で,未利用の容積を,他の敷地で活用することを認める区域	建52の二 建52の三
高層住居誘導地区 (法8・1・二の四, 法8・3・二のヘ)	高層住居誘導地区	法9・16参照	高層建築物で,床面積の2/3以上が住宅に利用されるように誘導する区域	建52・1・五 建57の五
密度,形態地区 (法8・1・三, 法8・1・四, 法8・3・二のト, チ, リ)	高度地区		(最高限度型) 主として,日照,環境の保持を目指す. (最低限度型) 防火帯を形成させる場合等.	建58
	高度利用地区		昭和51.4.1建設省都市局長,住宅局長通達第25号を参照.市街地の高度利用を促進する場合のみならず中高層市街化の進行する地区で,オープンスペースを確保するための壁面指定も行うことができる.	建59
	特定街区		法10・12参照.主として市街地内オープンスペースの創出を目指す.	建60
防火地域 (法8・1・五)	防火地域		商業地で火災危険率の高い地区の危険防除.	建61
	準防火地域		市街地の中心部一般の防火性能を高める.	建62
景観・保全地区 (法8・1・六, 法8・1・七, 法8・1・十, 法8・1・十一, 法8・1・十二, 法8・1・十四, 法8・1・十五)	景観地区		法9・20参照.都市の美観を保持するうえで必要な建築物に関する制限を行う.	建68 景観法61・1
	風致地区		高級住宅地,別荘地,自然の景観地,公園の隣接地等の自然的な景観を残す.	法58 地方公共団体の条例
	歴史的風土特別保存地区		古都を周囲の自然環境を含めて保持しようとするもの.	古都における歴史的風土の保存に関する特別措置法6, 8
	緑地保全地域		都市緑地法3参照.市街化の進行に対して,樹林地,草地,水辺地等の良好な自然的環境を現状凍結的に保全する.	都市緑地法5
	生産緑地地区		市街化区域内の農地を,都市のオープンスペース的機能として保全する目的,または,市街化の推移に従って,公共・公益施設が必要になった時の土地利用転換予定地としての目的で宅地化を保留する目的とがある.	生産緑地法3
	伝統的建築物群保存地区		伝統のある古い町並を保存する.	文化財保護法143・1 市町村の条例
機能的用途地区 (法8・1・九, 法8・1・十三)	臨港地区		港湾の機能を利用する建物以外は規制し,港湾の機能を十分発揮させる.	港湾法39, 40 地方公共団体の条例
	流通業務地区		流通業務の機能を阻害する施設の立地を禁止し,原則として,トラックターミナル,鉄道貨物駅,卸売市場,倉庫及び卸売店舗等を誘導立地させる.	流通業務市街地の整備に関する法律4・1
駐車場整備地区 (法8・1・八)	駐車場整備地区		商業地域,近隣商業地域内で路外駐車場の建設を義務づけることにより駐車容量を拡大させる.	駐車場法20 同法3・1

注)例えば,「法8・1・一」は,「都市計画法第8条第1項第一号」を表す.

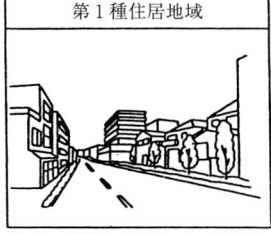

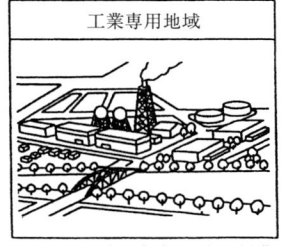

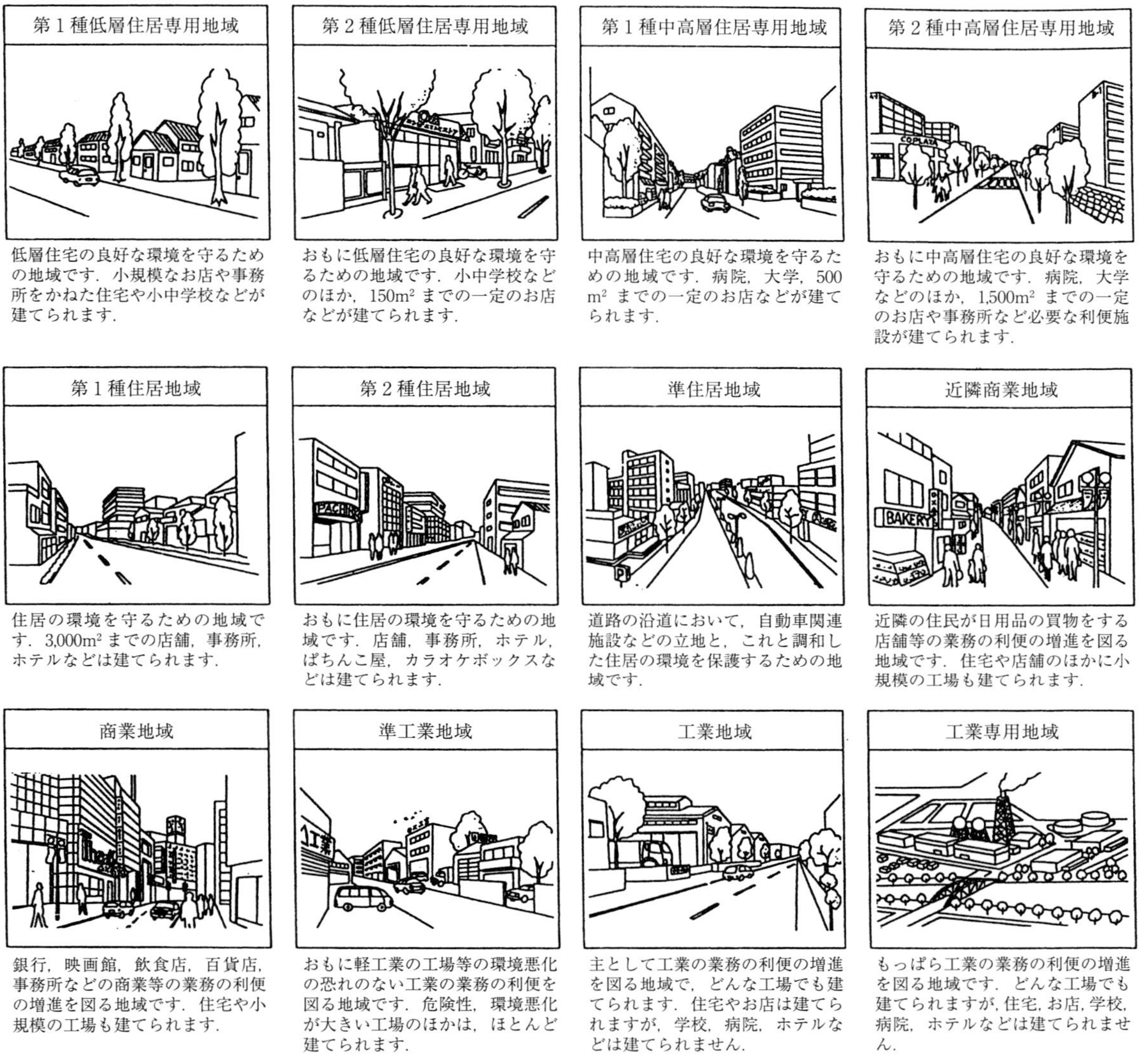

第1種低層住居専用地域	第2種低層住居専用地域	第1種中高層住居専用地域	第2種中高層住居専用地域
低層住宅の良好な環境を守るための地域です．小規模なお店や事務所をかねた住宅や小中学校などが建てられます．	おもに低層住宅の良好な環境を守るための地域です．小中学校などのほか，150m²までの一定のお店などが建てられます．	中高層住宅の良好な環境を守るための地域です．病院，大学，500m²までの一定のお店などが建てられます．	おもに中高層住宅の良好な環境を守るための地域です．病院，大学などのほか，1,500m²までの一定のお店や事務所など必要な利便施設が建てられます．
第1種住居地域	**第2種住居地域**	**準住居地域**	**近隣商業地域**
住居の環境を守るための地域です．3,000m²までの店舗，事務所，ホテルなどは建てられます．	おもに住居の環境を守るための地域です．店舗，事務所，ホテル，ぱちんこ屋，カラオケボックスなどは建てられます．	道路の沿道において，自動車関連施設などの立地と，これと調和した住居の環境を保護するための地域です．	近隣の住民が日用品の買物をする店舗等の業務の利便の増進を図る地域です．住宅や店舗のほかに小規模の工場も建てられます．
商業地域	**準工業地域**	**工業地域**	**工業専用地域**
銀行，映画館，飲食店，百貨店，事務所などの商業等の業務の利便の増進を図る地域です．住宅や小規模の工場も建てられます．	おもに軽工業の工場等の環境悪化の恐れのない工業の業務の利便を図る地域です．危険性，環境悪化が大きい工場のほかは，ほとんど建てられます．	主として工業の業務の利便の増進を図る地域です．どんな工場でも建てられます．住宅やお店は建てられますが，学校，病院，ホテルなどは建てられません．	もっぱら工業の業務の利便の増進を図る地域です．どんな工場でも建てられますが，住宅，お店，学校，病院，ホテルなどは建てられません．

図 6.2 12種類用途地域のイメージ図[1]

発生のおそれのある区域，④ 優れた自然の風景を維持し，都市の環境を保持し，水源を涵養し，土砂を防備するなどの保全すべき区域などに指定する．

c．スプロール

市街地の無計画な拡散，拡大をいう．健全な市街地が計画に従って発展することをスプロールとはいわない．都市生活に必要な公共・公益施設の整備を伴わず，点々と農耕地や山林を食いつぶす形で散漫な市街地がまばらに形成されていくことをスプロールという．道路などに沿って無計画な帯状の市街地が形成されていくリボン状開発もスプロールの一種である．これは，土地利用計画とこれを確実に実現する地区レベルの計画制度を欠いていることが原因であり，農地への宅地の無秩序な蚕食は，農地の一体的利用を困難にすることになる．また，住民サイドでは，遠距離通勤，基盤整備（上下水道，交通など）や公共施設の不備が続くことになる．

d．市街化の拡散を抑制する方法

ヨーロッパの都市は，歴史的に防衛上または衛生上，宗教上，都市の周囲を城壁で囲んだ城郭都市が起源となり現代の都市を構成している．城壁によって市街地の拡散を抑制することが可能であ

表6.2 用途地域

用途地域内の建築物の用途制限 ○：建てられる用途 ×：建てられない用途 ①，②，③，④，▲：面積，階数等の制限あり			第1種低層住居専用地域	第2種低層住居専用地域	第1種中高層住居専用地域	第2種中高層住居専用地域	第1種住居地域	第2種住居地域	準住居地域	近隣商業地域	商業地域	準工業地域	工業地域	工業専用地域	備考
住宅，共同住宅，寄宿舎，下宿			○	○	○	○	○	○	○	○	○	○	○	×	
兼用住宅で，非住宅部分の床面積が，50m² 以下かつ建物の延べ面積の2分の1未満のもの			○	○	○	○	○	○	○	○	○	○	○	×	非住宅部分の用途制限あり
店舗等	店舗等の床面積が 150m² 以下のもの		×	①	②	③	○	○	○	○	○	○	○	④	①日用品販売店舗，喫茶店，理髪店及び建具屋等のサービス業用店舗のみ．2階以下． ②①に加えて，物品販売店舗，飲食店，損保代理店・銀行の支店・宅地建物取引業等のサービス業用店舗のみ． ③2階以下 ④物品販売店舗，飲食店を除く
	店舗等の床面積が 150m² を超え，500m² 以下のもの		×	×	②	③	○	○	○	○	○	○	○	④	
	店舗等の床面積が 500m² を超え，1,500m² 以下のもの		×	×	×	③	○	○	○	○	○	○	○	④	
	店舗等の床面積が 1,500m² を超え，3,000m² 以下のもの		×	×	×	×	○	○	○	○	○	○	○	④	
	店舗等の床面積が 3,000m² を超えるもの		×	×	×	×	×	○	○	○	○	○	○	④	
事務所等	事務所等の床面積が 150m² 以下のもの		×	×	×	▲	○	○	○	○	○	○	○	○	▲2階以下
	事務所等の床面積が 150m² を超え，500m² 以下のもの		×	×	×	▲	○	○	○	○	○	○	○	○	
	事務所等の床面積が 500m² を超え，1,500m² 以下のもの		×	×	×	▲	○	○	○	○	○	○	○	○	
	事務所等の床面積が 1,500m² を超え，3,000m² 以下のもの		×	×	×	×	○	○	○	○	○	○	○	○	
	事務所等の床面積が 3,000m² を超えるもの		×	×	×	×	×	○	○	○	○	○	○	○	
ホテル，旅館			×	×	×	×	▲	○	○	○	○	○	×	×	▲3,000m² 以下
遊戯施設・風俗施設	ボーリング場，スケート場，水泳場，ゴルフ練習場，バッティング練習場等		×	×	×	×	▲	○	○	○	○	○	○	×	▲3,000m² 以下
	カラオケボックス等		×	×	×	×	×	▲	▲	○	○	○	▲	▲	
	麻雀屋，パチンコ屋，射的場，馬券・車券発売所等		×	×	×	×	×	▲	▲	○	○	○	▲	×	
	劇場，映画館，演劇場，観覧場		×	×	×	×	×	×	▲	○	○	○	×	×	▲客席200m² 未満
	キャバレー，ダンスホール等，個室付浴場等		×	×	×	×	×	×	×	×	○	▲	×	×	▲個室付浴場等を除く
公共施設・病院・学校等	幼稚園，小学校，中学校，高等学校		○	○	○	○	○	○	○	○	○	○	×	×	
	大学，高等専門学校，専修学校等		×	×	○	○	○	○	○	○	○	○	×	×	
	図書館等		○	○	○	○	○	○	○	○	○	○	○	×	
	巡査派出所，一定規模以下の郵便局等		○	○	○	○	○	○	○	○	○	○	○	○	
	神社，寺院，教会等		○	○	○	○	○	○	○	○	○	○	○	○	
	病院		×	×	○	○	○	○	○	○	○	○	×	×	
	公衆浴場，診療所，保育所等		○	○	○	○	○	○	○	○	○	○	○	○	
	老人ホーム，身体障害者福祉ホーム等		○	○	○	○	○	○	○	○	○	○	○	×	
	老人福祉センター，児童厚生施設等		▲	▲	○	○	○	○	○	○	○	○	○	○	▲600m² 以下
	自動車教習所		×	×	×	×	▲	○	○	○	○	○	○	○	▲3,000m² 以下
	単独車庫（付属車庫を除く）		×	×	▲	▲	▲	▲	○	○	○	○	○	○	▲300m² 以下　2階以下
	建築物付属自動車車庫 ①②③については，建築物の延べ面積の1/2以下かつ備考欄に記載の制限		①	①	②	②	③	③	○	○	○	○	○	○	①600m² 以下　1階以下 ②3,000m² 以下 2階以下 ③2階以下
							※一団地の敷地内について別に制限あり								
	倉庫業倉庫		×	×	×	×	×	×	○	○	○	○	○	○	
	畜舎（15m² を超えるもの）		×	×	×	×	▲	○	○	○	○	○	○	○	▲3,000m² 以下
工場・倉庫等	パン屋，米屋，豆腐屋，菓子屋，洋服店，畳屋，建具屋，自転車店等で作業場の床面積が50m² 以下		×	▲	▲	▲	○	○	○	○	○	○	○	○	原動機の制限あり，▲2階以下
	危険性や環境を悪化させる恐れが非常に少ない工場		×	×	×	×	①	①	①	②	②	○	○	○	原動機・作業内容の制限あり 作業場の床面積 ①50m² 以下　②150m² 以下
	危険性や環境を悪化させる恐れが少ない工場		×	×	×	×	×	×	×	②	②	○	○	○	
	危険性や環境を悪化させる恐れがやや多い工場		×	×	×	×	×	×	×	×	×	○	○	○	
	危険性が大きいか又は著しく環境を悪化させる恐れがある工場		×	×	×	×	×	×	×	×	×	×	○	○	
	自動車修理工場		×	×	×	×	①	①	②	③	③	○	○	○	作業場の床面積 ①50m² 以下　②150m² 以下 ③300m² 以下 原動機の制限あり
	火薬，石油類，ガスなどの危険物の貯蔵・処理の量	量が非常に少ない施設	×	×	①	②	○	○	○	○	○	○	○	○	①1,500m² 以下　2階以下 ②3,000m² 以下
		量が少ない施設	×	×	×	×	○	○	○	○	○	○	○	○	
		量がやや多い施設	×	×	×	×	×	×	×	○	○	○	○	○	
		量が多い施設	×	×	×	×	×	×	×	×	×	×	○	○	
卸売市場，火葬場，と畜場，汚物処理場，ごみ焼却場等			都市計画区域内においては都市計画決定が必要												

注）本表は，すべての制限について掲載したものではない．

表6.3 用途地域と形態規制（建築基準法）

項目 \ 用途地域	第1種低層住居専用地域	第2種低層住居専用地域	第1種中高層住居専用地域	第2種中高層住居専用地域	第1種住居地域	第2種住居地域	準住居地域	近隣商業地域	商業地域	準工業地域	工業地域	工業専用地域	都市計画区域内で用途地域の指定のない区域
容積率（%）	50, 60, 80, 100, 150, 200		100, 150, 200, 300		200, 300, 400				200, 300, 400, 500, 600, 700, 800, 900, 1000	200, 300, 400			50, 80, 100, 200, 300, 400
建ぺい率（%）	30, 40, 50, 60				60				80	60		30, 40, 50, 60	30, 40, 50, 60, 70
外壁の後退距離（m）	1, 1.5												
絶対高さ制限（m）	10, 12												
斜線制限 道路斜線 適用距離（m）	20, 25, 30							20, 25, 30, 35		20, 25, 30			20, 25, 30
斜線制限 道路斜線 勾配	1.25							1.5		1.5			1.5
斜線制限 隣地斜線 立ち上がり（m）			21					31		31			31
斜線制限 隣地斜線 勾配			1.25					2.5		2.5			1.25, 2.5
斜線制限 北側斜線 立ち上がり（m）	5		10										
斜線制限 北側斜線 勾配	1.25												
日影規制 対象建築物	軒高7m超又は3階以上		10m超							10m超			10m超
日影規制 測定値（m）	1.5		4							4			4
日影規制 規制値（5mラインの時間）	3, 4, 5				4, 5					4, 5			4, 5
敷地規模規制の下限値	200m²以下の数値												

ったため，スプロールが発生しにくいという性格をもつ．また，大ロンドン計画や韓国の都市では，広大なグリーンベルトを都市の外周部に設定することで，市街地の拡散を抑制している．両者とも物理的な空間によって市街地の拡散を抑制することに効果的であったが，わが国は，歴史的にそのような経験はなく，図面上の1本の線で市街化区域と市街化調整区域に区分することで，市街化の拡散を抑制しようとしている点が，住民にとってわかりにくく不満を抱える原因になっている．

6.1.3 地域地区

都市は，住居系用地，商業系用地，工業系用地などによって構成されている．土地利用のあるべき姿を計画的に形成するためには，個別の土地利用を計画に沿って誘導する必要がある．そのために，建築の用途，形態，構造，密度などに制限を加える制度が地域地区制度である．

a．地域地区の種類

地域地区制度の種別と内容は表6.1に示すとおりである．

b．用途地域

用途地域は，その種類により，建築基準法で建築物の用途や容積率，建ぺい率などを定め，良好な市街地の形成と住居，商業，工業などの適正な配置を誘導しようとするものである．用途地域の内容と各用途地域の指定基準は表6.2および図6.2に示すとおりである．

6.1.4 開発行為の規制

開発とは，建築物の建築の用に供するための土地の区画形質の変更をいう．いわゆる宅地開発行為であり宅地造成ともいえる．農地を宅地に変更する場合（農地転用）も含まれる．開発を行おうとする者は，開発届出申請を行わなければならない．市街化区域では1000m²以上，都市計画区域内で用途地域以外の土地（白地地域）では，3000m²以上の土地の場合である．市街化調整区域では，原則，開発を行うことはできない．

6.1.5 建築規制

都市計画が有力な手段の1つとして位置づけている建築規制が集団規定である．建築基準法は，

表 6.4 前面道路による斜線制限（法 56 条，別表第 3）

区　　域	各　敷　地　の　容　積　率　の　限　度			
第1種低層住居専用地域 第2種低層住居専用地域 第1種中高層住居専用地域 第2種中高層住居専用地域 第1種住居地域 第2種住居地域 準住居地域 注）第1種・第2種低層住居専用地域以外では，①前面道路幅員12m以上のときの緩和がある．②特定行政庁が指定する区域では，容積率20/10超のとき適用距離5m減，勾配は1.5/1とする緩和がある．(中高層住居専用地域では容積率40/10以上の地域に限る)	20/10 以下 20m, 1.25, 1.0, 25m	20/10 超 30/10 以下 25m, 1.25, 1.0, 31.25m	30/10 超 40/10 以下 30m, 1.25, 1.0, 37.5m	40/10 超 35m, 1.25, 1.0, 43.75m
近隣商業地域 商業地域	40/10 以下 20m, 1.5, 1.0, 30m	40/10 超 60/10 以下 25m, 1.5, 1.0, 37.5m	60/10 超 80/10 以下 30m, 1.5, 1.0, 45m	80/10 超 100/10 以下 35m, 1.5, 1.0, 52.5m
（続き）	100/10 超 110/10 以下 40m, 1.5, 1.0, 60m	110/10 超 120/10 以下 45m, 1.5, 1.0, 67.5m	120/10 超 50m, 1.5, 1.0, 75m	―
準工業地域 工業地域 工業専用地域 用途地域の指定のない区域（この区域の勾配は，1.25または1.5のうち特定行政庁が定めるもの．適用距離は30/10超はすべて30m）	20/10 以下 20m, 1.0, 1.5, 30m	20/10 超 30/10 以下 25m, 1.0, 1.5, 37.5m	30/10 超 40/10 以下 30m, 1.0, 1.5, 45m	40/10 超 35m, 1.0, 1.5, 52.5m

前面道路による斜線制限（前面道路との関係についての建築物の各部分の高さの制限）の場合の高さは，前面道路の路面の中心からの高さによる．（令2条1項6号イ）
前面道路の反対側の境界線から一定の距離の範囲内では，容積率の限度に応じ斜線制限を受ける．（法56条1項1号，別表第3）
注）高層住居誘導地区内の特例が設けられている．

建物単体に関する規定（単体規定）と建物の集団としての都市に関する規定（集団規定）に分けられる．そして，集団規定は原則として都市計画区域（都市計画法第5条）内に限り適用する．建築基準法が定める集団規定には次の5つが挙げられる．

1）接道義務（法第43〜47条）

建築の機能と安全を確保するため，建築の敷地は原則として幅員4m以上の道路に2m以上接しなければならない．都市計画区域内において「道路」とは以下の幅員4m以上の道（建基法第42条1項）を指す．

① 道路法による道（一般国道，都道府県道，市町村道，高速自動車道）
② 都市計画法，区画整理法などの法律で築造した道
③ 建基法第3章の規定が適用された際，現に存在した道

幅員4m未満であっても特定行政庁の指定したものは道路とみなす場合がある（建基法第42条2項）．この場合，道路の中心線から左右それぞれに2mの線を道路境界線とみなす．これは，通称，2項道路といい法令が施行される以前（1950年）から建っている建物が違反建築になってしまうための救済措置である．しかし，建築の建て替えのときは道の中心線から2m下がって敷地境界を引き直すことや，土地所有者が自分の家の前の道路のうち幅2m分は生み出す必要があるという考え方から，未だ狭溢道路（4m未満道路）は減少しないという問題がある．

2）用途規制

前述の用途地域に従って建築物の用途を制限するものである（表6.3）．

3）形態規制

用途地域の目的に即して，図と表に示すとおり建築物の密度（建ぺい率，容積率），形状（高さ，外壁の位置，斜線による規制，日照による規制）を制限するものである（表6.4）．

4）防火規制

都市における防火対策，建築物の延焼を防ぐため防火地域，準防火地域を定め，建築物の構造や材料を制限するものである．

5）景観規制および地区計画など

以上のほか，都市計画は，景観地区（景観法に基づく）や地区計画などを定めそれぞれに応じた建築の制限を行う．

6.2　都市計画の実現のための手法

土地利用計画は，用途地域と結びつけ各種の都市計画事業を実施しながら実現させていく．市街地を面的に整備していく法定の土地区画整理事業や市街地再開発事業，都市計画道路事業，下水道事業などがある．小規模の建築の建て替えを誘導する手法として共同建て替えや，住民合意の上でルールを共有化して整備を進めていく地区計画制度も都市計画を実現させていく有効なツールである．

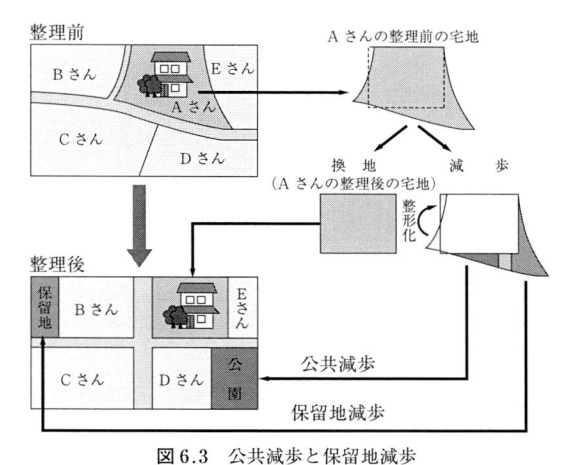

図6.3　公共減歩と保留地減歩
公共用地が増える分にあてるのが公共減歩，事業資金にあてるのが保留地減歩．

6.2.1　土地区画整理事業

土地区画整理事業は，道路，公園，河川などの公共施設を整備・改善し，土地の区画を整え宅地の利用の増進を図る事業である．公共施設が不十分な区域では，地権者からその権利に応じて少しずつ土地を提供してもらい（減歩），この土地を道路・公園などの公共用地が増える分にあてるほか，その一部を売却し事業資金の一部にあてる（図6.3）．事業資金は，保留地処分金のほか，公共側から支出される都市計画道路や公共施設などの整備費（用地費分を含む）に相当する資金から構成される．これらの資金を財源に，公共施設の工事，宅地の整地，家屋の移転補償などが行われる．地権者においては，土地区画整理事業後の宅地の面積は従前に比べ小さくなるものの，都市計画道路や公園などの公共施設が整備され，土地の区画が整うことにより，利用価値の高い宅地が得られることになる．

6.2.2　市街地再開発事業

都市再開発法に基づき，市街地内の老朽木造建築物が密集している地区などにおいて，細分化された敷地の統合，不燃化された共同建築物の建築，公園，広場，街路などの公共施設の整備などを行うことにより，都市における土地の合理的かつ健全な高度利用と都市機能の更新を図る事業である（図6.4）．事業の仕組みは次のとおりである．

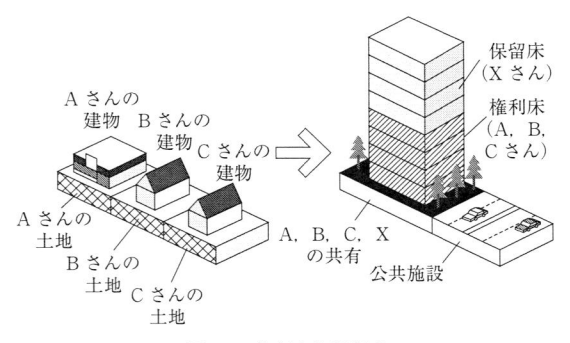

図6.4 権利床と保留床

① 敷地を共同化し,高度利用することにより,公共施設用地を生み出す
② 従前の権利者の権利は,原則として等価で新しい再開発ビルの床に置き換えられる(権利床)
③ 高度利用で新たに生み出された床(保留床)を処分し事業費にあてる

事業の種類は,権利変換手続きにより,従前建物,土地所有者などの権利を再開発ビルの床に関する権利に原則として等価で変換する第1種市街地再開発事業(権利変換方式)と,公共性,緊急性が著しく高い事業で,いったん施行地区内の建物・土地などを施行者が買収または収用し,買収または収用された者が希望すれば,その代償に代えて再開発ビルの床を与える第2種市街地再開発事業(用地買収方式)とがある.

6.2.3 共同建て替え

中心市街地などの密集した市街地においては,間口の狭い敷地が隣り合っているケースや狭小宅地が多いが,個々で建て替えると,敷地形状のため有効利用が難しく,街並みとしても統一性のないまちになる場合がある.その場合,権利者が共同で建物を建て替えることにより,道路を拡幅し広場や歩道などを設置したり,集合住宅や集客性の高い店舗や公益施設を立地することが可能となり,土地の高度利用が可能となる.

6.2.4 地区計画

高度成長期の都市問題として無秩序な市街化(スプロール)が深刻となった.道路基盤整備の遅延,1000m^{2}以下のミニ開発による住環境の悪化などが起こり,公用施設整備が追いつかない地域が多く出現した.一般の地域地区制度による土地利用コントロールでは,全国一律のセットメニューが適用されるだけであり,地区の状況に応じた市街地環境の規制・誘導ができずに,スプロール防止に不十分であった.地区の実状に合わせた,きめの細かい土地利用コントロールの必要性から,地区の公園や道路の整備と居住環境の整備が一体的に計画され実施される制度として,1984年に地区計画制度が登場した.

都市計画法では,市街地形成をコントロールするために2つの制度が用意されている.1つは,都市レベルのマクロな視点から行う都市計画(地域地区,開発許可)に基づく,建築基準法の敷地単位の建築規制であり,もう1つは,街区や地区のミクロな区域を計画的に形成しようとする地区計画制度である.敷地単位のきめの細かな建築物のコントロールと従来の用途地域によるマクロな土地利用コントロールの間をつなぎ,道路,公園,建築物などを対象に含めた一体的な計画を策定し,実施できる点に意義がある.

地区計画は,市町村が定める都市計画である.市町村は,地区計画の決定に際して都道府県知事の承認が必要である.目的は,① 建築物の建て方の詳細なルール化,② 道路や公園などを整備,③ 地区を単位とした将来像の共有化である.地区計画で定める内容は次のとおりである.

1) 地区計画の方針(区域の整備,開発および保全の方針:方針地区計画)
① 地区計画の目標
② 土地利用の方針
③ 地区施設の整備方針
④ 建築物などの整備方針
2) 地区整備計画
① 地区施設の配置及び規模:主として地区の住民が利用する道路,公園,緑地,広場などの公共空地の配置および規模を決める
② 建築物などに関する事項:建築物や工作物の用途,容積率の最高限度と最低限度,建ぺい率の最高限度,敷地面積や建築面積の最低限度,壁面の位置の制限,建築物などの高さの最高限

度と最低限度，建築物などの形態，デザイン，垣根またはさくの構造

③ 土地利用の制限に関する事項：現存する樹林地や草地を保全することを定める

地区計画制度は，都市計画法で定める策定の手続きをふみながら，方針地区計画により地区のめざすべき目標やビジョンを明らかにし，整備・開発・保全の方針を立て，その方針のもとに整備計画により道路，公園などの地区施設の計画や敷地，建築物などをきめ細かくコントロールできる制度である．

誘導規制の方法についても，地域地区では建築基準法の建築確認で直接建築物を規制するのに対して，地区計画では，届出勧告制という比較的規制力の緩い誘導的手法と，市町村の条例によって建築確認で強く規制をするのと2段階規制手段が用意されている．

計画策定およびその実現にあたって，市町村が主体となる制度であり，計画策定段階から地区住民などの意向を十分に反映することが義務づけられた，いわゆる住民参加のまちづくりをめざす制度である．地区計画は，都市内の市街地の街区を単位とした小規模な地区における生活を中心とした，きめ細やかな計画であり，「詳細計画」ともいわれる．単なる規制ではなく，積極的な事業として，開発または建築という行為を誘導していくことで，それぞれの特性にふさわしい環境のまちづくりを進めていくものである．

6.3　都市計画の決定手続き

都市計画は，次に示す11種類の内容が，都市の将来ビジョンに基づいて総合的かつ一体的に定められる．都市計画は市民の利益のために私権が制約されることもある．したがって，当然ながら，市民の多様な意見を十分に反映することが求められる．都市計画は，作成段階から市民の意見をふまえながら法的手続きのもとで決定される．都市計画を決定する手続きは図6.5に示すとおりである．

① 都市計画区域の整備，開発および保全の方針
② 区域区分（市街化区域・市街化調整区域）

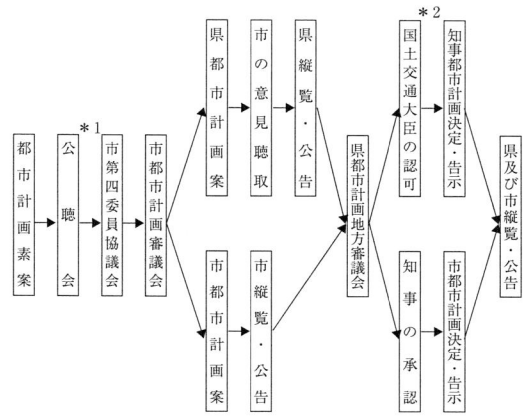

図6.5　都市計画の決定手続き
上段は知事決定，下段は市決定の流れを表す．
*1）公聴会は必要に応じて開催する．
*2）国土交通大臣の許可は重要な都市計画の決定に必要．

③ 都市再開発方針等
④ 地域地区
⑤ 促進区域
　1）市街地再開発促進区域
　2）土地区画整理促進区域
　3）住宅街区整備促進区域
　4）拠点業務市街地整備土地区画整理促進区域
⑥ 遊休土地転換利用促進地区
⑦ 被災市街地復興推進地域
⑧ 都市施設
⑨ 市街地開発事業
　1）土地区画整理事業
　2）新住宅市街地開発事業
　3）工業団地造成事業
　4）市街地再開発事業
　5）新都市基盤整備事業
　6）住宅街区整備事業
⑩ 市街地開発事業等予定区域
⑪ 地区計画等
　1）地区計画
　2）住宅地高度利用地区計画
　3）再開発地区計画
　4）沿道整備計画
　5）集落地区計画

図6.6 都市計画提案制度

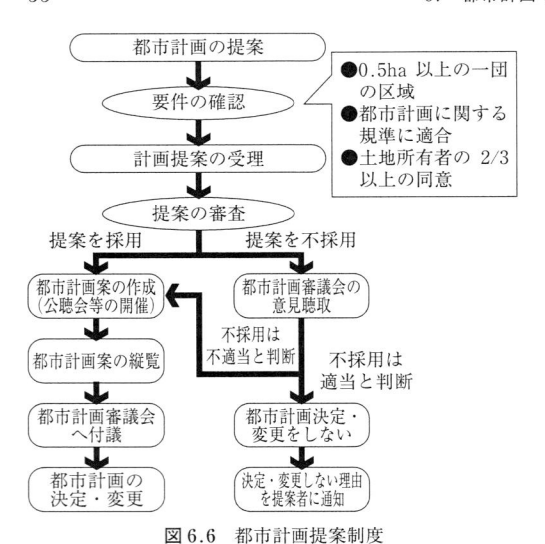

6.4 都市計画提案制度

土地の所有者やまちづくり団体，NPO，民間事業者などが，一定規模以上の土地について，土地所有者の3分の2以上の同意など，一定の条件を満たした場合に都市計画を提案することができる制度を都市計画提案制度という（図6.6）．

この制度は，近年，まちづくりへの関心が高まる中で地域住民が主体となった活動が増えてきており，市民が主役のまちづくりにおいて重要な機能を果たすことが期待されている．

6.5 都市計画と農業政策

近年，地方都市の郊外部ではスプロールが著しい．この原因として，モータリゼーションの進展と農業の衰退が挙げられる．前者は，広域な道路整備と自動車の普及によって移動が容易になり，都市の郊外部が中心部（市街地）と変わらず利便性を備えることになったためである．後者は，農業就労人口の減少と後継者不足により郊外部にある農地が耕作放棄地となったり宅地へ転換されることである．両者があいまって，民間事業者が，経済的な活動において安価でまとまった土地を入手するには中心市街地では困難であり，土地を郊外の農地に求めることになる．また，日本人は歴史的に集合住宅に住む経験が少なく，庭つきの一戸建て住宅を求めることになり，需要と供給バランスが保たれてしまうのである．

このような状況は，都市郊外部の虫食い的な農地転用などによる農業生産活動の低下，あるいは建築物のスプロール化により，営農条件からみても都市的居住環境の確保の面からも，支障を生じている．また，都市中心部の空洞化を引き起こすことになっている．都市計画法では，前述の区域区分制度を準備しているが，農業政策としても下記のような土地利用制限を行う各種法律が準備されている．

① 農業振興地域の整備に関する法律（農振法）
② 農地法
③ 集落地域整備法
④ 土地改良法

■参考文献

1) 福岡県：平成4年度改正都市計画法に係わる用途地域等の決定・運用規準（1994）．
2) 都市計画教育研究会編：都市計画教科書，彰国社（2001）．
3) 高木任之：都市計画法を読みこなすコツ，学芸出版社（2008）．
4) 日本建築学会編：建築法規用教材2009，丸善（2009）．
5) 山陽小野田市都市計画マスタープラン（2009）．
6) 国土交通省ホームページ：http://www.mlit.go.jp/

7. まちづくり

7.1 都市調査

7.1.1 都市レベルの計画のための調査

市町村マスタープランの策定などの都市レベルの計画を行うためには，都市の現状と将来動向を把握する必要がある．過去のデータに基づき現在までの都市活動の推移，趨勢を定量的に把握し，都市の将来の予測につなげていく必要がある．そのために，過去の各種データの収集などの都市調査が必要である．

a. データの項目

まず，都市の現状把握では，既存の統計データを収集し，これまでの動向と現時点での状況の把握を行う．調査の項目は多岐にわたり，その主要項目は，以下のとおりである．

① 人口：人口規模，人口分布，人口構成
② 産業：産業分類別事業所数・従業者数，製造業出荷額および商業販売額
③ 住宅：世帯数および住宅戸数の規模，その他の住宅事情
④ 土地利用および土地利用条件：地形条件，土地利用現況，宅地開発状況，農林魚業に関する土地利用，災害および公害
⑤ 建物：建築物の用途，構造，建築面積および延べ面積
⑥ 都市の歴史と景観：都市形成の沿革，景観・文化財などの分布
⑦ レクリエーション施設：位置および利用の状況
⑧ 都市施設：位置，利用状況および整備の状況
⑨ 交通：自動車交通，交通施設の利用状況
⑩ 地価：地価分布，変動

b. データの空間単位

この都市調査により収集されるデータは，最終的には都市の物的空間の計画に役立つものでなければならない．そのため，これらのデータを可能な限り地図上にプロットし，空間的に分析できるように加工する必要がある．上記のデータの多くは数値表として整理されているので，それを分布の図として整理しなおすことが必要となる．

その際，計画の対象となる都市空間を複数の同質的な空間に分割して，その空間単位でデータを集計し，地図上に表現を行う．使用する空間単位としては，都市空間を格子状に区画したメッシュ，校区，町丁目などの行政区界単位がある．

c. データの出所

これらのデータは，国勢調査などの官公庁統計資料（表7.1），地図，空中写真の活用などにより入手可能である．官公庁が刊行する統計資料は図書館などに整備され，また，CD-ROMやインターネットなどの媒体を通じて入手することができる．

しかしながらすべてのデータが準備されているわけではない．必要に応じて，標本調査によるア

表7.1 主要な統計資料

名称	内容	主管	調査周期（本調査）
国勢調査	人口，世帯数	総務省	5年
経済センサス	産業分類別の事業所数，従業者数など	総務省・経済産業省	5年
工業統計調査	工業事業所の従業員数，工業出荷額など	経済産業省	1年
商業統計調査	卸売・小売業の従業員数，販売額など	経済産業省	5年
農業センサス	農業の世帯・事業体の状況	農林水産省	5年
漁業センサス	漁業の世帯・事業体の状況	農林水産省	5年

表7.2 将来予測のために必要なデータ[1]

大項目	項目		分類カテゴリー等
人口・世帯	夜間	総人口	人口総数，人口増減
		年齢階層別人口	5歳階級別人口，〈年少人口（0～14歳），生産年齢人口（15～64歳），老年人口（65歳～）〉
		世帯数	世帯数，世帯数増減
		就業人口	職業大分類別人口
		産業分類別就業人口	〈農業，林業，狩猟業，漁業水産養殖業＝第1次産業〉，〈鉱業，建設業，製造業＝第2次産業〉，〈卸売業・小売業，金融保険業，不動産業，運輸通信業，電気・ガス・水道・熱供給業，サービス業，公務＝第3次産業〉
		生徒児童数	
	昼間	総人口	残留夜間人口＋従業人口＋学生数
		従業人口	第1次・第2次・第3次従業人口
		職業別従業人口	夜間就業人口と分類同じ
		学生数	
産業・経済	市民分配所得		雇用者報酬，財産取得
	生産所得		産業部門別生産所得
	製造業出荷額		全業種，業種別
	商品販売額		全業種，卸売業，小売業，飲食業
土地	住宅用地		面積，分布，地価
	工業用地		面積，分布，地価
	商業用地		面積，分布，地価
	学校等公益施設用地		学校，幼稚園，保育所，病院など

ンケート・ヒアリング調査も実施する．さらには悉皆調査による現地調査，観察調査なども行う．

収集されたデータは地理情報システムにより統合され，分析，解析が行われる場合もある．

日本国内においては，これらの統計資料をはじめとするデータは入手しやすいが，必要なデータが未整備の開発途上国などにおいては，リモートセンシングデータなどを活用して，データの作成を行うことになる．

さらに，都市の将来動向把握では，土地利用計画の目標年次（おおむね10年後）までの人口予測，市街地の人口密度の変化予測，または計画的な市街地の再編整備による人口の市街地内での移動，産業，土地利用面積などの将来見通しなどを行う．この場合に必要となるデータ項目は表7.2に示すとおりである．

この将来見通しは計画フレームと呼ばれ，都市計画の前提条件となる．対象とする計画によって，計画フレームとして明示する指標は種々あるが，最も基本となる指標は人口と土地利用面積である．

以上の都市の現状と将来見通しの把握に加えて，市町村マスタープランの策定などでは住民の意向反映が必要である．その過程では市町村マスタープランの案を公開し，それについての住民を対象としたヒアリングまたはアンケート調査や，地域ごとのワークショップなどを通じて，住民の意向を把握する必要がある．この住民意向の調査においては，計画案の内容を，イメージ図や模型など視覚的に理解が容易なもので周知し，意見を収集することが望ましい．

7.1.2 地区レベルの計画のための調査

地区レベルの計画といってもさまざまなレベルが存在し，その空間規模は一様ではない．政令指定都市を例にとれば，その都市空間は，行政区，中学校区，小学校区と階層的に行政上分割されている．さらに，小学校区内は町丁目・字により区分されることになる．また，計画対象となる地区が，これらの行政上の地域区分に必ずしも合致するわけではない．例えば，中心市街地などの計画であれば，商業地の状況に即して計画対象となる

表7.3 地区レベルの計画のための調査項目[2]

項目	内容
人口	人口，世帯
自然条件	気象，地形，土質，水系，植生など，水質汚濁，土壌汚染，災害履歴，環境基準
社会的条件	社会的圏域（自治会，町会，校区，字界など） コミュニティ活動の現況（お祭り，婦人会，こども会，商店会など） 整備歴，整備計画，公害などに対する苦情など，犯罪発生件数
産業の状況	産業分類別事業所数，従業者数，農業生産額，工業出荷額，卸売・小売販売額など
土地利用	用途別土地利用現況，面積，都市計画地域地区指定現況，面積 土地利用に関する特記事項
建築物	用途別構造別建築物利用現況，戸数，敷地規模，建築物構成の特記事項
交通施設	鉄道路線，駅，乗降客数，バス路線，停留所，運行密度 管理者別道路網，延長，幅員別構造別道路網，延長，都市計画道路網 歩道網，延長，歩行者動線（通勤，通学，買い物など），バリアフリー整備の状況 自動車・歩行者交通量，交通事故の現況
公園緑地など	公園緑地の分布，面積，都市計画公園・緑地の位置，形状，面積など 良好な植生の分布，種類別面積 寺院，神社，墓地などの分布，面積
排水施設	河川，水路網，下水道（雨水，汚水）の整備状況，整備計画（区域，面積，人口） 排水不良区域の現況，汚水処理の現況
供給処理施設	上水道の整備現況，整備計画（区域，面積，人口） 電気，電話，ガス，CATVなどのサービス現況，整備計画（区域，面積，人口） ゴミ処理の現況
公益施設	教育施設の分布，コミュニティ施設の分布，行政施設の分布，商業施設の分布，その他生活利便施設の現況，消火栓，防火水槽の整備状況
その他の施設	工場，大規模施設などの分布，内容（面積，業種など）

空間が設定される．一般的に，計画に対象となる地区の設定は，個々の計画の目的，特性に応じて行われることになる．

ここでは，小学校区いわゆる近隣住区内の小地区における住環境整備などを想定した場合の調査について述べる．調査項目を網羅的に挙げると表7.3のようになるが，調査項目は計画の目的に応じて適宜選択することが一般的である．

a. データの収集

① 計画の前提条件となる資料の収集：まず，計画の対象となる地区の上位計画・関連計画における位置づけについて，行政資料を対象に文献調査を行い，地形などの自然条件とあわせて計画の前提条件としてのとりまとめを行う．一般に，市町村マスタープランなどの各種マスタープラン，用途地域など地域地区の指定状況や都市施設の都市計画決定状況などを把握する．

地区レベルでのデータは整備されていない場合が多い．できるだけ代替データを見出してそれにあてるか，またはピックアップして標本調査を行うか，悉皆調査で地区レベルの状況を把握する必要がある．

② 社会的状況の把握：次に年齢階級別人口，世帯数，産業分類別事業所数・従業員数の統計調査を行い，地区の社会的状況を把握する．この場合，データの地域単位は町丁目単位となる．

③ 土地利用・建物用途現況：土地利用・建物用途現況の把握では，都市計画基礎調査としてすでに作成された現況図を用いることが原則となるが，既存資料をもとに，現地調査を実施することが望ましい．現況図作成後の変化も含めて，現地で土地利用および建物現況の確認を行う．適宜，写真撮影や住民などへのヒアリング調査を行う．

④ 公共施設整備現況：道路，公園をはじめとした公共施設の整備状況を，既存資料をもとに現地調査を実施して把握する．適宜，写真撮影などを行う．

⑤ 景観現況：現地調査を実施し，対象地区の建築物，電柱，屋外広告物，緑化などの景観の現況を把握する．適宜，写真撮影などを行う．

⑥ 住民意識・意向：インタビュー，アンケート調査またはワークショップなどを通じて，住民の

住環境に関する意識・意向を把握する．

　b．データのとりまとめ

　① 現況図の作成：調査によって得られたデータごとに，その情報を地図上にプロットし，現況図としてとりまとめる．使用する地図の縮尺は，対象地区の規模によって差異があるが，おおむね 1/5000～1/1000 で対応していく．

　現況図の作成段階では，必要に応じて，町丁目もしくは街区単位でのデータの集計を行い，地区内の空間構造の把握に努める．

　② 課題図（問題図・資源図）：各現況図から，対象地区の問題点をプロットした問題図，今後，対象地区のまちづくりにおいて活用が望まれる資源をプロットとした資源図を作成し，課題図としてとりまとめる．使用する地図の縮尺は 1/5000～1/1000 である．

7.2　まちづくりの手法

　前節で示した課題図などは，客観資料に基づいた，都市・地区の概要を大まかに把握するためのものであり，まちづくりにとって最も重要な図面である．これをもとに，まちづくりのワークショップに対応していく．

7.2.1　市民参加型のまちづくり

　1992 年の都市計画法の改正により，都市計画マスタープランにおける住民参加の位置づけが明確に示された．実効性のある計画づくりにおいて，ステークホルダー（利害関係者）の合意形成は必須であり，その過程における市民参加は不可欠である．また，そのステークホルダーはさまざまであり，住民，地権者，地域団体，企業，行政などさまざまな主体が存在する．これら主体間の意向を把握し，意見調整を行い，いかにして合意形成を図っていくかが課題となる．

　この合意形成過程では，複数の関係主体がそれぞれの立場と役割をしっかりと認識することが重要であり，主体間での情報や価値観の共有が基本となる．この情報共有をサポートとし，主体間の調整機能を担う者が，行政担当者やコンサルタントなどの専門家となる．特にコンサルタントなどの専門家は第三者として中立的な立場で，まちづくりに参画することとなり，専門的知識をわかりやすく市民に説明し，代替案の提示と客観的評価，対立意見の調整を行い，計画案をまとめていくコーディネーターとしての役割が求められる．民間のコンサルタント業者をはじめ大学の研究者が専門家として参画することが一般的であったが，近年では NPO，ボランティア組織などがかかわることも多くなっている．このように市民参加型のまちづくりは，さまざまな主体の協働により行われている．

　この市民参加の代表的な手法としては，消極的なものとしてアンケート方式，行政による説明会方式や委員会方式，積極的，直接的に参加を促すワークショップ方式，まちづくり協議会などがある．特に，近年ではワークショップ方式を採用することが一般化している．ワークショップとは，臨床心理学の一手法としてはじまり，講義などのように一方的に知識や情報を受けるのではなく，参加者が自ら参加，体験して共同で何かを学びあったり創り出したりすることをいう．まちづくりにおいて，このワークショップは，地域にかかわる多様な立場の人々が参加し，コミュニティの諸課題を互いに協力して解決し，さらに快適なまちにしていくために，各種の共同作業を通じて計画づくりなどを進めていく上で有効とされている．また，このワークショップは，普及啓発を主眼とした教育的なもの，関係主体の意見聴取を目的としたグループインタビュー的なもの，合意形成を目的としたものなどさまざまな形態がみられる．

　これらの手法の採用，適用について定式化された概念はなく，地域の規模や特性，実情，まちづくりの目的などに応じて，柔軟に対処する必要がある．しかしながら，ワークショップなどを形式的に実施するような風潮もみられ，そのあり方については再考する必要性も存在している．

7.2.2　まちづくり支援ツール

　前述したような関係主体間の情報や価値観の共有が，市民参加においては基本となり，最も重要な作業に位置づけられる．そのため，情報などの

共有を支援するさまざまなまちづくり支援ツールが近年多く開発されている．この支援ツールは，シミュレーション・ゲーミングの技術などをベースとしたまちづくりデザインゲームや，コミュニケーション支援ツールなどがある．

a. まちづくりデザインゲーム

まちづくりデザインゲームは，その目的に応じてさまざまな種類のものが開発されている．一般的には，① まちの現状について共通の認識を得るためのゲーム，② まちづくりの目標イメージを共有するためのゲーム，③ 将来の空間イメージを共有するためのゲームなどがある．

まちの現状についての共通認識を高めるゲームとしては，まち歩きとパッケージ化される場合が多い．地域の魅力や問題点を発見，再認識するために，ワークショップ参加者全員でまち歩きを行い，その結果を地図上にプロットすることにより，参加者間でのまちに対する思いなどを共有する．

まちづくりの目標イメージを共有するためのゲームでは，ロールプレイの手法などを用いて，地区で働く，または生活する人物などになりきり，まちの魅力や特徴をつくるゾーンや場所を考え，まちづくりの目標イメージについて話し合いを行う．

将来の空間イメージを共有するためのゲームとしては，まちづくりの目標イメージに従って，ラフスケッチや模型などの視覚的媒体を活用して，将来の空間イメージについて話し合いを行い，イメージの共有を行う（図7.1）．

図7.1 街並み景観のルール検討場面での模型活用例

b. コミュニケーション支援ツール

ワークショップにおいての参加者間のコミュニケーションを支援するツールとしては，透視図，フォトモンタージュ，模型，VRなどがある．将来の空間イメージを共有する上で，これらの視覚的媒体を用いた支援ツールは重要なものとなる．特にワークショップの場において，これらの支援ツールに求められるのは，ワークショップの現場においての可変性である．一般に模型やVRは，透視図やフォトモンタージュと比較して可変性が高く，リアルタイムに代替案の作成，検討が可能となり，限られた時間内での意思決定を支援することができる（図7.2）．

7.2.3 まちづくりの実践例

ここでは，愛知県豊橋市の二川・大岩地区で取り組まれたワークショップ方式のまちづくり計画素案作成の事例をみていく．

二川は，江戸時代には東海道の宿駅としてにぎわった宿場町で，現在は本陣や旅籠，商家の保存・修復が進められる一方で，地元住民らによるまちづくり協議会が中心となったまちの活性化に向けた取り組みが進んでいる．加えて，街道沿いの地区では市の景観条例に基づいて，住民らが行政の協力を得ながら自主的な町並み景観のルールづくりに取り組み，自分たちの住むまちに誇りと愛着をもち，次世代に伝えることを目標に，町並みのファサード整備の動きが活発化している（図7.3）．

以下の実践例は，このような二川・大岩地区の協議会活動や町並み景観形成への主体的取り組みなどまちづくり活動のきっかけとなったワークショップの事例である．

市担当課の呼びかけに応じて町内会代表らによる幹事会が組織され，ここにまちづくりボランティアグループと大学の都市計画系研究室の学生が参加し，小学生も対象としたまちづくり意識アンケート調査が実施され，その結果を受ける形でワークショップ方式の地区整備計画素案づくりが始まった．その取り組みの流れの概略を図7.4に示す．

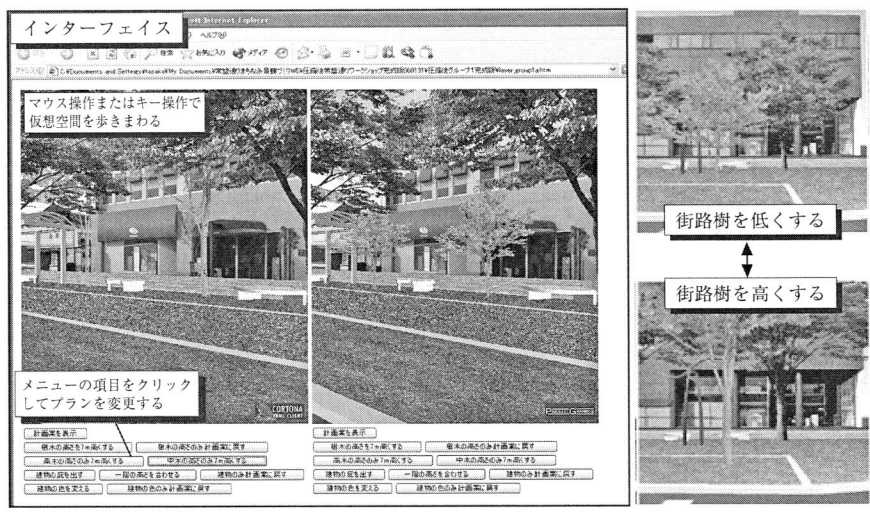

(a) VRを用いた街並み景観シミュレーション検討ツール

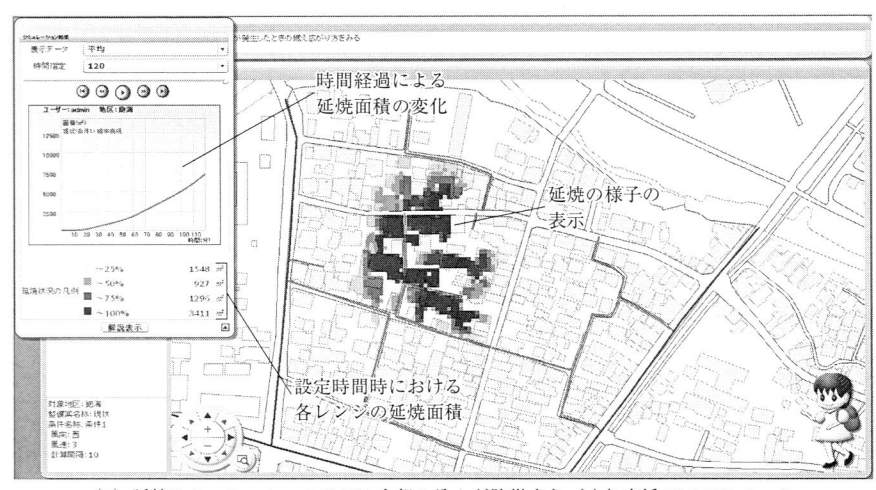

(b) 延焼シミュレーションモデルを組み込んだ防災まちづくり支援 WebGIS ツール

図 7.2　コミュニケーション支援ツールの例

　第 1 回目の「参加型まちづくり」講演会は，地元住民のまちづくり参加意識を高めることを目的に実施されている．住民自身が自分の住むまちに対する問題意識を高め，まちづくりへの参加のきっかけをつくるには，市による説明会に加え，勉強会や講演会などの企画が有効である．
　第 2 回からが本格的な計画素案づくりとなる．第 2 回目は，まちかどウォッチングと点検マップづくりを通して，まちの現状把握と課題整理を行うことを目的に実施された（図 7.5）．一般に，都市計画マスタープランの地域別構想の単位となる中学校区程度や，二川の事例のように地区整備計画の対象となる小学校区程度の場合，まず住民自らが自分たちの住むまちの現状を確認しあい，まちの抱える課題などを共有することから始まる．具体的には，グループごとに担当エリアのまち歩きを行い，住民目線で防災や景観，あるいはバリアフリーなどの視点からまちの宝もの（資源），問題ものをチェックし地図に落とし込んで点検マップを作成する．これをもとにファシリテーターが誘導しながら意見出しを行い，課題整理図としてまとめていく．
　第 3 回目は，まちの現状と課題を共有した成果をふまえ，まちの将来像を考える場である．ここでしばしば使われる手法が，まちづくりデザインゲームである．二川では，「まちづくり人生ゲー

図7.3 二川地区における街並み景観整備イメージ（二川宿まちづくり調査研究資料より）

画像内注記（左側、上から）：
- 落ち着いた色彩や素材とすることにより調和を図る
- 建物を道路から後退してつくる場合や空き地には、街道沿いに門、塀、生垣等を設け、街並みの連続性を確保する
- まちづくり組織の統一的な活動で、街並みの魅力を向上
- 建物に調和する素材と色彩を採用
- 空地が並ぶ場合は、塀や生垣等により、広がり感を抑制
- 和風の植栽や手水鉢等により、街並みの魅力を向上

画像内注記（右側、上から）：
- 歴史的な形態の建築物は維持保全
- 電球色の照明により、暖かな夜の街並み景観を創造
- 無電柱化により防災安全性と景観を向上
- ブロック塀の除去と生垣化等により防災安全性と景観を向上
- 住民による緑化活動により、街並みの潤いを向上
- 地道風舗装（脱色アスファルト舗装）により歴史的景観を向上

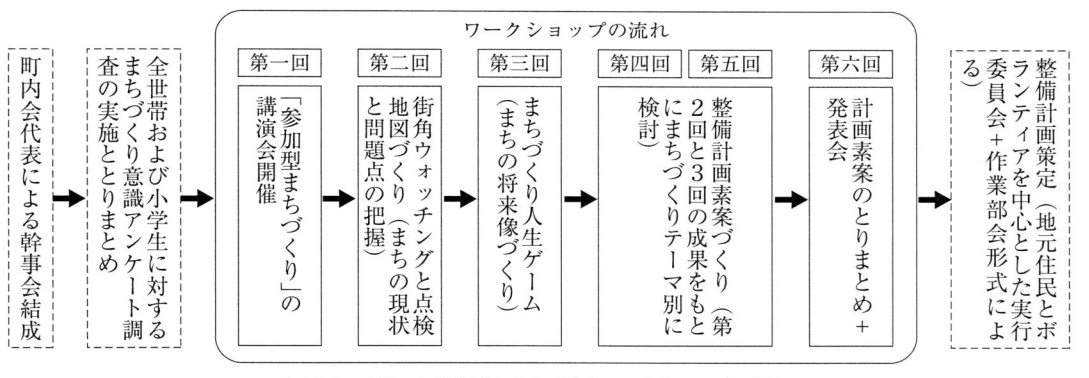

図7.4 二川・大岩地区のまちづくりワークショップの流れ

町内会代表による幹事会結成 → 全世帯および小学生に対するまちづくり意識アンケート調査の実施ととりまとめ → 【ワークショップの流れ】第一回「参加型まちづくり」の講演会開催 → 第二回 街角ウォッチングと点検地図づくりと問題点の把握（まちの現状） → 第三回 まちづくり人生ゲーム（まちの将来像づくり） → 第四回・第五回 整備計画素案づくり（第2回と3回の成果をもとにまちづくりテーマ別に検討） → 第六回 計画素案のとりまとめ＋発表会 → 整備計画策定（地元住民とボランティアを中心とした実行委員会＋作業部会形式による）

図7.5 まちかどウォッチング

図7.6 まちづくり人生ゲームで用いたカードの例

6. 住みやすいまち（50才）
「仲のよかったご近所が次々と引っ越してしまい、寂しくなってきました。どうしたらまちに活気が出るのでしょうか。」
1. 道路を整備する
2. 集会場などを充実する
3. イベントなどを通じて交流を推進する
4. 都市基盤（区画整理・下水道など）を整備する
5. その他

9. 高齢社会（70才）
「高齢者が増えてきました。まちなかにはどんな改善が望まれていますか。」
1. デイサービスなどの老人福祉施設を充実する
2. 段差の解消など障壁となる要素を排除する
3. 公民館や集会場など既存施設をいつまでも気軽に利用できるように充実させる
4. ヘルパーなど、老人介護制度を充実させる
5. その他

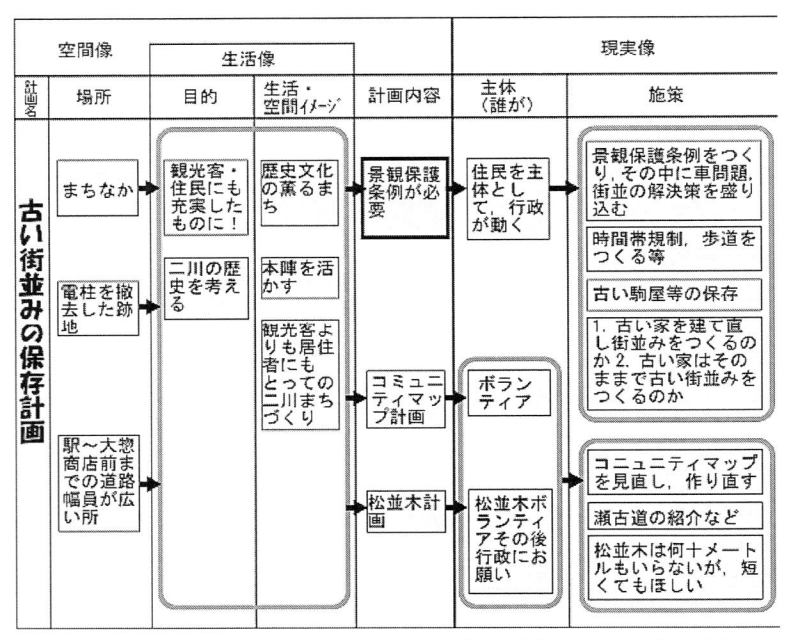

計画名	空間像		生活像		計画内容	現実像	
	場所	目的		生活・空間イメージ		主体（誰が）	施策
古い街並みの保存計画	まちなか	観光客・住民にも充実したものに！		歴史文化の薫るまち	景観保護条例が必要	住民を主体とて、行政が動く	景観保護条例をつくり、その中に車問題、街並の解決策を盛り込む
	電柱を撤去した跡地	二川の歴史を考える		本陣を活かす			時間帯規制、歩道をつくる等
							古い駒屋等の保存
				観光客よりも居住者にとっての二川まちづくり			1. 古い家を建て直し街並みをつくるのか 2. 古い家はそのままで古い街並みをつくるのか
	駅〜大惣商店前までの道路幅員が広い所				コミュニティマップ計画	ボランティア	
							コミュニティマップを見直し、作り直す
					松並木計画	松並木ボランティアその後行政にお願い	瀬古道の紹介など
							松並木は何十メートルもいらないが、短くてもほしい

図7.7 整備計画素案づくりワークショップで住民がとりまとめた成果の一例

ム」というロールプレイ型の手法を採用した．参加者が人生の節目となる年齢層になりきって，事前に用意した年代別の質問カードに各自が答えるゲームである（図7.6）．これらのゲームを通して出てきた意見をファシリテーターのもとで整理し，まちづくりの目標像を共有していった．

第4，5回目は，整備計画素案づくりである．実施に先立ち，ワークショップ企画・運営スタッフによる検討会を開き，第2回目の現状把握と課題整理，第3回目で出てきたまちづくりの目標をもとに素案づくりで検討するテーマ設定を行った．

ワークショップ当日は，「やさしいまちづくり」「歴史と文化のまちづくり」「住環境づくり」「活力あるまちづくり」の4つのテーマを用意し，話し合う内容として，「計画名」「何のために」「どこで」「何を」に分け，また計画実現の方法として，「誰が」「どういう施策を」「いつごろ」「優先順位は」に分けて意見を出し合い，素案づくりを実施した．とりまとめた素案の1つが図7.7である．

以上のようにしてまとめた各グループの素案の発表会を第6回目で実施した．発表会はワークショップ参加者以外の地区住民にも広く呼びかけて行われた．その後，地区整備計画策定の段階において，住民がまとめた素案の内容は計画検討の資料として活用され，反映されていった．

ここで示したワークショップ方式による計画素案づくりはあくまで一例であり，その手順に決まったものはない．参加型まちづくりを支援する専門家，行政は，過去の実践例を参考に，地区の実情や住民のまちづくり意識などさまざまな現状をふまえ，住民の柔軟な考えなども取り入れながら，企画・運営にあたる必要がある．参加型まちづくりは，住民，行政，プランナー，ボランティアそれぞれが互いの立場を尊重し，対等な関係と信頼関係を築いていくことが成否の鍵となる．またワークショップ自体の成否は，企画立案，準備段階の周到さ，ファシリテーターの力量などにかかっている．

7.3 地区単位のまちづくり

7.3.1 都心の再生

a. 都心部の再開発：特別ゾーニング地区「ミッドタウン」（ニューヨーク）

アメリカの都心部再生は，一般的に用途純化と地上レベルでのオープンスペース確保に最大の重点をおいた「ゾーニング制」の中で，そのゾーニ

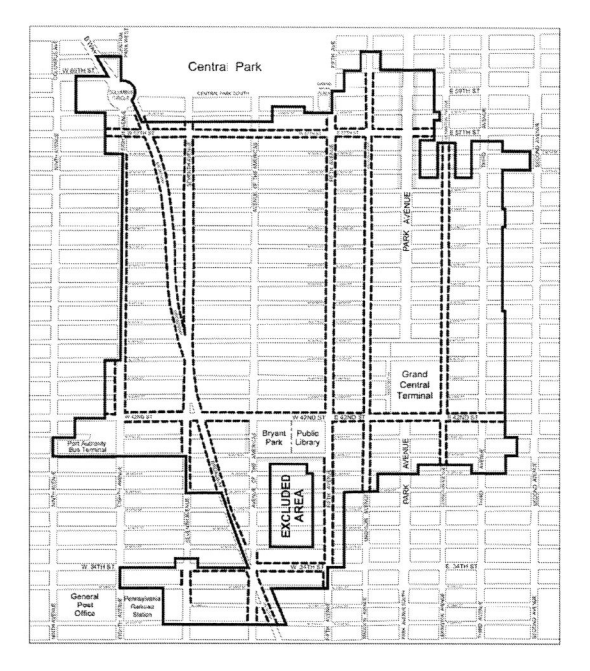

7.3 地区単位のまちづくり

区が特別ゾーニング地区制度の適用を受けている．

新しい政策では，ミッドタウン全体が特別ゾーニング地区になっており，五番街およびリンカーンスクエアで用いられた店舗および街路壁面の連続性が他の通りにも適用された（図7.8）．五番街は，セントラル・パークを眺望できる高級マンションや歴史的な大邸宅が立ち並び，ニューヨークの裕福さの象徴で，特に34丁目と59丁目の間は，ロンドンのオックスフォード通りやパリのシャンゼリゼ通り，ミラノのモンテナポレオーネ通りとならんで世界最高級の商店街の1つである．その特別地区は1970年に導入されたが，1階および容積の最低100%を小売スペースとし，5番街にふさわしい用途を導入すること，壁面線を街路境界線いっぱいに建設すること，裏側に広場を設置することなどが誘導されている．

図7.8 ミッドタウン特別ゾーニング（店舗と街路壁面の連続性）[7]

ング指定がある地区における将来の望ましい土地利用に合致していない場合に，都市全域のゾーニングを見直すのではなく，特定地区に限って変更するリゾーニングが用いられている．それは，地区固有の景観上の特質と利用を調整的にコントロールすることを目的としており，新たな公共の利益を含む都市計画の提案ができる．それを「特別ゾーニング地区制度」と呼び，特別許可の拡充という形で対応されてきたことに代わり，1960年代後半以降に導入された．

ニューヨーク市の特別地区に指定された地区においては，開発者は市の要求する公共アメニティを提供することが義務づけられ，加えて開発者が計画に要求されている以外の公共アメニティを盛り込んだ場合は，その見返りとして法定容積率の割増などの規制緩和を認められるという内容である．これまでに特別劇場地区（1967年），特別リンカーンスクエア地区（1969年），特別バッテリー・パーク・シティ地区（1969年）など，30余地

b. エリアマネジメントと総合設計制度：福岡天神

九州最大の商業集積地として発展してきた天神地区は，九州各地やアジアからも人が集まる魅力あふれる街である．しかし，南北への道路が渡辺通りだけで常に交通混雑が起き，郊外店の出店による競争の波にもさらされている．また，空港が都心に近いため航空法による高さ制限がかかっており，地下街が発展したとともに，なかなか建て替えが行われず老朽化して耐震問題などを抱えている建物も多いという状況であった．

このような状況を打開するため，2002年，天神地区地権者や大学人・行政などで「We Love 天神協議会」が結成され，その将来像を考えようという取り組みがスタートした．天神におけるさまざまな問題について，社会実験（天神ピクニック）を通じた改善への試みが行われている．歩行者天国，フリンジパーキング，駐輪場短時間無料，朝カフェなどが行われ，その後，実験だけでなく継続されているものもある．

こうした活動を通じて機運も高まり，人に優しい安全で快適な環境の形成，集客力の向上，地域経済の活性化，および生活文化の創造などを目的として，「天神エリアマネジメント協議会」が結成

図7.9 天神エリアマネジメント：明治通りの将来像（天神明治通り街づくり協議会「天神明治通りグランドデザイン2009」より）

された．エリアマネジメントとは，地域における良好な環境や地域の価値を維持・向上させるための，住民・事業主・地権者などによる主体的な取り組みである．すなわち，協議会として，天神地区の団体，法人，個人が漏れなく参加するようになって，負担金を徴収してまちづくりを進める組織に移行し，まちづくりの方向やビジョン，組織，事業計画などが検討されている（図7.9）．行政と企業，経済団体，市民などに加え，学術団体，NPOも参画する「福岡方式」で，プロモーション，公共施設の受託事業，清掃・警備などさまざまな地域活動がプロデュースされる．

また，2008年10月，「建築基準法第86条，第86条の2の規定に基づく一団地の総合的設計制度及び連担建築物設計制度に関する運用基準」が福岡市によって策定され，市街地の環境を確保しつつ，建築物による土地の有効利用を図ることが導入された．一定の基準に従い総合的見地から設計された用途上可分の複数建築物について，同一の敷地内にあるものとみなすことにより，接道，容積率，斜線制限などの一定の建築制限を一体的に適用する制度である．すなわち，一般基準は敷地単位で適用されるが，隣接する複数敷地における建築物の配置などを前提として総合的に設計することを可能にしたもので，建築物相互の影響についてより合理的な判断ができるとともに，より大きな規模の土地の区域で行うことで設計の自由度が高まることがめざされている．

c. 機能の再配置（副都心の整備）：デファンス地区（パリ）

ラ・デファンス地区（La Défense）は，フランスのパリ近郊にある都市再開発地区である（図7.10）．シャンゼリゼ通りの延長上に位置し，20世紀後半に行われたミッテラン大統領（当時）によるグランド・プロジェ・ド・パリの一環で開発整備された副都心でもある．

デファンス地区は，戦後の経済成長に伴うオフィス需要の増大を受けて，1958年に計画された．パリ市内では，フュゾー規制と呼ばれる眺望景観保護や伝統的建築物周囲のバッファーとしての開発制限が網の目のようにかかっており，高層ビルを建設することはほとんど不可能である（図7.11）．そのため，超高層ビルによる副都心の計画が建築規制の少ないデファンス地区に計画された．

パリ市内とは都市間鉄道EREで結ばれ，その駅や主要な道路は地下に配置され，その上部の建物を広大な人工地盤で支える．人工地盤上は歩行者に開放された空間になっており，主要な施設の間を結んでいる．地区の開発を実施したのは国と地方自治体によるラ・デファンス地区整備公社（E.P.A.D.）である．

デファンス地区の計画は，バロック都市パリの都市構造を強く意識している．オースマンの都市計画による軸と焦点の都市構造を受け，ルーブル宮殿から凱旋門を通り抜ける軸線上に建築物は建てられておらず，地区のシンボルであるグランダルシュ（新凱旋門）で受け止め，そこで角度を振っている．グランダルシュでは，その門内に雲のオブジェを設け，現代性を柔らかく表現する．グ

図7.10 ラ・デファンス地区：グランダルシュからの眺望

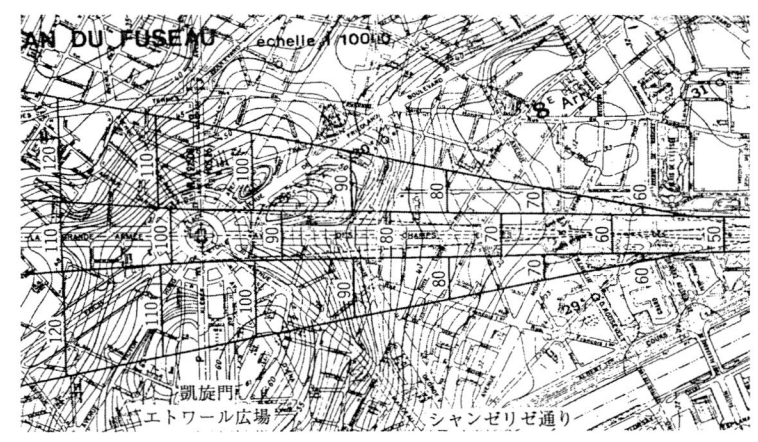

図7.11 パリのフュゾーの例：シャンゼリゼ通りおよびその周辺（フュゾー規制詳細プラン No.19b より）

ランダルシュに向かって緩やかに高さが上がるのも，大パースペクティブの手法を踏襲する．

このように，大都市パリの歴史的文脈と現代的要請を受け止めて，それらを現代的技法で解決させ実現された20世紀最大のプロジェクトの1つであるといえよう．

d. 都心部の改善（リハビリテーション）：都心再生（ウィーン）

1960年代から1980年代にかけて，ウィーンの都心部の都市構造は大転換が図られる．当時のウィーンは，戦後の3国統治と戦災復興，連邦制への移行と住宅地開発など，めまぐるしく状況が変わる中で，自動車であふれ開発圧力がかかる都心部をどのように整備するかの議論が始まった時期である．

地下を含めた立体的な再開発を行うか，トランジットモールを導入するか，などさまざまな議論や提案が行われていったが，最終的には人に優しくということで歩行者天国化が図られた．それまでリンク道路より内側にも路面電車が入っていたが，地下鉄とバスのみとなり，リンク道路より内側の路面電車は撤去されることになった．歩行者天国化されたのは，オペラ座からシュテファン教会までを結ぶケルントナー通り（図7.12），そこから王宮までのグラーベン通りとコールマルクト通りである．また，自転車道路の整備（1973年計画策定）や駐車場の地下化（国立オペラ座の前）なども実施されている．

保存地区の導入も同じ頃である．1972年，ウィーン都心部（リンク道路内）には建設禁止の都市計画が決定され，1975年に保存地区が導入された．その基本的考え方はファサード保存で，道路沿いの高さが特別規制（Besondere Bestimmung）で規制され，現状の軒高で制限されている．そして，新しい建物を設計するときにも，周囲の建築様式やリズムに合わせるように定められている．その他，歴史的エレメント（建物通路や中庭など）も特別規制で保護されている．これらの費用は，テレビやカジノの収益の一部があてられている．

これらの1960～80年代の取り組みをベースに，近年は，広場や中庭，地下鉄駅の改善などが取り組まれている．地下へのエレベータは透明ガラスに変更して女性や子供への犯罪に対して可視化を図ったり，歩道を広げて車止めの工夫を行ったり，建替えが困難な都心部の床面積をかせぐために中

図7.12 ケルントナー通りの歩行者天国

庭を活用したり，2住戸を1住戸にして戸当たり面積を増やし，共同トイレ・風呂の改善を図るなどである．ウィーンはよく変わらないといわれているが，表層は守りつつ，内側から何かが変わっていっているのである．

7.3.2 中心市街地整備

a. 路面電車網と商店街の改善（カールスルーエ）

カールスルーエ（ドイツ）は，ライン川近くに立地する都市で，人口27万人である．城から放射状に32本の道が出て南に市街地が広がり，扇状の街として有名である．

現在，その中心部を歩行者天国の拡張と車の地下化などで再編しようという計画がある．その狙いは，利用されていない道や広場ににぎわいを生み出し，街全体の活性化を図ろうということである．

具体的方策は次の2つである．第1は，現在の商業中心は東西に長く伸びるカイザー通りと呼ばれるショッピングストリートでだけであるが，それをショッピングセンターの建設に合わせて歩行者天国を拡張する．第2は，旧市街地と住宅地を隔てているクリークス通り（現在10車線）に，カイザー通りから市電の一部を移し，車の通る道路を地下化し，地上には市電を整備し，両側に周辺へのアクセス道路を設ける．景観にも配慮して，植樹を行う．

ただ，道路の地下化には5億ユーロを州からの補助金を用いることになっており，市民の理解を求めていくことが必要である．1回目の市民投票では否決されたが，2回目は街中にインフォメーションを設置して広報に努めた（ドイツでは重要な決定には市民投票が行われる）．地下化は決定しており，今後は地上の使い方のコンペも行われていくことになっている．

b. 町並みとの融合：臼杵市中央通り商店街（大分県）

臼杵市は大分県の東南部に位置する人口38,000人弱の地方都市であり，15世紀に九州一円に権勢を振るったキリシタン大名，大友宗麟の城下町である．歴史的環境の保全の取り組みは古くから行われており，それは戦前にさかのぼることができる．特に，「二王座」と呼ばれる地区は，「町八町」と呼ばれる商人地から山手の裏筋にあり，狭い切り通しに白壁が映え，特に多くの観光客が訪れるところでもある．

その臼杵の歴史的町並みを二分していたのが中央通り商店街のアーケードであった．年々減少する売り上げに危惧し，1989年に中央通り商店街組合の活性化事業として調査研究が始められ，「まちなみと出会う商店街」が提案され，その後，基本計画・実施計画と進み，中心市街地活性化事業との連動で2002年にアーケードが撤去された．現在は町八町と二王座が一体的な歴史的環境をかもし出している．

その中では，補助金で設置されたアーケードの減価償却期間がすぎていないことや，後継者の意識も一方向ではなかったことなど，簡単には進まなかったのが実情である．そういう中で，県の商業基盤整備事業の適用や，商店街の負担金7500万円を間口当たりの負担金で分担すること，組合理事長の強力なリーダーシップなどで，アーケード撤去の基本方針（1995年）が出てから約7年後にアーケード撤去工事が完了した．

その後は，臼杵市歴史環境保全条例に基づく助成により，準防火地域による規制などを受けながらも，建物の修理が進められている．まさに，歴史的町並みと商店街を結びつけるための大きな試みである．

7.3.3 住環境の整備

a. 都市の特質を生かした小住宅集合提案：ボルネオ・スポールンブルグ（アムステルダム）

アムステルダムの東部港湾地区である「ボルネオ・スポールンブルグ」は，いままでのオランダでは郊外でしか所有できないと思われた家族向けの住宅が，アムステルダムの都心部で，しかも自分のライフスタイルに合わせたオーダーメイドの新築戸建住宅として入手できるということで，人気を呼んだ住宅地である（図7.13）．オランダでは，1989年に持ち家を推奨する政策が打ち出されたが、それもこのボルネオの人気を加速させた．

図7.13 スポールンブルグの小住宅集合

このボルネオ・スポールンブルグの魅力は，「低層高密度」という部分にもあろう．その明確な都市デザインコンセプトは，アムステルダムという低平地都市の低く広がる地平線のイメージにも合っている．そして，「高密度」という言葉どおり，オランダで「カナルハウス」と呼ばれる町家のように住棟がひしめき合って立っているが，決して息苦しくない．中庭つきの3階建てパティオ型住宅はすべて運河に面しており，オランダならではの生活を楽しむことができる．

全体計画とランドスケープは，アムステルダムのウエスト8である．全体計画では，住戸の建築面積の半分をヴォイド空間とすることを規定し，材料に同一のスティール，レンガ，木の使用を義務づけるなどのルールが設けられた．そして，運河沿い「カナルハウス」の形式に習い，住棟が連続して建ちならぶ．それぞれの建築家は異なるため，住棟のデザインは異なるが，同一素材の使用により，微妙な違いと調和を生み出している．

このように，ボルネオ・スポールンブルグはアムステルダムという都市の文脈を市場の要求に見事に乗せた小住宅集合であるといえよう．

b. 郊外の菜園住宅：クラインガルテン（ウィーン）

ウィーンのクラインガルテンは，近年，健康的に住む都市フリンジの住宅として着目されつつある．1992年に法改正されて以降，ドイツのクラインガルテンを参考にして主として農業振興策として発展したわが国の市民農園とは全く異なる．

オーストリアのクラインガルテンは，1904年にウィーン自然健康連盟が導入し，第1次世界大戦時には鉄道・道路敷設の残余地で果物や野菜の自給自足を推進する「戦争野菜ガルテン」という側面があったが，戦後は，労働者の健康のためのレクリエーションの場として整備されていった．すなわち，戦間期の社会民主主義活動の中で既に利用者の需要があって健康的住まいとして着目されていった．

1992年の法改正では，「1年中住むためのクラインガルテン地域（Eklw）」が創設され，建築面積$50m^2$以内までの住宅は建築可能になった．Fプランも，近年ではほとんどのクラインガルテン地域がEklwに変更され，その需要の高さがわかる．

住宅としても，テラスやサンルーム，地下のワインケラーなどを備え，地上2階建てで，裕福な労働者達の住まいとして機能している．柵で囲まれた地区は地区ごとに管理組合が設けられて管理されているため，安全性も高い．伝統的に「小作料」と名づけられた賃貸料を支払うものであるが，会員という形で保護されており，投機的な処分はできないようになっている．

農用地としての性格とは異なる都市のフリンジ住宅の新たな形態として注目できる．

■参考文献

1) 日本都市計画学会：都市計画マニュアルⅠ 土地利用1 総集編（1985）．
2) 日本都市計画学会：実務者のための新都市計画マニュアルⅠ 総合編 都市計画の意義と役割・マスタープラン，丸善（2002）．
3) 国土交通省：都市計画運用指針，第6版（2008）．
4) 大貝 彰ほか：科学技術入門シリーズ 建築工学入門，朝倉書店（2002）．
5) 佐藤 滋ほか：まちづくりデザインゲーム，学芸出版社（2005）．
6) 日本建築学会：まちづくりデザインのプロセス，日本建築学会・丸善（2004）．
7) ニューヨーク市：Zoning Regulation.

8. 都市の交通と環境

8.1 都市交通の特性

8.1.1 都市機能としての交通

都市における最も重要な機能の1つは「交通」である．人々は地域社会において，生活，生産およびレクリエーションに関連したさまざまな活動を行っている．これらの活動を根底から支え，円滑化し，発展させることは都市交通の役割である．

現代の都市社会は生産，流通，消費のあらゆる面において，交通手段を利用して成り立っており，都市の発展は交通手段に支えられて進められてきている．しかしながら，都市の巨大化やモータリゼーションの進展に伴って，遠距離通勤，交通渋滞，過密輸送，沿道・沿線の交通公害の激化など社会的なマイナス面も大きい．

8.1.2 都市交通の需要

交通需要は多くの視点からとらえることができる．都市と交通の関係でこれをみると，通過交通，都市間交通，都市内交通の3つに分けることができる．

通過交通は当該都市に起点も終点もなく，しかも都市内の道路または鉄道路線を経由して通過してしまう交通である．国土スケールの遠距離交通で，地方と地方を往復するトラック便とか，新幹線で通過するような場合がこれである．通過交通は都市にとってメリットが少なく，都市内の環境や交通処理に悪影響を与えるおそれがあるので，計画としてはできるだけ市街地をバイパスさせるほうが得策である．

都市間交通は起点，終点のいずれかが当該都市に存在する交通であるから，当該都市にとっても必要な交通である．この場合には方向性に一定のパターンがあるので，都市内の交通体系と都市間あるいは地方レベルの交通体系を有機的に結ぶことが望ましい．

都市内交通は通勤，通学，業務，買い物，レジャーなど多くの目的をもった交通である．通勤，通学のように比較的起終点のはっきりした交通もあるが，業務上の交通に至っては，都市およびその周辺部に集中する傾向はあっても，起終点は不規則である．このように目的により交通手段の選択に一定の傾向があり，需要の特性を十分考慮して対応しなければならないので，交通計画としては最も複雑な対象を扱うことになる．

8.1.3 交通手段とその特質

a．交通手段の分類

交通は「人」の移動と「物」の移動に分けられる．また，移動の空間的範囲によって，都市間交通，都市交通，地区交通に分類できる．図8.1に交通手段による交通の分類を示す．

各交通手段には，動力，搬具および道路の3要素がある．交通手段はこの3要素がシステムとして組み立てられ，その活用によって交通主体が運ばれる交通手段とそうでないものに区分され，前者を「交通機関」という．

交通機関は公共交通機関と私的交通機関とに大別される．公共交通機関は不特定多数の市民に利用され，少なくとも利用可能性が保障されている

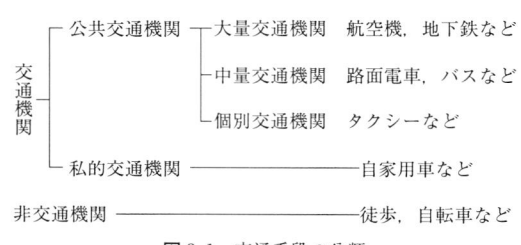

```
交通機関 ┬ 公共交通機関 ┬ 大量交通機関   航空機，地下鉄など
        │             ├ 中量交通機関   路面電車，バスなど
        │             └ 個別交通機関   タクシーなど
        └ 私的交通機関 ─────────────── 自家用車など
非交通機関 ──────────────────────── 徒歩，自転車など
```

図8.1 交通手段の分類

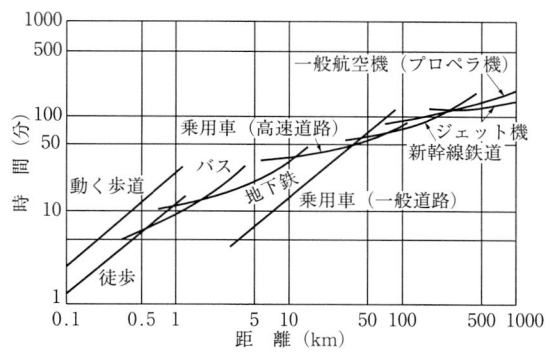

図8.2 交通機関の分担領域[1]

8.2 都市の交通計画

8.2.1 都市交通調査

複雑かつ多様化した都市交通問題に対処し，交通サービス需要を把握するために，さまざまな交通に関する調査が行われている．以下では代表的な交通調査について概説する．

1) パーソントリップ調査（PT調査）

この調査は，交通発生の単位である「人」の動きに着目し，人の1日の行動を起終点，交通目的，利用交通手段などにおいて追跡調査するものである．わが国では，特に人口および物資の発着点としての事業所集積の著しい30万人以上の都市圏あるいは都市において実施している．

調査の方法には，無作為に抽出した調査対象に対する家庭訪問あるいは事業所訪問といった訪問法と，調査票を郵便で配布・回収する郵送法，路側においてインタビューする路側面接調査法などがある．

調査のおもな内容は，個人の属性や1日の間でどのような目的をもってどんな交通手段を選択して移動したかである．例えば，図8.3に示すように朝に自宅から歩いてバスに乗って，鉄道駅に行って電車に乗って，さらに歩いて職場につく，ここまでの移動を1トリップという．つまり，トリップとは，人がある目的をもって，ある地点から他の地点へ移動すること（散歩や建物内の移動は含めない）をいう．PT調査では，人が1日何トリップぐらい移動しているかがわかる．なお，トリップを交通目的の完結により表現される「目的トリップ」と，交通手段により区分した「手段トリップ」がある．

交通機関である．バスや鉄道，航空機などの多くが公共交通機関として運行されている．一方，マイカーや自家用トラック，専用鉄道などは，特定の個人や団体が利用する私的交通機関である．

公共交通機関は，その輸送力の大小により，大量，中量，個別の各機関に分類される．

b. 交通機関の分担特性

交通機関の輸送特性のうち，旅客輸送にとって重要な要素は速達性である．わが国の実例で距離帯別にどのような交通機関が輸送を分担しているかを図8.2に示す．各交通機関の所要時間と距離帯から分担領域は明らかである．

例えば，徒歩とバスの境界は約0.5kmであり，バスと地下鉄の境界は約1.7kmである．乗用車はバスや地下鉄よりも長い距離帯を分担している．プロペラ機は新幹線とジェット機の双方から分担領域を侵され，ローカル線以外ではその存在意味を失っている．航空機の欠点としてアクセス時間と離着陸時間が長いことがあり，300km以下では新幹線にその分担領域を奪われざるをえない．

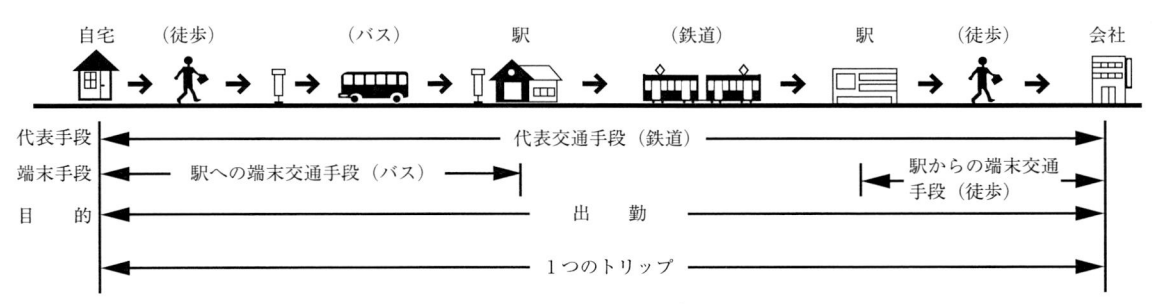

図8.3 トリップの概念[2]

また，「物」の動きに着目して物質流動調査も実施している．

2）断面交通量調査

この調査は，路線の特定箇所を対象として，通過交通量を調査するものである．この代表的なものは一般交通量調査であって，都道府県以上の全路線を対象として，道路状況調査，平日・休日の12時間交通量調査，平日・休日の24時間交通量調査および平日・休日の旅行速度調査から構成される．

3）自動車起終点調査（OD調査）

この調査は自動車の起点（origin）と終点（destination）ならびに運行目的などを把握し，自動車交通の分布に関する情報を得ることを目的としている．調査内容は，交通発着の場所，時刻，土地利用ならびに車種乗車人員，交通目的，積載貨物の品目などである．調査結果の集計により都市の中で車両の流れの大要がわかる．

8.2.2 交通需要の予測

将来の交通需要の予測は，交通計画に必要な基礎データを得るための手段である．その手法は4段階推定法として知られている．第1段階に各ゾーンの発生・集中交通量を求める．第2段階は，第1段階で求めた発生・集中交通量を用いて，分布モデルにより将来の分布交通量を計算する．第3段階は，各ゾーン間の分布交通量を分担率曲線，またはモデル式によって各種交通機関へ分割する．第4段階は，事前に想定しておいた計画路線に交通需要を配分し，路線ごとの将来交通需要を算出する（図8.4）．

1）発生・集中交通量

あるゾーンの発生交通量とは，そのゾーンに出発点をもつトリップの総数をいい，集中交通量とは，ゾーン内に到着点をもつトリップ総数をいう．

発生・集中交通量の予測は，対象地域の総交通量の予測とゾーン別発生交通量および集中交通量の予測の2つの予測作業が含まれる．その予測方法として土地利用や建物床面積と交通発生量との関係を解析して求めた用途別交通発生力（原単位）を用いる「原単位計算法」と，各ゾーンにおける

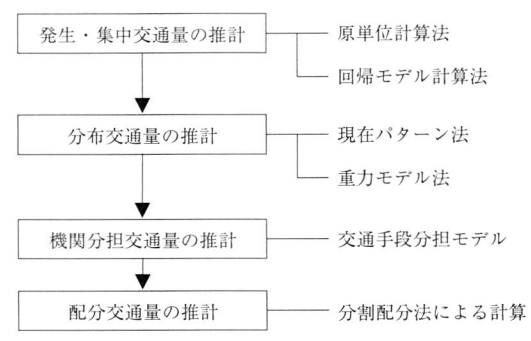

図8.4 交通需要予測の手法

将来の居住人口，従業者数，自動車保有台数など発生交通量に関係のある諸指標を用いる「回帰モデル計算法」などがある．

2）分布交通量

分布交通量の計算は，将来の発生・集中交通量の予測値を各ゾーンに分割することである．分布交通量の計算方法はいろいろあるが，1つは現在のODパターンが将来においても大きく変化しないという前提のもとで，交通成長率を考慮して将来のOD交通量を予測するものであり，もう1つは現在の分布交通量から分布モデルを構築し，そのモデル式によって将来予測を行うものである．前者を「現在パターン法」といい，後者の代表は「重力モデル法」がある．

現在パターン法は，人口の変動は小さく全体の活動の変化も小さく，また交通施設設備もそれほど行われない場合，あるいは人口などは相当変化するが全域に均質な変化で分布パターンがそれほど変化しないと思われる場合に限って有効である．

3）交通機関別分担

交通手段分担モデルは，発生トリップがそのOD，目的，時間，費用などの条件によって，どの交通手段を選ぶかを説明するモデルである．将来OD交通量はトリップ単位で推計されているので，これを交通手段別に分割して交通手段別の将来OD表を作成する．その方法としては，2つの手段に分割するステップを繰り返す方法が主流である．

交通手段の分割順序は，最初に徒歩・二輪車とその他の交通機関に分けることが多い．次にその

表8.1 基幹交通手段[3]

都市分類	基本的な考え方	都市交通機関　都市圏域の例		
		道路	公共交通機関	その他の施設
大都市圏	交通機関の分担を考慮し，都市高速鉄道，都市高速道路および道路網を全体網として配置	都市高速道路網 主要幹線道路網 幹線道路網	都市高速鉄道網 バス網	自動車駐車場 交通広場 バスターミナル トラックターミナル
地方中枢都市	交通機関の分担を考慮し，都市高速鉄道，都市高速道路を主要方向に配置し，道路網を構成	同上	同上	同上
地方中核都市	交通機関の分担を考慮し，都市高速鉄道等を配置し，道路網を構成．人口規模が小さい場合には道路網による	主要幹線道路網 幹線道路網	(都市高速鉄道網) バス網	自動車駐車場 交通広場 バスターミナル (トラックターミナル)
地方中心都市	道路網による	同上	バス網	交通広場 (バスターミナル)
地方中小都市	同　上	同上	バス網	交通広場

他の交通機関をタクシーとその他に分け，さらにその他をバス・鉄道と自家用車に分け，最後にバスと鉄道を分割する方法などがとられている．

交通手段分担モデルの説明変数としては，個人属性（性別，年齢，所得，職業，自家用車の有無など），ゾーン特性（地形，住宅立地，人口密度，ゾーンの利便性，駐車場の有無など），ゾーン間特性（最短距離，鉄道距離，道路距離，各手段の所要時間，各手段の交通費用など）が用いられる．

4）配分交通

分布交通量として予測された人や自動車の移動を道路網の中の流れとしてとらえ，経路選択のメカニズムに従って道路網の各部分（リンク，道路区間）の交通量を予測する作業が交通量の配分である．交通量配分においては，運転者は最短の経路を選択した結果，1組のOD間で利用される経路の所要時間がすべて等しくなるようにOD交通量が流れるという考え方（等時間配分原則）が主流である．

8.2.3 都市総合交通体系計画
a. 総合交通体系計画の基本的考え方

交通網の計画で大切なことは，単に各種の交通施設を個別に計画・整備し，運用・管理するばかりではなく，各種交通施設がそれぞれのもつ特性を発揮させ，相互に補完しあいながら有機的な連携をはかり，結果として全体が1つの交通システムとして機能できるよう構成することである．このような計画の視点が総合交通体系の確立と呼ばれるものであり，その総合性には次の3点が含まれる．

① 各種交通手段の適正分担の実現
② 異なる交通手段間の連続性の確保
③ 土地利用計画と交通計画の整合

また，都市の規模と交通需要に適した基幹交通手段の選択も必要である．都市規模と基幹交通手段との関係を一般的に示したものが表8.1である．

b. 公共交通網計画

公共交通網計画は，軌道系交通網とバス交通網に大別される．軌道系公共交通網に関し，軌道システムのネットワーク化が必要で，かつ可能な都市はごくわずかの巨大都市のみであることから，一般の都市の交通計画においては，おおむね幹線システムと支線システムの構成に関する検討が行われることが多い．

一方，バス交通網の計画は，いくつかの課題に直面している．モータリゼーションの進展は，交通渋滞によるバスの定時性の低下など，バスのサービス水準の低下となって，さらなるバス離れを起こし，バス事業の経営を圧迫している．こうした悪循環が都市交通におけるバス交通の最大の課題である．また，都市のバス系統は複雑で，日常的に利用している人以外にはわかりづらく，利用

表8.2 交通計画の評価主体と評価項目[6]

評価主体	おもな評価項目
事業者 (管理運営者)	事業の収益性 事業の推進難易度(技術面,用地取得など) 社会経済環境の変化に対する弾力性
利用者	迅速性,低廉性,確実性 安全性,快適性,利便性
周辺住民	環境性:騒音,振動,大気汚染,日照 社会性:コミュニティ分断,生活圏拡大 経済性:資産価値増大,集客力拡大
社会全体	雇用機会の増大,産業振興,税収増 防災空間や都市景観の形成 都市環境,省資源

表8.3 都市道路の分類

種類	定義
自動車専用道路	比較的長いトリップの交通を処理するため設計速度を高く設定し,車両の出入り制限を行い,自動車専用とする道路.
主要幹線道路	都市間交通や通過交通などの比較的長いトリップの交通を大量に処理するため,高規格で高い交通容量を有する道路.
幹線道路	主要幹線道路および主要交通発生源などを有機的に結び都市全体の道路網の骨格や近隣住区を形成する.比較的高規格.
補助幹線道路	近隣住区と幹線道路を結ぶ集散路であり,近隣住区内では幹線として機能する.
区画道路	沿道宅地へのサービスを目的とし,密に配される道路.
特殊道路	歩行者・自転車など,もっぱら自動車以外の交通の用に供される道路.

しにくい面もある.このようなことから,バスの走行環境の改善に合わせて,利用しやすいバス路線網の編成を検討していくことが不可欠である.

c.道路網の計画と評価

道路網は個々の路線の集合体ではなく,1つの有機的なシステムであり,全体として機能する面をもつ.したがって,道路網の構造を十分把握するとともに,個々の路線の計画にあたっては,その路線がネットワーク全体において果たすべき機能と役割を十分認識し計画すべきである(図8.5).

計画は計画課題(目標)に計画案がどれほど整合しているかを判断するものであり,計画手順の中で最も重要な段階の1つである.一般に計画代替案の実施は複数の利害関係者にさまざまな効果を及ぼし,同時に各利害主体から異なった評価を受ける.したがって,評価主体ごとに評価項目を分類・整理し,総合評価を行うことが重要である.表8.2に一般的な評価主体別の評価項目を示す.

8.3 道路環境と交通施設

8.3.1 道路網と街路環境

a.道路の段階的構成

都市道路網の骨格として考えるべき道路の種類は,主として対象とする都市内に発生・集中する交通需要を分担する幹線道路と,その都市を通過する交通を主として処理するための主要幹線道路である.一方,道路網を構成する場合,道路の段階構成に配慮しなければならない.すなわち,都市高速道路などの自動車専用道路,主要幹線道路,幹線道路,補助幹線道路,区画道路(表8.3)の順序に段階的に連結されるのが原則であり,規格の大きく異なる道路を直接連絡することは極力避けるべきである.

b.居住環境地域

居住環境地域(environmental area)はブキャナンレポートで提案された概念で,自動車交通の危険がなく,人々が生活し,働き,買い物し,徒歩で動き回ることのできる地域で,通過交通のための空間(都市の廊下)と良好な居住空間(居住環境地域,都市の部屋)を明確に分ける(図8.6).この地域の中はまったく車の交通がないわけではなく,生活環境を侵さない範囲で許容され,日常生活圏における歩行者が完全に優先される.

8.3.2 公共交通の結節点の計画

都市の圏域が拡大して人々の交通が遠距離化し,出発地と目的地の組み合わせが多様化すると,必然的に複数の交通手段を乗り継ぐ機会が多くなる.このような異なる交通手段の連結の場が交通結節点である.交通の連続性の確保や利用しやすい交通網を形成させるためには,適切な交通結節点の計画および配置が求められる.ここで,おもな交通結節点として,バスターミナル,駅前広場,駐車場について説明する.

1) バスターミナル

一般に都市部のバス系統は非常に細分化され,利用者にはわかりづらい構造となっている.それ

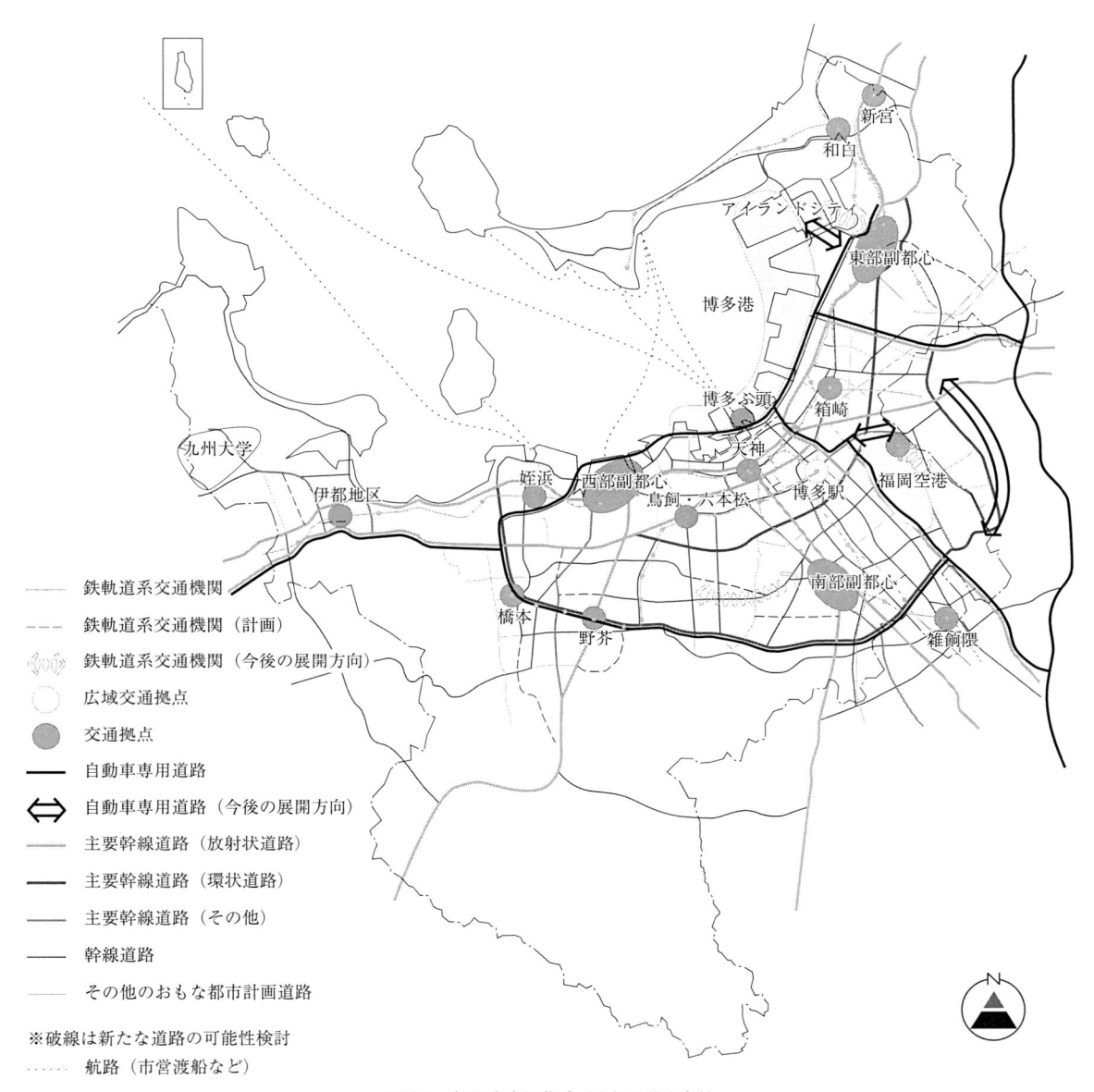

図 8.5　福岡市交通体系づくりの基本方針

らの多数の系統の大部分が集中する場となるのがバスターミナルである．

バスターミナルの配置を考える場合，特に重要な条件は都市規模である．都市規模がそれほど大きくない場合には，できるだけ主要駅の近傍で，かつ幹線道路へのアクセスに優れた場所にバスターミナルの立地を考える必要がある．特に需要規模が小さい中小都市では駅前広場をバスターミナルとして活用することが多い．一方，大都市では市街地が面的に広がっていることから，複数のバスターミナルが必要となることも多い．そこで都市中心駅近傍へバス路線の集中を避け，郊外部の主要駅にバスターミナルを環状に配置するなどの計画案が考えられる（図8.7）．

2）駅前広場

駅前広場は，鉄道と他の交通手段とを有機的に結び，安全・快適・円滑な交通処理を図ることを目的として，鉄道駅に接して配置される交通広場である．この駅前広場においては，実に多様な交通手段による交通が一時に大量に発生・集中する

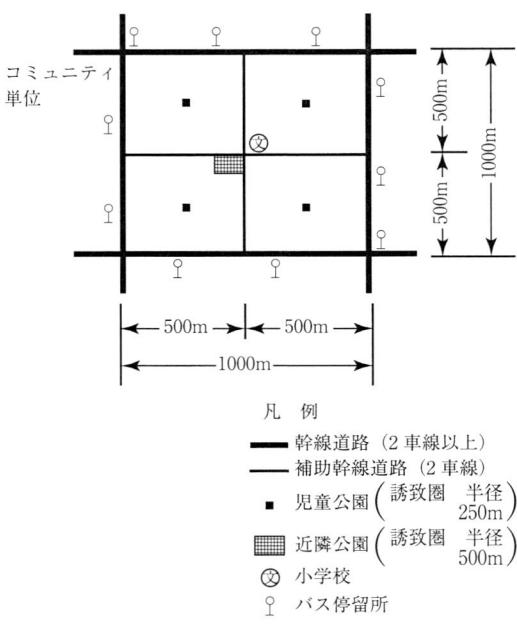

図8.6 居住環境地域における道路構成

(a) 小都市型
（中心駅に全路線が集中する）

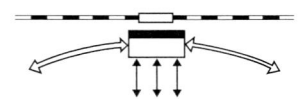

(b) 地方都市型
（駅前広場とバスターミナルの分離）

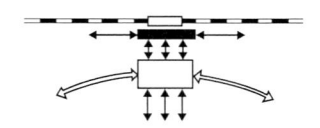

(c) 大都市型
（ターミナルのネットワーク化）

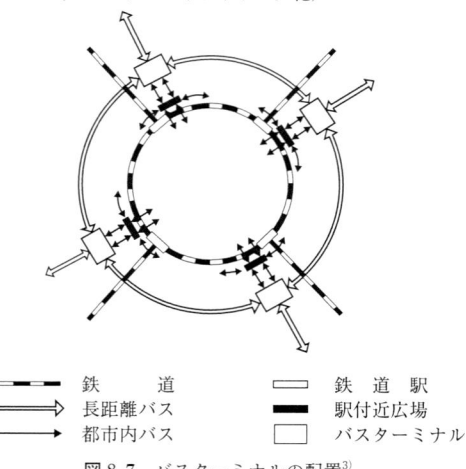

図8.7 バスターミナルの配置[3]

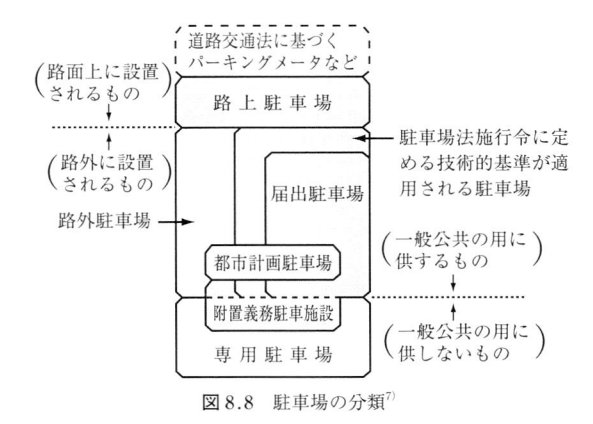

図8.8 駐車場の分類[7]

ことが特徴である．

　駅前広場の計画には各種指標の将来予測と，駅前広場面積の算定などが必要となる．面積の算定方式には，ピーク時の乗降客数に基づいてバス，タクシー，自家用車別に乗り場や駐車場の必要量を求めて積み上げる加算法が広く用いられている．また，駅前広場を構成するおもな施設としては，多様な交通を処理する基本施設としての歩道，車道，バス乗降場，タクシー乗降場，駐車場などがある．これらの施設における動線は簡明でかつ互いの交差が極力生じないような計画が望ましい．

　3）駐車場

　駐車のための施設は，保管場所と駐車場に大別される．保管場所の規定は「車庫法」による．駐車場は「駐車場法」の規定により，路外駐車場と路上駐車場がある．

　路外駐車場とは，道路の路面外に設置される自動車の駐車のための施設であって，一般公共の用に供されるものをいう．路上駐車とは，駐車場整備地区内の道路の路面に一定の区画に限って設置される自動車の駐車のための施設であって，一般公共の用に供されるものをいう．駐車場の分類については，図8.8に掲げる．

8.3.3　自転車交通

　わが国においては，自家用車が普及しはじめたころ，もはや自転車の役割が終わったかのように思われた．ところが鉄道駅までの端末交通手段として，あるいは買い物や私用のための直行型交通

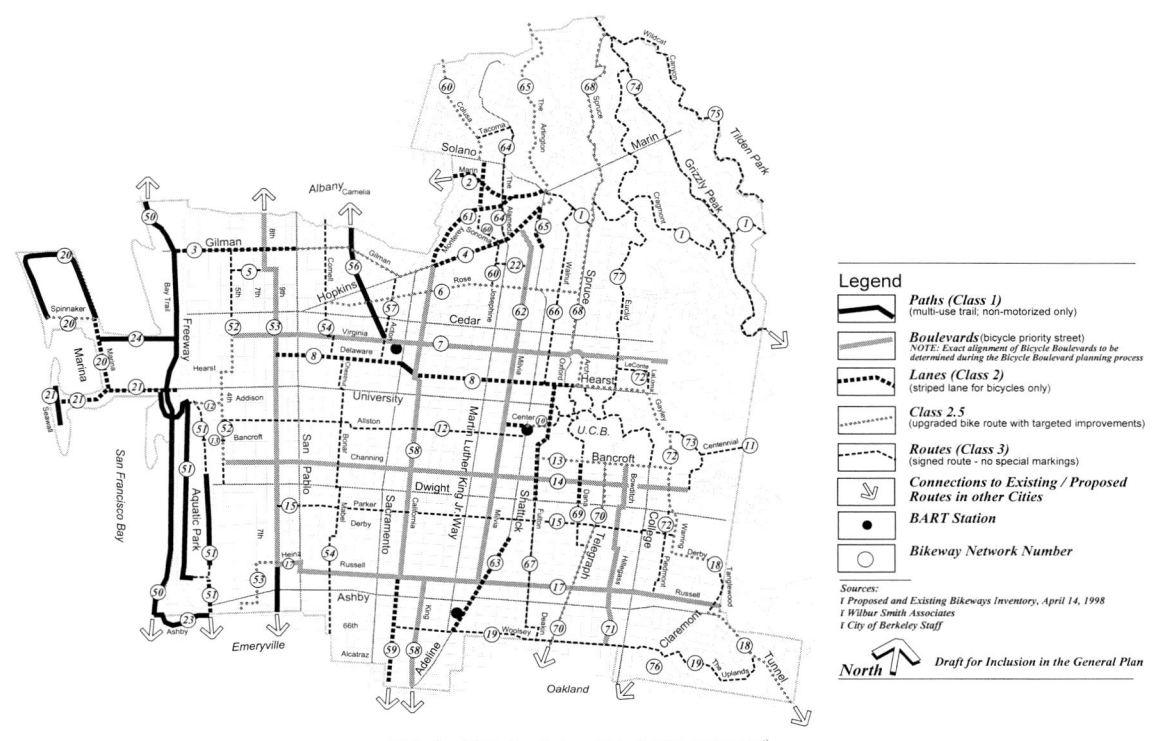

図 8.9 米国バークレー市の自転車交通計画[4]

手段として，90 年代以降自転車の利用は急速に増加した．その理由として，まず自転車が利便性と経済性にすぐれた交通手段であることが挙げられる．また，市街地の拡大によって，徒歩距離を超えるようなトリップ，あるいはバス路線のないような地区を結ぶトリップにとって自転車の利用が適当な交通手段となっている．さらに近年地球温暖化の防止や CO_2 排出量の削減などへの関心が高まり，自転車交通は再び注目されている．

a. 自転車の交通環境

わが国においては，自転車は道路交通法上の軽車両であって車道を通行するのが原則であるが，歩道幅員に余裕がありかつ自動車の交通量が多く，自転車の車道通行が危険であると思われる区間では，歩道通行が認められている．これは自転車の安全性を確保するための緊急措置であり，歩行者の快適性や安全性を損なうという問題がある．また，自転車が安心して走行できる空間がまだきわめて乏しいことから，都市内の短距離交通手段として，自転車利用におけるきちんとした位置づけが求められている．

都市内での自転車空間のネットワーク化は，欧米では自転車専用道路の新設や，既存道路の断面見直しによる自転車走行空間の創出の動きが定着しており，それらをネットワーク化する試みは少なくない（図 8.9）．

b. 駐輪場の問題

自転車の駐車に関しては，交通結節点である鉄道駅周辺の大量長時間駐車および大型店舗や遊技場など大量の自転車利用が集中しやすいサービス・商業施設における駐車が問題となっている．

また，近年放置自転車が商業中心地や鉄道駅周辺に急激に増加しており，問題の深刻化に伴って，行政側の対応が進められ，自治体独自の条例によって放置規制を行うとともに，路外や駅前広場の一角に自転車駐車場の建設を行うなどの対策をとっている．

■参考文献

1) 石井一郎：最新交通工学，森北出版 (1979).
2) 北部九州圏都市交通計画協議会：第 3 回北部九州圏パーソントリップ調査 1-2 (1994).
3) 交通工学研究会編：交通工学ハンドブック，p.336,

p.664 (1984).
4) City of Berkeley : *Berkeley Bicycle Plan/Draft For Inclusion In The General Plan*, pp.4-7 (1998).
5) 自転車駐車場研究会：自転車駐車場整備マニュアル, pp.1-3, 大成出版社 (1997).
6) 樗木　武, 井上信昭：交通計画学, 共立出版 (1993).
7) 土木学会編：交通整備制度, p.282, 土木学会 (1990).
8) 土木学会編：地区交通計画, p.254, 国民科学社 (1992).
9) 新谷洋二：都市交通計画, pp.198-201, 技報堂出版 (2003).
10) 福岡市：福岡市都市計画マスタープラン, p.23 (2001).
11) 三村浩史：地域共生の都市計画, pp.70-80, 学芸出版社 (1999).

9. 文化と景観

本章ではまず，地域の解読が優れて文化的行為であり，その延長に景観デザインがあることを示す．ついで，その遺産を確認し，継承していくための具体的な保全のまちづくりの事例を挙げ，最後に観光資源への展望を示す．

9.1 都市の景観と景観デザイン

「景観」の意識は，ルネッサンス期以降に発生したといわれており，景観概念は，「合理的，科学的な世界を見る見方として生じたもの」である．意図して見ないと見えてこないのが「景観」である．

9.1.1 景観は地域の解読，地域の発見から始まる

まずは，地域の「宝」を発見することである．初めから何か提案をしなければならない，課題をみつけなければならない，と考えてはいけない．地域をリスペクトする必要がある．以下の方法で地域を解読していく．

(1) **行政が策定している諸計画から解読**：総合計画，都市計画マスタープラン，観光振興計画などの行政が策定した諸計画から，景観に絞って解読する．地域の「景観」の基本的方向が理解できる．

(2) **現地調査から解読**：地図を片手に，既計画を確認すると同時に，現地で生活や産業の営みから歴史・文化を読み，地形を読む．現在の市街地の様子を解読する．現地にある碑，説明板を調べる．

(3) **資料・文献から解読**：歴史資料・歴史的建築物，自然・地形地理，絵画，名所図会から解読する．

(4) **その結果を整理**：解読の結果，継承すべき「宝」と「課題」として整理する．対象としている都市の特徴，過去と現在の間にこれまで顕在化しなかった事実の発見，見直しから始めることである．

9.1.2 景観のおもな操作的指標

景観を考える守備範囲は広い．しかし，景観デザインで取り扱う範囲は，限定的である．ごく一部しか対象にできない．景観デザインで用いる言葉と解読する際の指標としては，以下がある．

(1) **視点場と視対象**：視点場は，見る人が立っている場所・空間であって，視対象は，そこから見られる建築物，道路，山並み，水辺，樹木などである（図9.1）．

(2) **可視・不可視**：ある対象が他の地点から見えるか，見えないかを表す指標で，景観にとって最も基本的な指標である（図9.2）．

(3) **見られ頻度**：複数の視点場から可視である場所は，見られ頻度が高い場所という（図9.3）．この場所は目立つ場所である．

(4) **仰角，俯角**：視点場の位置から視対象を見る場合，視点場から視対象までの距離と視対象の高さ（比高）との角度である（図9.4）．

仰角5〜10度は遠景のシンボリックな建造物を見る場合，10〜20度はゆっくりと歩きながら見る「絵になる景観」，20〜30度は立ち止まって注視す

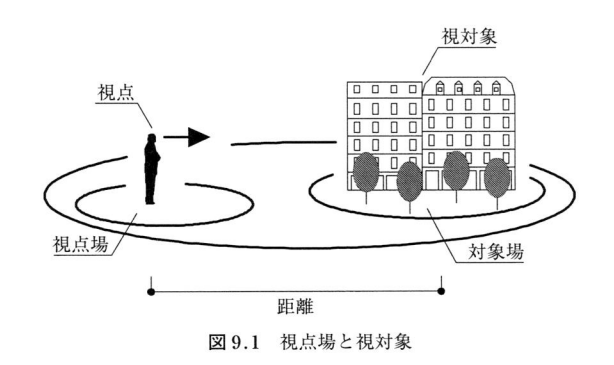

図 9.1 視点場と視対象

図9.2 CGによる可視・不可視の例（宮地岳神社からの可視領域）

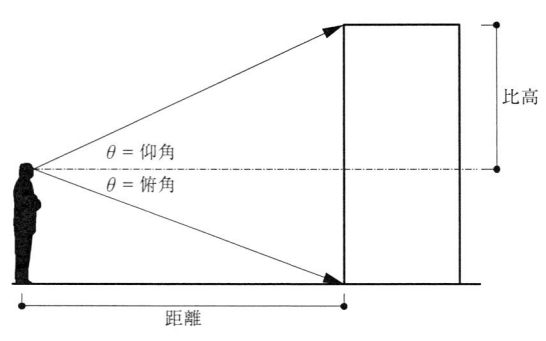

図9.4 仰角と俯角

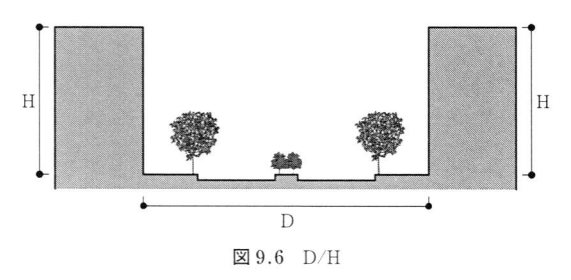

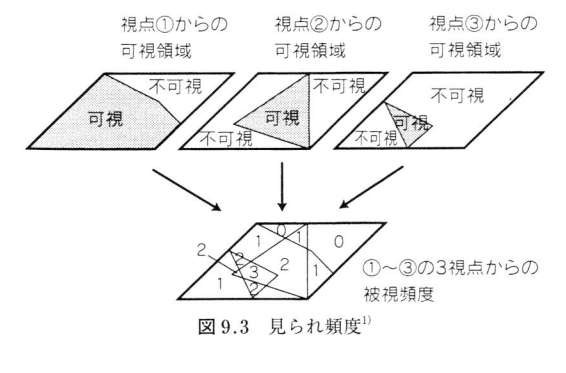

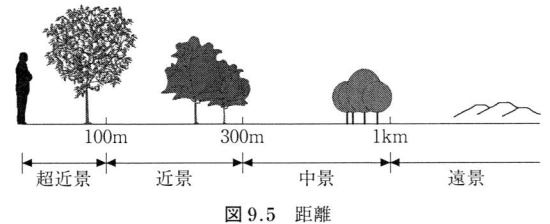

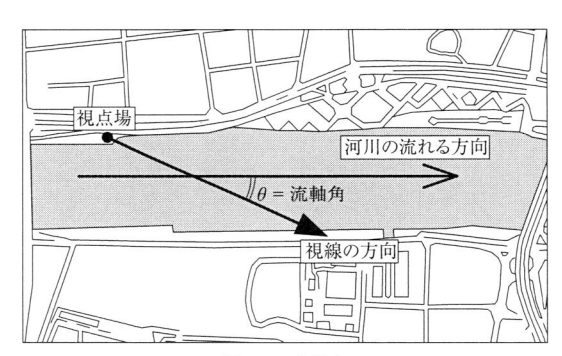

図9.6 D/H

図9.3 見られ頻度[1]

図9.5 距離

図9.7 流軸角

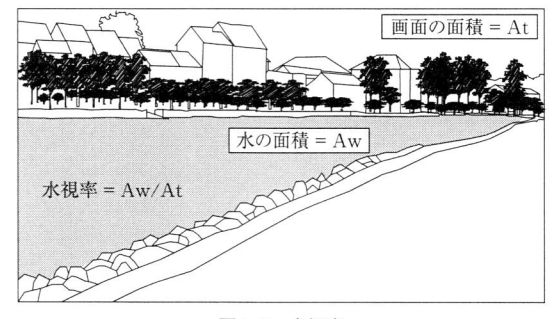

図9.8 水視率

るシンボリックな「絵になる景観」，30度以上は首を上下に動かして眺めるシンボリックな建造物の景観である．見下ろす角度，つまり俯角は，10度近傍以下が望ましい．

(5) **距離**：視点場からおもな視対象までの距離である（図9.5）．超近景とは視点場の位置から100m以内の距離，近景とは300m以内の距離，中景とは1kmまでの距離，遠景とは1km以遠の距離である．

(6) **D/H**：視点場空間の広がり，囲まれ感，視対象のプロポーションを示す．道路幅員（D）とそれに面している建物の高さ（H）の比，あるいは広場の場合は，広場の奥行（D）と周辺の建物の高さ（H）の比を指す（図9.6）．河川空間も河川幅（D），両岸の建物高さ（H）として適用可能である．

(7) **流軸角，水視率**：流軸角は，河川の景観をみる場合に用いる．構図上水の見える割合，流れる方向と見る視線となす角度（流軸景か対岸景かの選択）である（図9.7）．また，水視率とは，絵画の画面上，あるいは撮影された写真の中での水の面積の占める割合である．水視率20％近傍が水景観の限界である（図9.8）．

9.1.3 絵になる景観の典型的な3構図

典型的な構図は，3つある．すべての構図は，これら3つの組み合わせである．

(1) **正面景（対岸景）**：建物の正面を見る景観のことである．河川景観の場合は，流軸と直角方向を見る景観を指す．河川幅100m近傍以上の場合に対岸景が選択される．

(2) **軸景（流軸景）**：道路の方向を見る景観，河川の場合は流れる方向を見る景観である．河川幅100m近傍以下の場合にこの構図が選択される．

(3) **俯瞰景**：高い視点場から低い位置にある視対象を見る景観である．

9.1.4 計画対象区域の設定方法

景観の計画区域は，一般的には行政界である．

分析が進めば，平地の場合は，そのままの視距離（300～500m，1km）が対象エリアを構成するが，まずは，歴史的条件を考慮して区域を設定する．さらには起伏のある地域では，可視領域をCGなどで計測して，地理的条件を把握，その区域を設定する場合もあり，以下のケースが考えられる．

① 行政界，行政区域界によって，景観の計画を立案するときの対象区域として設定
② 歴史的，地理的な地区区分による区域設定
③ 流域の可視領域による区域
④ 沿道からの可視領域による区域

あるいは，それらの組み合わせによって景観区域は想定される．

9.1.5 景観デザインのプロセス
a. 解読

起伏のある地形や河川沿いの景観を調査する場合には，断面図も作成して，見え方などを検討すべきである（図9.9）．解読を手がかりに，「宝」と「課題」を発見し，「点」「線」「面」として整理するか，または，「景観ゾーン」として整理する．

われわれは土地利用計画や用途地域制に慣れているので，ともすれば「ゾーン」として景観をくくる場合もある．しかしながら景観・視線による特徴が出にくく，したがって，「点」「線」「面」として表現することも考慮したほうがよい．

b. 視点場，視対象の提案

「宝」を意識させる方法，「宝」を際立たせる方法を考える．

1) 視点場の整備

① 街角広場，変形交差点，歩道橋，曲がった道路の曲がり際，曲がった河川沿い歩道などの空間は，視野が広い場所であるためにパノラマ景観が得られる．これらの空間は視点場となりやすいので，見晴台，視点場広場，視点場公園として整備する．

② その空間整備の事例として空間装置の説明・ガイド板，記念碑を設置することが考えられる．

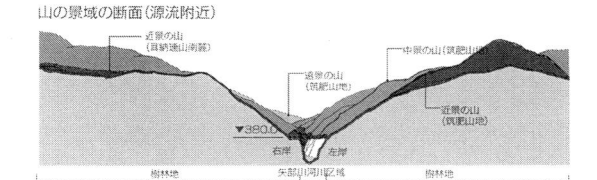

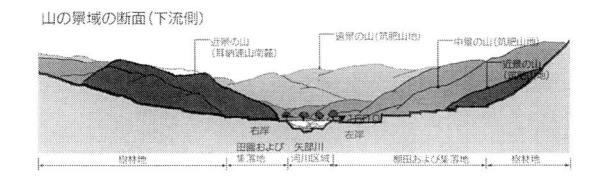

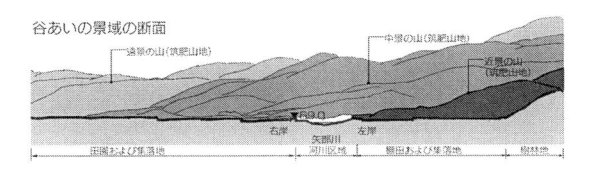

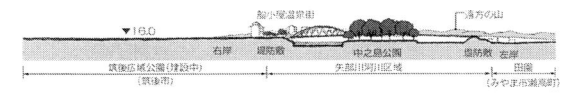

図9.9 河川の断面と見え方[3]

2）視対象の整備

見られる側の街並みは，高さや壁面をそろえるなどの工夫で，普通の街並みでも絵になる景観となりうる．あるいは，市街地の中からランドマークとなりそうな建築物，山並みを見出し，それへ視線を導くように建築壁面，道路の並木を構成する．

① 視対象そのものの整備には歴史の遺物を壁面に貼りつけるなど解読を容易にすることも必要である．

② 視点場を中心として，視野内を規制するためのゾーニング設定と視対象の整備・保全が必要である．

③ シンボリックな建築物を中心にした周辺建物のコントロール（図9.10）や新たなランドマークの設置，整備がある．

3）景観の構造化

視点場が視対象になる関係も生じる．単に視点場は立つ場所ではなく，見られる場所としても成立する場合がある．

c．共有化の仕組み（景観の担い手：行政，企業，市民）

以上の視点場と視対象の提案を，住民の方々に共有してもらわねば実現されない．

そのために，視点場となりやすい，あるいは視対象となりやすい大通りなどでのスケッチ大会，パレード，通りを利用した祭りなどのイベントを，積極的に実施し，住民の方々や参加者に場所の記憶をとどめてもらうことが必要である．

パレードで練り歩く通りは，幹線道路での景観をクローズアップする．広場でのイベントは，周辺商店街の建物のファサードや建物のデザインに工夫することを要請する．河川での花火などの祭事は，河川内の浄化運動周辺の景観上の配慮を促進するように働きかける．

一時的な祭事の風景から，恒常的な通りの風景へ展開し，これらの記憶の風景をばねにして，景観の共有化を図ることが重要である．

このように祭りの歴史的景観に果たす役割は小さくはないが，それ以上に祭りの場所の景観維持に果たす役割も小さくはない．祭りの振興は，このような観点からも把握したいものだ．

このようにして「宝」に対する住民の共有意識を促進することが必要である．

9.2 景観形成のための規制や事業への展開

景観形成のための制度や事業は，いくつか整備されている．

a．景観法

都市緑地法，屋外広告物法，その他の条例と結びつけられる．

b．景観整備に関する諸事業制度

景観のまちづくりを進めていく上では，街路事業，河川事業，都市計画事業，総合的な景観重点事業などの公共事業を活用することも検討すべきである．

c．建築物規制にかかわる制度

高さの制限では従来の高度地区指定が活用される（図9.11）．あるいは，建物の壁面線をそろえる，階高を共通にする，屋根勾配をあわせる，階数をそろえるなどの規制を検討する．

9.2.1 景観配慮デザインの事例

1）公共空間の事例

パス（目抜き通り）の整備である．電線電柱の地中化，歩道空間や通りの屋外広告物の規制，パリの大通りグラン・ブールバールにみられるように並木の樹種，間隔，枝ぶりの統一なども配慮する必要がある．

それに歩道上の路上設置物を整理することなどが挙げられる．

2）視点場の事例

ノードの整備・創出：曲がった河川沿いや変形交差点は，視点場となりやすい空間である．積極的な活用が望まれる．

雑踏のノードから，絵になる景観の視点場としてのノードへ整備する．印象派絵画の視点場空間整備にならう．

3）連続する家並みの事例

ディストリクトの創出：今井の家並み（環濠集落），ドイツ・ドレスデンやマイセンの歴史地区などのまとまりのある家並みをつくりあげる．通り

9.2 景観形成のための規制や事業への展開

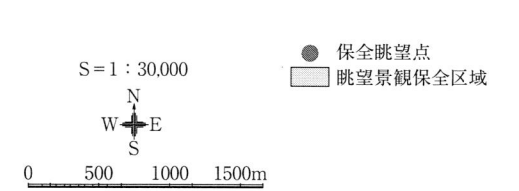

番号	眺望点名	番号	区域名
①	浅野川大橋上流側	1	浅野川大橋上流側区域
②	主計町	2	主計町区域
③-1	ひがし茶屋街A	3-1	ひがし茶屋街A区域
③-2	ひがし茶屋街B	3-2	ひがし茶屋街B区域
④	犀川大橋上流側	4	犀川大橋上流側区域
⑤	兼六園眺望台	5	兼六園眺望台区域
⑥-1	金沢城公園丑寅櫓跡	6-1	金沢城公園丑寅櫓跡区域
⑥-2	金沢城公園辰巳櫓跡	6-2	金沢城公園辰巳櫓跡区域

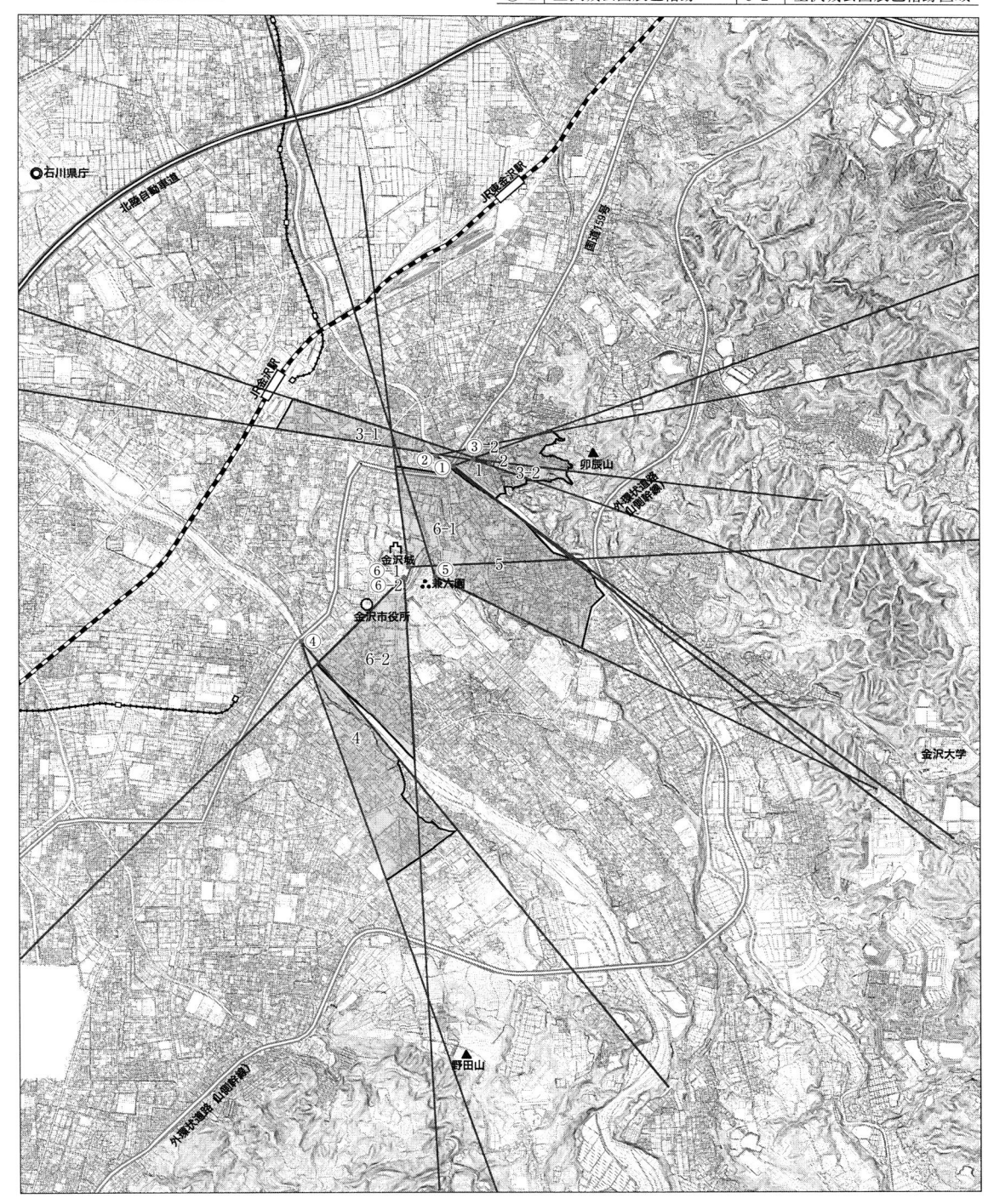

図 9.10 眺望景観の保全区域（金沢市）

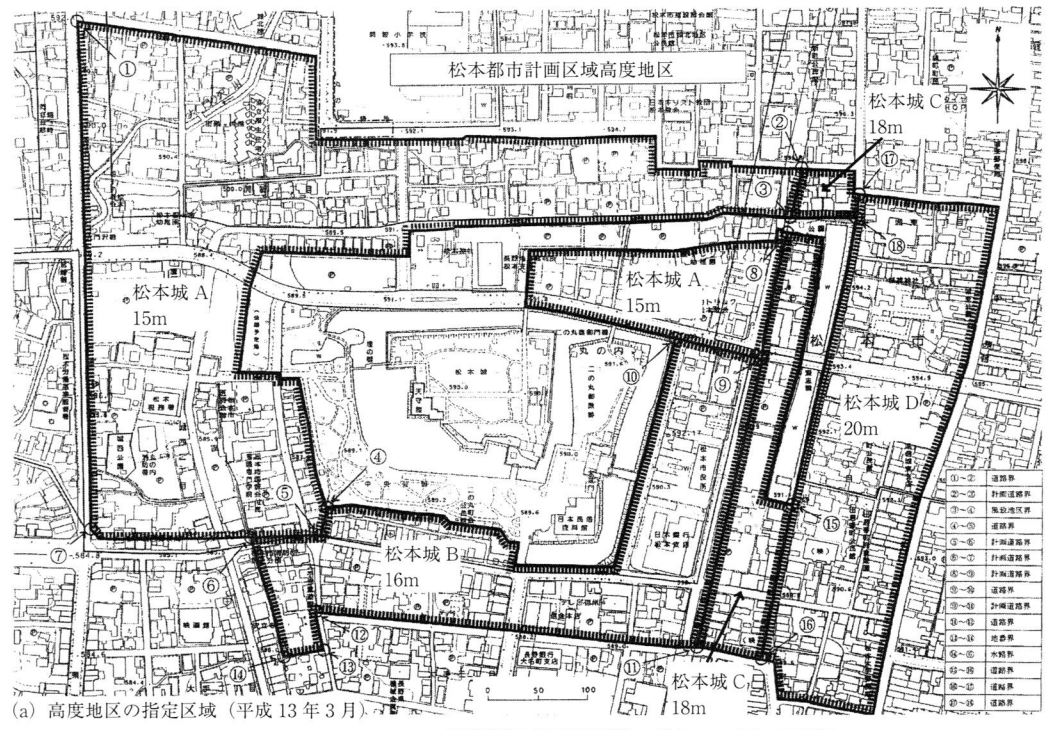

(a) 高度地区の指定区域（平成13年3月）

(b) 高度地区の指定内容

種類	面積(ha)	建築物の高さの最高限度
松本城A	17.2	15m
松本城B	6.3	16m
松本城C	2.4	18m
松本城D	6.7	20m
合計	32.6	

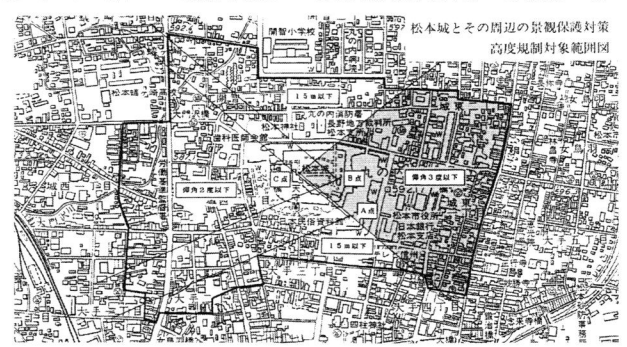

(c) 松本城周辺とその景観保護対策（昭和61年）

図9.11 高度地区による規制（松本市）[4]

でも一街区でも良い（吉井町の事例）．そこには，記憶を呼び起こす歴史上の遺物を建物の壁面などに貼りつけたデザインを提示する．

ランドマークの整備：ピルナの要塞の事例のように，街の高台の施設はランドマークとなる．城郭，教会の鐘楼などを活用する．

エッジの整備：河川沿いの整備（パリのセーヌ川），ドイツ・エルベ川沿いの並木による整備も参考にできる．

9.2.2 ケーススタディ（筑後川流域，久留米市）

1）景観現況図（景観資源図または景観特性図として表現される）

それは，まちなみ景観特性，自然景観特性，歴史景観特性，生活文化景観特性，芸術文化景観特性などの多側面から表現される．

久留米市の事例では，自然景観の特性図には，筑後川と耳納連山の間に広がる田園風景が評価されるべき景観として表現されている（図9.12）．歴史・文化的な景観特性図には，市街地内の寺町の街並み，それに草野集落や田主丸の枡形の街路などが評価されている．

また久留米市の特徴として青木繁や坂本繁二郎，古賀春江などが描いた風景画とその視点場が

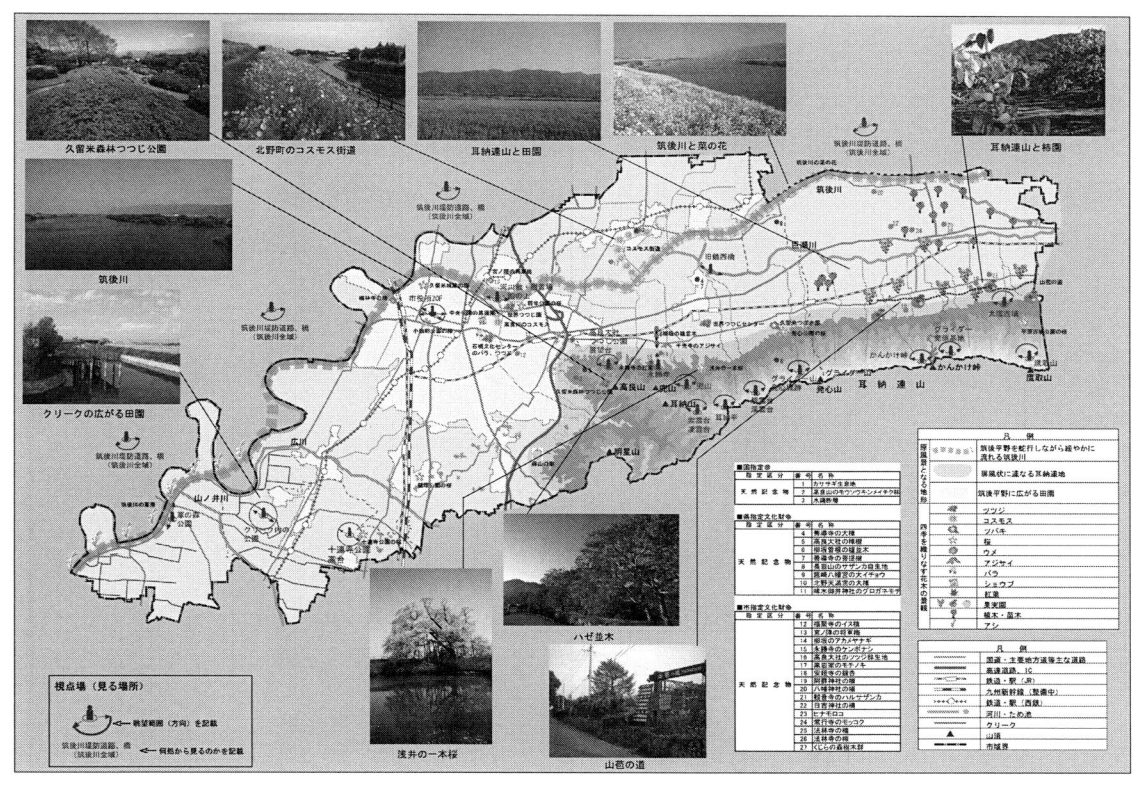

図9.12 自然景観特性図（久留米市）

残されており，その風景画の視点場を中心に芸術・文化の景観特性図が取り上げられている（図9.13）．石橋美術館が，景観の拠点として位置づけられ，「絵になる景観」の視点場の地点が特定され，その周辺の空間整備が意図されている．

2) 景観課題図（景観構造図）

「点，線，面」，あるいは「景観軸」「景観ゾーン」として，「課題」と「宝」を整理して提示する．市域が広い場合は，表としてまとめる．

3) 景観形成図（目標設定）

継承・保全すべき景観を提示する．また，視点場の位置を提示する（図9.14）．

久留米市の事例では，目標と景観形成の方針を全市的に提示したのち，市域が合併によって広がっているために，5つの地域に区分して，それぞれの景観形成方針を整理している．5つの地域区分は，耳納連山山辺地域，東部田園地域，西部田園地域，中心市街地地域，周辺市街地地域である．山を中心にした地域，田園と河川地域，市街地地域などに地理・地形や歴史的な条件によって分けられているのである．

この地域ごとに，建築物の行為の制限などが記述されている．その後は，協同作業によるルールづくり（例えばビスタの確保の方針），河川沿いの看板の規制などの方針が提示される．

4) 重点地区景観形成方針（景観地区が該当）

景観計画区域内でも，景観的に優れている場所や地区を取り上げ，重点地区の計画図などを提示する．

5) 景観形成方針の共有化の事例，条例化

① 景観形成の共有化：旧街道沿いで街路を使った，山笠，どんたくなどの祭りやパレード，河川を使った花火大会などを振興する方向を検討すべきである．これらを通して景観形成の共有化を図る．

② 条例化：景観形成の目標と目標達成のために担保する事項を挙げる．

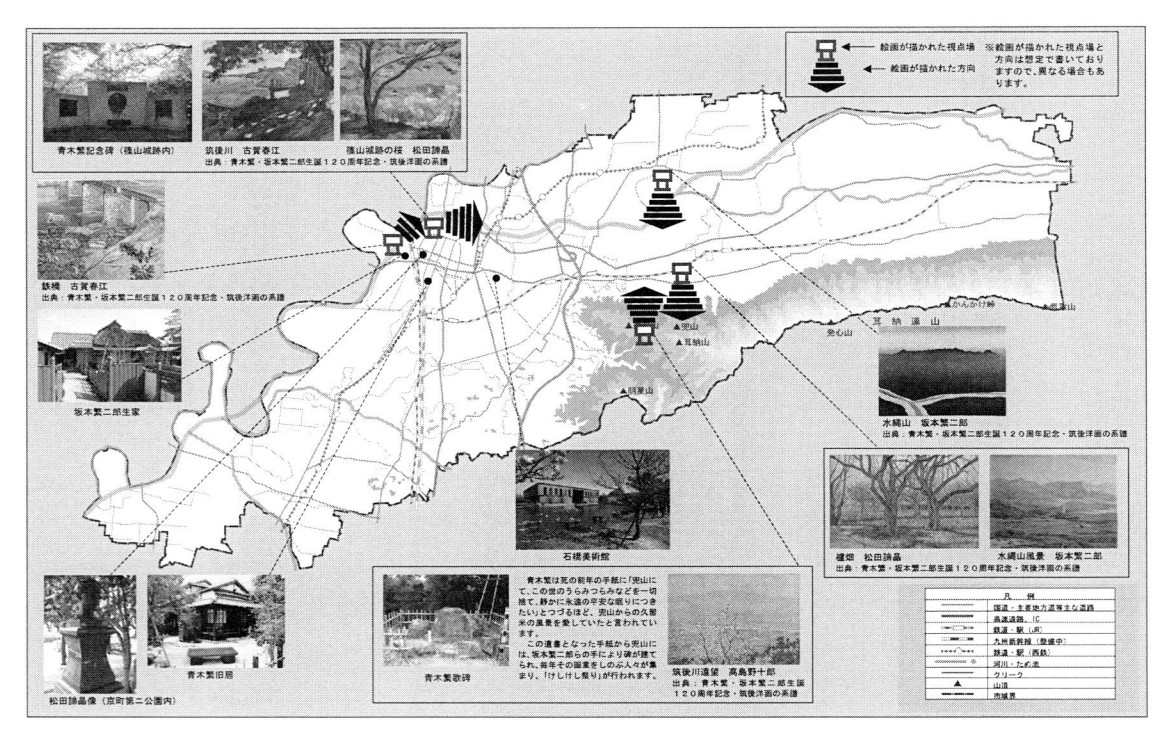

図9.13　芸術・文化景観特性図（久留米市）

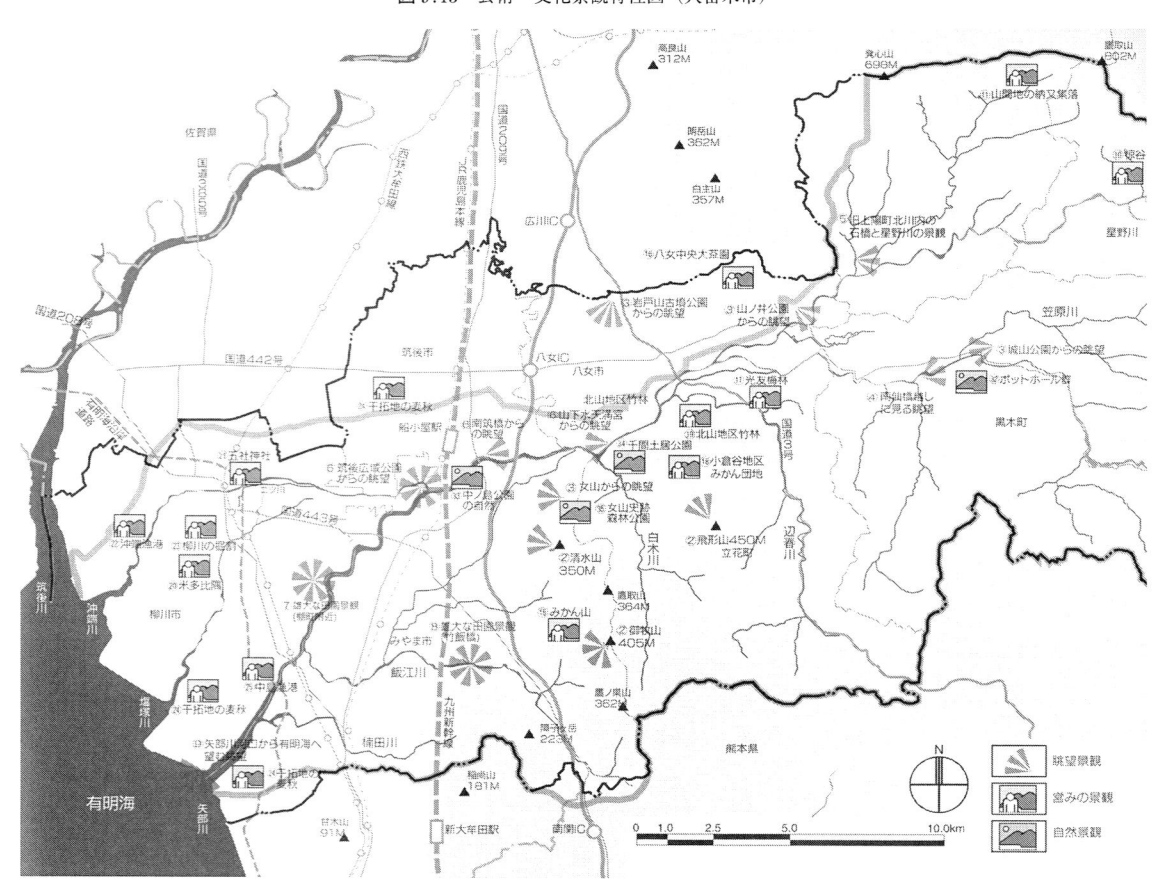

図9.14　絵になる景観の視点場の方針（矢部川流域）[3]

9.3 景観法

ここで，景観法について概説しておく．

景観法は，基本理念として，「良好な景観は，美しい風格のある国土の形成と潤いのある豊かな生活環境にとって不可欠であり……その整備及び保全が図られねばならない」として制定された（図9.15）．これによって景観形成の仕組みが整えられた．

a. 景観計画区域の設定

都市計画区域，あるいは区域外を含めた区域，あるいは行政区域を設定する．

b. 景観形成基準，方針

景観計画区域を景観に関わる類型地区，ゾーンにわけて，それぞれに景観形成基準，方針を示す．景観のマスタープラン，景観デザインのガイドライン，景観ルールなどが含まれる．

c. 良好な景観形成のための行為の制限

ゾーンごとの届け出の対象行為の制限内容を記載する．建築物・工作物の新築，増築，改築など外観の変更については届け出る．

d. 景観重要建造物，景観重要樹木

地域の景観の核となるような景観上重要な歴史的建築物，工作物，樹木を指定する．

施設の管理行為の具体的内容については条例などで定めることになっている．現状の建築物を変更する場合については，建築基準法の特例として規制緩和も可能となる．

景観重要建造物の周辺はどうするのか（景観法の目的は建築物，樹木そのものの維持保全のようだ）．周辺については，高度地区など現行の都市計画制度を並行して活用しなければならない．見られることに価値ある施設であることから，見やすい場所に対する手立てが必要である．

e. 景観重要公共施設

景観上重要な公共施設（道路，河川，公園，港湾，海岸，漁港など）について，景観計画で位置づける．施設そのものの保全，指定も重要であるが，それを景観上評価される視点場とその周辺の環境を一体としてコントロールすることも重要である．

図9.15 景観法のイメージ

f. 景観農業振興整備計画

景観計画区域内の農業振興地域について，景観の方針を定めることができる．景観農業振興地域内の農地については，景観と調和のとれた農業的土地利用についての勧告を行うことができる．その他，棚田などの田園景観の維持・保全のために，地域の特性に応じた規制や保全の方針を定める．

g. 景観地区

より積極的に景観形成，誘導を図っていく場合，市町村は，都市計画として「景観地区」を定めることができる．建築物の建築などの行為で，景観法に基づく認定，建築基準法に基づく建築確認で，内容を担保していくことができる．

定める内容は，建築物の形態意匠の制限，建築物の高さ制限，壁面の位置，建築物の敷地面積に対する割合などである．

9.4 都市の歴史・文化とまちづくり

9.4.1 歴史的町並み保全のまちづくり

最近のまちづくりには，「歴史を生かした」あるいは「文化を生かした」と謳われているものが増加している．戦後の高度経済成長期からバブル期にかけての都市開発により，日本各地の個性的な町並みは次々に姿を消していった．いまや地域の歴史や文化を色濃く残している町並みは貴重な文化遺産となっている．この文化遺産の保全は，地域の個性を生かしたまちづくりの一手法として認識され，各地でさまざまな取り組みが展開している．

a. 歴史的町並みとは

歴史的町並みの共通の概念としては，おおむね，「戦前までに形成された都市や集落で，歴史的な建築物が多く残り，周囲の環境と一体をなして歴史的風致を形成している地区」である．例えば，宿場町，門前町，在方町，城下町，農村・漁村の集落が該当する．具体的には，建築後相当年数を経過した建築物群とそれに関連した石垣・石橋・石神・石仏などの工作物，樹木，池，庭園，水路などがまとまって歴史的特徴を顕している地区である．

b. 地域の営みと歴史的町並み

この文化遺産である町並みを保全することは，単に歴史的な建造物を保存するということではなく，これまで営まれてきた生活と文化も内包した町並み景観を，住民が将来にわたって住みつづけながら保存・形成することである．したがって，ハード整備だけではなく，地域のコミュニティや祭事，伝統産業までも含んだ歴史的環境保全のまちづくりである．

c. 歴史的町並みを保全したまちづくりの意義

この歴史的町並みを保全したまちづくりの意義として以下のことが挙げられる．

① 地域の歴史と文化を目に見える形で再認識することができ，誇りやアイデンティティの醸成につながる．それは，次世代への文化の伝承の一助となる．

② 地域の風土や文化を反映した歴史的町並みはここにしかないユニークなものであり，これを規範とした町並み形成は個性的な景観となる．

③ 歴史的町並みには伝統的な祭礼や産業も生きており，これら伝統文化の継承が良好なコミュニティの維持に貢献する．

④ 町並みを訪れる人々と地域住民の交流の場となり，まちづくりの活性化になる．さらに観光資源として活用することにより，地域への経済効果も期待できる．

d. 修景の手法

歴史的町並みでは，伝統的建造物の外観の維持とともに，一般建造物が地区の歴史的風致を著しく損なわないことが重要となる．それには一般建造物の新築・増改築の際には伝統的建造物群やその周辺環境と調和するように修景し，地区全体の価値を高める景観誘導施策が必要となる．また，道路改良や河川改修，橋梁整備，公園整備などの公共土木工事においても，歴史的風致と調和するような整備が望まれる（図9.16）．さらに歴史的町並みは道路が狭小な場合が多く，町並みを安全に散策できるように一方通行や進入車両制限などの交通計画が必要である．修景の例としては，以下のような項目がある．

① 町家型の町並みでは，軒が連続するように建物の壁面線をそろえる．屋根の形状も伝統的な様式に合わせる．看板も一定の範囲に抑える．

② 屋敷型の町並みでは，生け垣・塀の高さや材料を伝統的なものに合わせる．建物の位置や高さも周囲と調和したものにする．

③ 伝統様式で新築・増改築する際は，地域の伝統に則った形態や意匠でデザインをする．安易に和風にしない．

④ 道路は，安易に石畳などにより美装化を行うことなく，履歴に基づき歴史的風致に調和する整備を行う．

9.4.2 歴史的町並みを保全する制度

歴史的町並みはおもに以下の法に基づいた制度の活用により保全が進められてきた．

a. 古都保存法

歴史的環境を面的に保全するための法として最初に制定されたのが1966年の古都保存法（古都における歴史的風土の保存に関する特別措置法）である．歴史的風土を「わが国の歴史上意義を有する建造物，遺跡等が周囲の自然的環境と一体をなして古都における伝統と文化を具現し，及び形成している土地の状況」と定め，歴史的建造物とともに周囲の自然環境も保全する法となっている．この法は，鎌倉の鶴岡八幡宮の裏山に1963年に計画された宅地造成を阻止するための運動が契機の1つとなり誕生した．

1）2段階の区域設定

保全すべき範囲を国土交通大臣が「歴史的風土

町家型・屋敷型建造物に共通の項目

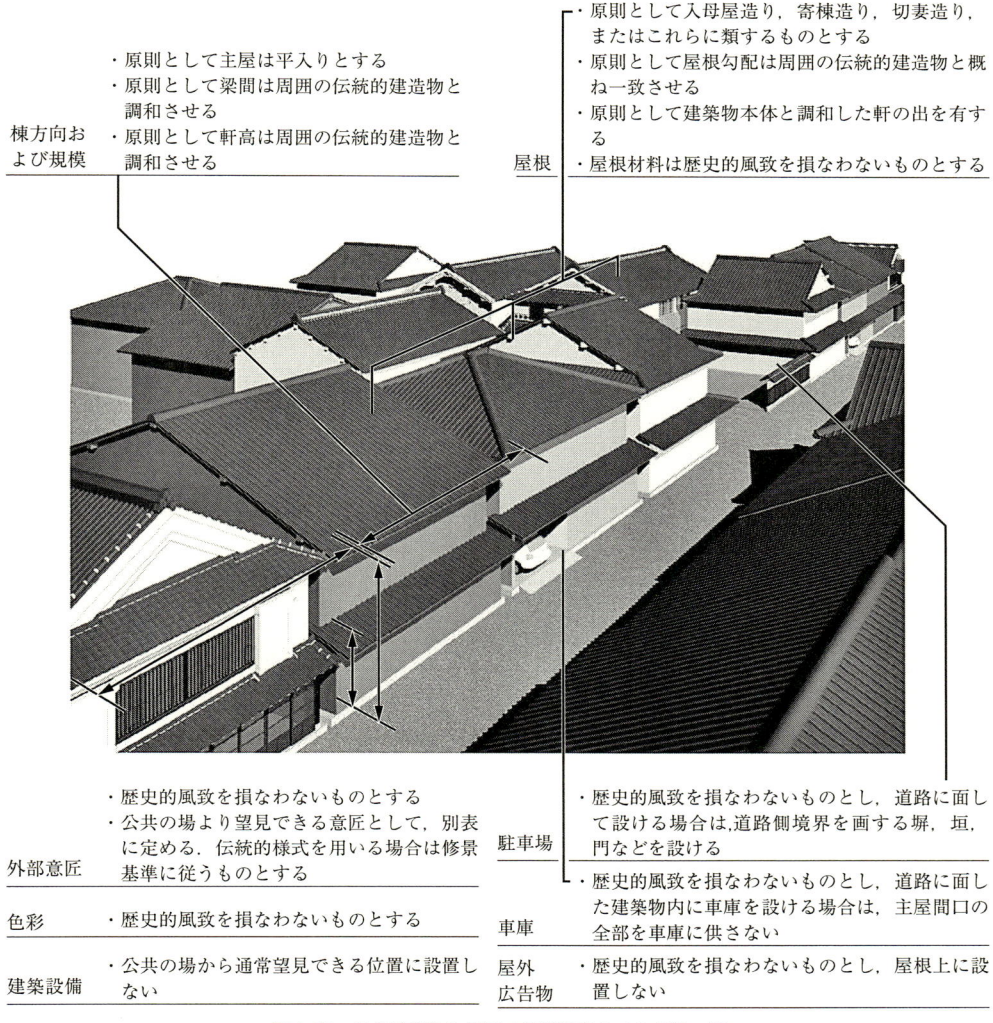

棟方向および規模
- 原則として主屋は平入りとする
- 原則として梁間は周囲の伝統的建造物と調和させる
- 原則として軒高は周囲の伝統的建造物と調和させる

屋根
- 原則として入母屋造り，寄棟造り，切妻造り，またはこれらに類するものとする
- 原則として屋根勾配は周囲の伝統的建造物と概ね一致させる
- 原則として建築物本体と調和した軒の出を有する
- 屋根材料は歴史的風致を損なわないものとする

外部意匠
- 歴史的風致を損なわないものとする
- 公共の場より望見できる意匠として，別表に定める．伝統的様式を用いる場合は修景基準に従うものとする

色彩
- 歴史的風致を損なわないものとする

建築設備
- 公共の場から通常望見できる位置に設置しない

駐車場
- 歴史的風致を損なわないものとし，道路に面して設ける場合は，道路側境界を画する塀，垣，門などを設ける

車庫
- 歴史的風致を損なわないものとし，道路に面した建築物内に車庫を設ける場合は，主屋間口の全部を車庫に供さない

屋外広告物
- 歴史的風致を損なわないものとし，屋根上に設置しない

図 9.16　歴史的町並み地区で最低限守るべき基準の例
文献[7]より転載．

保全区域」として指定し，その中でも特に重要な地域を府県知事（政令市においては市長）が都市計画に「歴史的風土特別保存地区」と定めることができる．一定規模以上の増改築や木竹の伐採を行う場合には前者では府県知事への届け出が必要となり，後者では府県知事の許可が必要となる．

2) 対象となる古都

対象とする古都が京都市，奈良市，鎌倉市および政令で定める市町村（現在は10市町村）であるため，各地に残る町並みや集落は保護の対象外であった．

b. 伝統的建造物群保存地区

1) 伝統的建造物群保存地区制度の誕生

古都保存法の対象とならない農村集落や商家町，宿場町などの歴史的町並みを保全する制度が，1975年に文化財保護法の一部改正により誕生した伝統的建造物群保存地区（以下，伝建地区）である．

2) 伝建地区とは

文化財保護法第2条では伝統的建造物群を「周囲の環境と一体をなして歴史的風致を形成している伝統的な建造物群で価値の高いもの」と定義し，伝統的な建造物単体ではなくその集合体を文化財

表 9.1　重要伝統的建造物群保存地区一覧，2009 年 7 月末現在（文化庁の資料より作成）

番号	都道府県名	地区名称	種別	選定基準	面積(ha)	番号	都道府県名	地区名称	種別	選定基準	面積(ha)
1	北海道	函館市元町末広町	港町	(三)	14.5	44	兵庫	篠山市篠山	城下町	(二)	40.2
2	青森	弘前市仲町	武家町	(二)	10.6	45	兵庫	豊岡市出石	城下町	(二)	23.1
3	青森	黒石市中町	商家町	(一)	3.1	46	奈良	橿原市今井町	寺内町・在郷町	(一)	17.4
4	岩手	金ケ崎町城内諏訪小路	武家町	(二)	34.8	47	奈良	宇陀市松山	商家町	(一)	17.0
5	秋田	仙北市角館	武家町	(二)	6.9	48	和歌山	湯浅町湯浅	醸造町	(二)	6.3
6	福島	下郷町大内宿	宿場町	(三)	11.3	49	鳥取	倉吉市打吹玉川	商家町	(三)	4.7
7	群馬	六合村赤岩	山村・養蚕集落	(三)	63.0	50	島根	大田市大森銀山	鉱山町	(三)	162.7
8	埼玉	川越市川越	商家町	(一)	7.8	51	島根	大田市温泉津	港町・温泉町	(二)	33.7
9	千葉	香取市佐原	商家町	(三)	7.1	52	岡山	倉敷市倉敷川畔	商家町	(一)	15.0
10	新潟	佐渡市宿根木	港町	(三)	28.5	53	岡山	高梁市吹屋	鉱山町	(三)	6.4
11	富山	高岡市山町筋	商家町	(一)	5.5	54	広島	竹原市竹原地区	製塩町	(一)	5.0
12	富山	南砺市相倉	山村集落	(三)	18.0	55	広島	呉市豊町御手洗	港町	(三)	6.9
13	富山	南砺市菅沼	山村集落	(三)	4.4	56	山口	萩市堀内地区	武家町	(三)	55.0
14	石川	金沢市東山ひがし	茶屋町	(一)	1.8	57	山口	萩市平安古地区	武家町	(三)	4.0
15	石川	金沢市主計町	茶屋町	(一)	0.6	58	山口	萩市浜崎	港町	(三)	10.3
16	石川	加賀市加賀橋立	船主集落	(二)	11.0	59	山口	柳井市古市金屋	商家町	(三)	1.7
17	石川	輪島市黒島地区	船主集落	(二)	20.5	60	徳島	美馬市脇町南町	商家町	(三)	5.3
18	福井	若狭町熊川宿	宿場町	(三)	10.8	61	徳島	三好市東祖谷山村落合	山村集落	(三)	32.3
19	福井	小浜市小浜西組	商家町・茶屋町	(三)	19.1	62	香川	丸亀市塩飽本島町笠島	港町	(二)	13.1
20	山梨	早川町赤沢	山村・講中宿	(三)	25.6	63	愛媛	内子町八日市護国	製蝋町	(三)	3.5
21	長野	東御市海野宿	宿場・養蚕町	(一)	13.2	64	高知	室戸市吉良川町	在郷町	(一)	18.3
22	長野	南木曾町妻籠宿	宿場町	(三)	1245.4	65	福岡	朝倉市秋月	城下町	(三)	58.6
23	長野	塩尻市奈良井	宿場町	(三)	17.6	66	福岡	八女市八女福島	商家町	(三)	19.8
24	長野	塩尻市木曾平沢	漆工町	(二)	12.5	67	福岡	うきは市筑後吉井	在郷町	(三)	20.7
25	長野	白馬村青鬼	山村集落	(三)	59.7	68	福岡	黒木町黒木	在郷町	(三)	18.4
26	岐阜	高山市三町	商家町	(一)	4.4	69	佐賀	有田町有田内山	製磁町	(三)	15.9
27	岐阜	高山市下二之町大新町	商家町	(一)	6.6	70	佐賀	嬉野市塩田津	商家町	(三)	12.8
28	岐阜	美濃市美濃町	商家町	(一)	9.3	71	佐賀	鹿島市浜庄津町浜金屋町	港町・在郷町	(三)	2.0
29	岐阜	恵那市岩村町本通り	商家町	(三)	14.6	72	佐賀	鹿島市浜中町八本木宿	醸造町	(三)	6.7
30	岐阜	白川村荻町	山村集落	(三)	45.6	73	長崎	長崎市東山手	港町	(三)	7.5
31	三重	亀山市関宿	宿場町	(三)	25.0	74	長崎	長崎市南山手	港町	(三)	17.0
32	滋賀	大津市坂本	里坊群・門前町	(三)	28.7	75	長崎	雲仙市神代小路	武家町	(三)	9.8
33	滋賀	近江八幡市八幡	商家町	(三)	13.1	76	長崎	平戸市大島村神浦	港町	(三)	21.2
34	滋賀	東近江市五個荘金堂	農村集落	(三)	32.2	77	大分	日田市豆田町	商家町	(二)	10.7
35	京都	京都市上賀茂	社家町	(三)	2.7	78	宮崎	日南市飫肥	武家町	(三)	19.8
36	京都	京都市産寧坂	門前町	(三)	8.2	79	宮崎	日向市美々津	港町	(三)	7.2
37	京都	京都市祇園新橋	茶屋町	(一)	1.4	80	宮崎	椎葉村十根川	山村集落	(三)	39.9
38	京都	京都市嵯峨鳥居本	門前町	(三)	2.6	81	鹿児島	出水市出水麓	武家町	(三)	43.8
39	京都	南丹市美山町北	山村集落	(三)	127.5	82	鹿児島	南九州市知覧	武家町	(三)	18.6
40	京都	与謝野町加悦	製織町	(二)	12.0	83	鹿児島	薩摩川内市入来麓	武家町	(三)	19.2
41	京都	伊根町伊根浦	漁村	(三)	310.2	84	沖縄	渡名喜村渡名喜島	島の農村集落	(二)	21.4
42	大阪	富田林市富田林	寺内町・在郷町	(三)	11.2	85	沖縄	竹富町竹富島	島の農村集落	(三)	38.3
43	兵庫	神戸市北野町山本通	港町	(一)	9.3						

＊重要伝統的建造物群保存地区選定基準（昭和 50 年 11 月 20 日文部省告示第 157 号）
伝統的建造物群保存地区を形成している区域のうち次の各号の一に該当するもの
（一）伝統的建造物群が全体として意匠的に優秀なもの
（二）伝統的建造物群及び地割がよく旧態を保持しているもの
（三）伝統的建造物群及びその周囲の環境が地域的特色を顕著に示しているもの

として位置づけ，周囲の植生や水路や道路などの環境も一体として面的に保全することが謳われている．

3）伝建地区制度の概要

それまでの指定文化財と異なり，市町村みずから伝建地区の範囲，保存事業を計画的に進めるための保存計画，それらを担保する条例を決定する．国は市町村の申し出を受けて，わが国にとって価値が高いと判断したものを重要伝統的建造物群保存地区（以下，重伝建地区）に選定するという手法をとっている（表 9.1）．選定されれば，修理・修景事業や防災事業に国からの補助を受けることができる．伝統家屋は外観保存が基本で，内部の改変は認められている．つまり，町並みは人々が生活し今後も住みつづけていくことが本来の姿であり，居住環境向上のための改変と地域の実情に応じた保存計画の策定を認めている．伝建制度では伝統的建造物を主として外観を維持するために

表 9.2 重要文化的景観一覧，2009 年 7 月現在（文化庁の資料より作成）

番号	名称	所在地	選定年月日
1	近江八幡の水郷	滋賀県近江八幡市	2006 年 1 月
2	一関 本寺の農村景観	岩手県一関市	2006 年 7 月
3	アイヌの伝統と近代開拓による沙流川流域の文化的景観	北海道沙流郡平取町	2007 年 7 月
4	遊子水荷浦の段畑	愛媛県宇和島市	2007 年 7 月
5	遠野 荒川高原牧場	岩手県遠野市	2008 年 3 月
6	高島市海津・西浜・知内の水辺景観	滋賀県高島市	2008 年 3 月
7	小鹿田焼の里	大分県日田市	2008 年 3 月
8	蕨野の棚田	佐賀県唐津市	2008 年 7 月
9	通潤用水と白糸台地の棚田景観	熊本県上益城郡山都町	2008 年 7 月
10	宇治の文化的景観	京都府宇治市	2009 年 2 月
11	四万十川流域の文化的景観 源流域の山村	高知県高岡郡津野町	2009 年 2 月
12	四万十川流域の文化的景観 上流域の山村と棚田	高知県高岡郡梼原町	2009 年 2 月
13	四万十川流域の文化的景観 上流域の農山村と流通・往来	高知県高岡郡中土佐町	2009 年 2 月
14	四万十川流域の文化的景観 中流域の農山村と流通・往来	高知県高岡郡四万十町	2009 年 2 月
15	四万十川流域の文化的景観 下流域の生業と流通・往来	高知県四万十市	2009 年 2 月

復原や修繕することを修理と呼び，伝統的建造物以外の建造物を歴史的風致と調和するように新築・増築・改築・移転することを修景と呼んでいる．この修理と修景により，伝統的景観を維持していく．

これらのことが，後述するように住民主体で進められるため，伝建地区制度は単に文化財を保護するだけではなく，歴史的町並みの保存に特化したまちづくりを支援する制度として位置づけることができる．これは最も活用されている歴史的町並みを保全する制度で，2009 年 8 月現在では全国で 85 地区が重伝建地区に選定されている．

4）伝建地区制度によるまちづくりの特徴

近年では歴史的環境保全のまちづくりを支援する事業として国土交通省系の「街なみ環境整備事業」を始め，農林水産省系などのさまざまな補助事業があるが，これらと比較して伝建地区制度の特徴として以下のことが挙げられる．

① 将来にわたる補助事業

家屋の修理・修景への補助事業が時限的でなく，将来にわたり制度による事業が続いていく．100 年後あるいはもっと先の地域の将来像を描き，それに向けたまちづくりを展開することが可能となる．町並みの整備事業をどのように行っていくかを具体的に策定するのが「保存計画」で，地域の歴史的環境を保全するためのマスタープランとして位置づけられる．

② 現状変更行為はすべて許可制

保存地区においては建造物の撤去や修理および新築などのすべての景観に関する変更（現状変更）が許可制である．将来にわたり町並みが保全されるためには，伝統的建造物だけでなく，それ以外の建造物の増改築や新築にも一定の規制がかけられることとなる．内容については，住民と行政が協議を行い周知した上で，保存計画に盛り込まれることになる．

③ 住民主体の保存計画の策定と運営

伝建地区では前述のように人々が生活しつづけることが前提となるので，保存計画策定などの重伝建選定に至るまでのプロセスやその後のまちづくりも住民主体であることが前提となる．

9.5 文化的景観

9.5.1 文化的景観とは

世界遺産委員会では 1992 年に「文化的景観」を「自然と人間との共同作品」として文化遺産の 1 つとして位置づけた．ぶどう畑やコーヒー園などの農地や，庭園，信仰の対象である自然景観などが登録されている．日本でもこの流れを受けて，2005 年に文化財保護法の一部改正により「文化的景観」が施行された（表 9.2）．文化的景観は「地域における人々の生活又は生業及び当該地域の風土により形成された景観地で我が国民の生活又は生業の理解のため欠くことのできないもの」と定義されている．

人々の生活・生業に根ざした棚田や里山，河川，

湖沼などの景観が，文化的景観として評価されるに至ったのである．地域の重要な文化遺産として次世代へ継承していく手法がまた1つ増えたことになる．その後，都市で展開する第2次産業や第3次産業によって形成されたものも保護の必要性が高まり，文化庁は「採掘・製造，流通・往来および居住に関連する文化的景観の調査研究」を実施し2008年に中間報告を発表した．

9.5.2　文化的景観と景観法との関連

伝建制度と同様に文化的景観の中でも文化財としての価値が特に重要なものについて，都道府県または市町村の申出に基づき，国が「重要文化的景観」として選定する．ただし，伝建制度と異なり，景観法に基づく景観計画区域あるいは景観地区内に文化的景観が位置づけられていることが前提となる．選定されれば都道府県または市町村が行う文化的景観の修理・修景・復旧・防災などの事業に国からの補助を受けることができる．現在15地区が重要文化的景観に選定されている．2008年までに選定された9地区は，窯業を中心とする「小鹿田焼の里」を除けば，棚田や水辺などの農林水産業によって形成された景観である．その後前述の調査研究の成果を受けて，2009年に初めて都市に関する重要文化的景観として宇治の文化的景観が，また流通・往来に関する事例として四万十川流域の文化的景観が選定された．今後は採石場や加工・製造施設などの産業が集積した地域，景観が歴史的・社会的に重層している地域も重要文化的景観として選定されることになる．

9.6　歴史まちづくり法

9.6.1　背　　景

伝建地区や文化的景観地区のように文化財保護法で護られている地区を除けば，貴重であっても何の手立てもないままに文化遺産が失われているのも事実である．また歴史的環境を保全するには文化財指定建造物や伝建地区などの周辺の環境整備の必要性も認識されてきた．景観法や都市計画法は規制が中心であり，歴史的資産を活用したまちづくりへの支援措置がないことから，2008年に「歴史まちづくり法（正式名称は，地域における歴史的風致の維持及び向上に関する法律）」が制定された．

9.6.2　歴史まちづくり法の概要

この法は，文化財行政（文化庁）とまちづくり行政（国土交通省，農林水産省）が連携して提出した事業法で，「地域におけるその固有の歴史及び伝統を反映した人々の活動とその活動が行われる歴史上価値の高い建造物及びその周辺の市街地とが一体となって形成してきた良好な市街地の環境」を「歴史的風致」と定義し，この貴重な資産である歴史的風致の維持・向上のためのまちづくりを推進する市町村の取り組みを国が積極的に支援することが謳われている．これにより，市町村で区域の歴史的風致の維持・向上に関する方針，重点区域の位置及び区域，具体的な施策などを定めた歴史的風致維持向上計画を国へ申請し，認定されれば歴史的建造物の修理や電線地中化の促進などの町並み整備に，歴史的環境形成総合支援事業やまちづくり交付金，街なみ環境整備事業などの支援を受けることができる．また，さまざまな法律上の特例措置が適用される．国の都市政策が，歴史と文化を重視したものに主軸を移したことを意味している．

9.6.3　対象となる市町村

重点区域には核となる重要文化財建造物など（重要文化財，有形民俗文化財，史跡名勝天然記念物として指定された建造物）や伝建地区が含まれることが要件となっていることから，これらの文化財を所有しない市町村は支援の対象外となる．市町村は歴史と文化を護る整備方針をもち，それに沿ったさまざまな事業を使いこなす力量が求められている．

2009年7月末までに萩市や金沢市，山鹿市などの11市町の歴史的風致維持向上計画が認定された．

9.7　歴史的環境保全のまちづくり事例

歴史的環境保全のまちづくりを行っている地区

を以下に紹介する．文化的景観制度は施行されて日が浅く事例が少ないため，ここでは伝建地区制度を用いてまちづくりを展開している異なる性格の3地区を取り上げる．

9.7.1 八女市八女福島伝建地区（福岡県）

1) 町並みの特徴

福岡県南部に位置する八女市福島は，江戸時代初めに城下町として地割りが行われたが十数年で廃城となり，城下町としての構成を残しつつも旧往還道沿いの町場が在方町として発展し，白壁土蔵入母屋造りの町家に代表される町並みが形成された（図9.17）．この町並みで提灯や仏壇などの手工業が産業基盤として発展し，いまなお伝統的町家を工場として受け継ぐものもある．町並みの西側半分がこれら伝統産業の職人町，東側半分が農産物の加工品や日用品の店舗が並ぶ商家町であった．

図9.17 ぼんぼり祭時の八女福島の町並み

2) 町並み保存活動の契機

戦後の高度経済成長期には地区の北側を走る国道沿いへ中心商店街としての機能は移っていった．1991年の台風による甚大な被害後に，修理もされずに無残な姿をさらしている伝統家屋や，家屋撤去後の空き地が目立つようになり，住民も行政も地域の衰退を目の当たりにし危機感を募らせた．住民と行政はともに真剣に町並み整備について検討を行い，1993年に旧建設省の「街なみ環境整備事業」を導入するための調査を行い，町並みを整備する事業が開始された．

3) 伝建制度導入

しかし修理や新築修景への補助用件が和風であればよいという程度であったため，次第に八女福島の特性をなくすものとなった．住民もそのことを認識し，八女福島の様式に則った本物の町並みを保全することが志向され，より規制の厳しい伝建制度導入が検討された．2002年に旧往還道沿いの19.8haが重伝建地区として選定された．伝統家屋の修理には伝建制度を，それ以外の家屋の修景および街灯設置などの生活環境整備には「街なみ環境整備事業」をと両事業を活用した町並み整備が実施されている．

4) 観光活動の開始

個性的な町並みがよみがえることにより徐々に観光客が増えはじめると，町並みが観光資源となることが認識され，おひなさまを町家に飾る「ぼんぼり祭」などの新しいイベントも誕生した．少しずつではあるが，伝統家屋を利用した店舗が増え，修理された空き家に住民が戻るなど，町が活性化してきている．まちづくり団体の活動も活発で，町並み整備の推進を行う団体や，伝統家屋の修理・修景の相談にのり設計を行うNPO，ボランティアガイドの会，イベントの企画・運営を行う団体，空き家を所有者に代わって修理再生し賃貸するNPOなどの多様な団体が協力体制を築いている．

9.7.2 日田市豆田町伝建地区（大分県）

1) 町並みの特徴

九州の中央に位置し交通の要衝であった日田は天領として栄え，陣屋膝下の豆田町は幕府の公金を扱う掛屋を中心とした商家町として栄えた（図9.18）．2本の大通りとそれを結ぶ数本の横道に商家が並ぶ10.7haが重伝建地区に選定されている．町並みは江戸期の平入り土蔵造町家，明治期の妻入り土蔵造町家，寄棟や切妻の真壁造り町家，洋風要素を取り入れた町家など，多彩な伝統家屋により構成されている．

2) まちづくりの経緯

豆田町は昭和40年代までは商業の中心地であったが，昭和49年（1974年）より始まる駅前の区画整理により，商業の中心が駅前商店街へ移り，

図 9.18 豆田の町並みで繰り広げられる祇園祭

地域は衰退していった．これを憂う地元商店会とUターン者を中心に 1975 年頃からまちづくりが開始された．地域活性化について検討がなされた結果，文化遺産である町並みを活用するしか手立てがないという結論に達し，1979 年に天領時代の西国筋郡代着任行列を再現した「天領祭」を開始し，1982 年には初めて町家を再生した喫茶店が開かれた．同時に県の指定文化財となっている旧掛屋でも江戸時代の雛人形を公開するイベントを始めた．その後は，江戸時代の著名な儒学者広瀬淡窓の生家を民間運営の資料館として開館するなど，町家の活用が広がり観光客が増加した．

3）伝統祭事の復活

町が活性化してくると戦後途絶えていた伝統祭事の祇園祭を復活させようとする運動が興り，1986 年から町内会ごとに徐々に祇園祭が再開された．常時バスツアーが組まれるなど年間約 50 万人の客が訪れる観光地へと発展した．

4）市の景観条例と伝建制度導入

日田市も住民の活動を支援するために「豆田地区町並み保存事業資金融資要項」を施行し，家屋の修理・修景に補助金を交付するようになった．当初日田市では市の景観条例により歴史的環境を保全する意向であったが，伝統家屋が観光客目当ての店舗に改変され，貴重な文化資源であり観光資源でもある個性的な町並みが徐々に失われ，平成になるとそれが顕著に現れてきた．これを危惧した住民と行政は，本物を残すことの重要性を認識し，2004 年に重伝建選定へと舵をきった．

5）伝統工法の継承

本物の町並みを残すために設計士や大工，左官などの建築技術者で「本物の伝統を残す会」が組織された．この会では建設時期にふさわしい瓦で屋根葺き替えを行い，土壁も伝統に則って再現するなど，様式だけでなく技術の伝承にも力を入れている．

9.7.3 竹富町竹富島伝建地区（沖縄県）

1）町並みの特徴

亜熱帯の八重山諸島にある竹富島は，石垣島の南西約 4km に位置する．面積 5.4km^2，外周約 9km の琉球石灰岩よりなる楕円形の平坦な島である．中心部に 3 つの集落がまとまって位置し，その周囲を樹林地，農地，保安林，砂浜が同心円状に取り囲む（図 9.19）．赤瓦の伝統家屋とその屋敷を囲むサンゴ石野面積みの石垣や白砂の道が個性的な景観を形成しており，3 つの集落の範囲 38.3ha が伝建地区となっている．

2）観光地形成と竹富島憲章による町並み保存

ブーゲンビリアやハイビスカスが石垣越しに咲きほこる南国情緒あふれる赤瓦の町並みや，サンゴ礁のビーチを目的に大勢の観光客が訪れる．

図 9.19 竹富島の集落景観（大森文彦撮影）

2008年度の入込客数は年間467,740人，1日平均1281人と島の人口341人の約4倍にもなる．郷土芸能が豊かな竹富島の最大の伝統祭事である種子取祭（国指定重要無形民俗文化財）には，帰省客も含め一日延べ約2000人が訪れる．

竹富島が観光地として注目され観光客が増えはじめるのは1972年の沖縄の本土復帰からである．その観光客目当てに外部資本の土地買い占めが始まり，危機を感じた住民により町並み保存運動が繰り広げられ，リゾート開発から島を護るために1987年に重伝建地区の選定を受けた．竹富島憲章には「売らない，汚さない，乱さない，壊さない，生かす」の保全優先の理念が謳われている．

3）観光による地域活性化

選定時の人口は325人で，その後も減少は続いていたが，1992年の252人を境に増加に転じ，2009年春には341人となるなど，人口が増加しているまれな離島である．これも島の歴史・文化である町並みや祭りを保存・継承し，それを観光資源として活用したまちづくりの成果である．観光地化により水牛車や民宿経営などの雇用を生み出し若者のUターンを可能にした．

9.8 観光資源としての活用

9.8.1 地域活性化の期待

歴史的資産を活用したまちづくりを支援する制度ができた背景には，地域資源を生かした観光による地域活性化が期待されている．バブル期までは町並み保存は地域の発展を阻むものであり，保存か開発かという対立的視点でとらえられることが多かった．ところがバブル崩壊後から町並みなどの地域資源を生かしたまちづくりも地域再生の一手法として認められてきた．

9.8.2 歴史的町並みを生かした観光

町並みなどの生活空間に客を招き入れる観光は，文化財としての価値を維持しながら生活環境を整備し，町並みを観光資源として生かすまちづくりをめざすことになる．観光資源として活用する際に，個々の伝統家屋の様式を無視した安易な修理や修景がその町の個性を失わせ，どこにでもある書割的な景観になり魅力をなくしている例も多い．ていねいな履歴調査により見出された町並みの価値を失わない景観整備が必要である．

歴史や風土，文化などの個性を具現化している歴史的町並みは国内のみならず国外からの観光客を惹きつける魅力をもっている．それを支援するために「歴史まちづくり法」とともに「観光圏整備法」も成立した．これは隣接する地方自治体が連携して観光地形成をするための計画を作成し，国はその実現を支援し，国内外からの観光客増加をめざすものである．このような制度を地域が主体となって活用し，持続可能な観光まちづくりを進めることが期待されている．

9.8.3 観光まちづくりの具体的な展開

文化遺産を生かした観光まちづくりにおいては，まず行政や住民が文化遺産の価値を共有し，地域が主体的に観光活動を展開しないと，一過性の観光地になってしまうおそれがある．具体的には以下のような活動が考えられる．

① 潜在している文化遺産を発見し，既存のものも含めて新たに価値づけを行い，住民と行政でその価値を共有する．

② 文化遺産の中から外部へ観光資源として公開するものを選択し，整備を行う．

③ 整備した観光資源を用いてテーマに沿った見学ルートを設定する．例えば江戸時代の歴史トレイル，伝統家屋トレイル，手仕事めぐりトレイルなど．

④ 地域の歴史や観光資源について説明できるインタープリター（町並み案内ガイドなど）を育成するシステムを構築する．常に新しく正しい情報を提供できるように研修制度を充実させる．

⑤ 観光資源や祭，観光ルート，観光利便施設を紹介したパンフレットやマップ，ホームページを作成し，マスコミや旅行誌などを通じて宣伝に努める．

⑥ 来訪者用の駐車場や公衆便所，休憩所，飲食店などの観光利便施設を適切な位置に整備する．その中でもアクセスが容易な場所に観光情報を発信する拠点施設を設ける．その施設では地域の歴史や観光情報を来訪者に提供するとともに，休憩所や展示場，集会場，ボランティアガイドの待機場所としての機能を備える．来訪者の相談にのり，要望や動向を把握することのできる常駐の職員を配置し，良質の観光地へ展開できるシステムを構築する．歴史的町並みでは，伝統家屋を利用して観光拠点施設とし，NPOがその管理運営を行っていることが多い．

⑦ 歴史的風致を案内板や看板が阻害することがないように地区内全体のサイン計画を行い，観光ルートの案内板や施設の表示板などは統一したデザインにする．パンフレットやマップを活用することにより案内板をできるだけ少なくするシステムを構築する．

以上のことを地域主体で実施するには，観光プランを企画し外部へ宣伝を行い望む客層を誘致する地域の立場に立ったプロデューサーが必要となる．地元観光協会や行政内部あるいはNPOがその役を担っている地区もある．いずれにしても地域の実情に通じ，コーディネート能力の高い人材を配置することが望まれる．

■参考文献

1) 篠原　修編：景観用語事典，彰国社（1998）．
2) 萩島　哲：都市風景画を読む―19世紀ヨーロッパ印象派の都市景観―，九州大学出版会（2002）．
3) 九州大学大学院人間環境学研究院出口研究室：矢部川流域景観テーマ協定，筑後田園都市推進評議会（2008）．
4) 日本建築学会編：まちづくり教科書 第8巻 景観まちづくり，丸善（2005）．
5) 久留米市：久留米市景観計画素案（2009）．
6) 九州芸術工科大学環境研究室，都市環境建築室編：竹富島の集落と民家，沖縄県八重山郡竹富町教育委員会（2000）．
7) 九州芸術工科大学西山研究室編：筑後吉井修理・修景マニュアル，吉井町教育委員会（2000）．
8) 西村幸夫：環境保全と景観創造，鹿島出版会（1997）．
9) 西村幸夫：都市保全計画，東京大学出版会（2004）．
10) 西山徳明編：国立民族学博物館調査報告51 文化遺産マネジメントとツーリズムの現状と課題，国立民族学博物館（2004）．
11) 大河直躬編：都市の歴史とまちづくり，学芸出版社（1995）．
12) 大河直躬編：歴史的遺産の保存・活用とまちづくり，学芸出版社（1997）．
13) 鈴木地平：採掘・製造，流通・往来および居住に関連する文化的景観の保護について，月刊文化財，8月号，pp.39-46（2009）．

10. 都市の環境計画と緑地・オープンスペース計画

10.1 都市の環境計画

環境の時代といわれて久しいが，都市計画の分野も例外ではない．本章で扱う，広くは地球環境から，狭くは居住環境まで含めたわれわれの取り巻く「環境」，さらにはその「環境」を形成する重要な要素である緑地やオープンスペースの役割・意義を理解することは，これからの都市や農村を含めた包括的な持続可能性を追求する上で重要である．

10.1.1 環境問題

持続可能な都市・地域環境や自然環境を形成する上で，ローカルな取り組みはもとより，グローバルな視点での取り組みも欠かすことができない．環境問題とは，居住環境，地域環境，都市環境，自然環境，地球環境といった幾層にもわたるレイヤーで構成され，それぞれが影響を及ぼしあっている（図10.1）．

わが国は，1960年代から70年代にかけ，急激な経済成長と「モノ」の豊かさを手に入れる代償に，公害などの人の健康に直接影響を及ぼす環境問題に直面することとなった．その後，社会は環境に対して目を向けはじめ，地球環境時代ともいうべき持続可能な環境の形成へ向けた取り組みが世界的に起こるようになる．このような中，地球

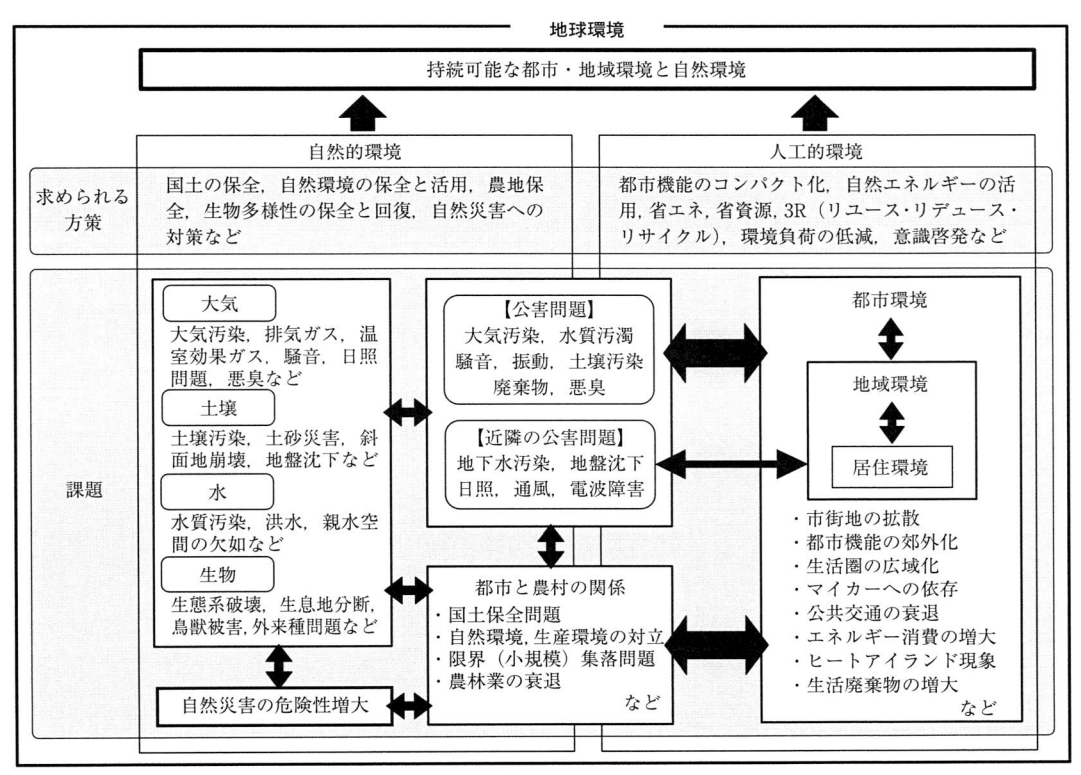

図10.1 都市と自然の環境問題と相互関連

温暖化防止京都会議（1997）にて議決された京都議定書では，2008年から2012年の間に温室効果ガスの削減目標（先進国全体で少なくとも5％削減をめざす）を設定し，各国が数値目標達成に取り組みを進めている．しかし，すでに政府，企業レベルでの対策は限界がきているともいわれ，国民ひとりひとりの取り組みが重要な段階にきている．かつて日本が経験した公害問題を発展途上国が経験し，急速な都市化とあいまって，大気汚染など国境を越え，一国にとどまらない世界規模の問題となっている．日本における近年のゲリラ豪雨に代表される異常気象も，地球温暖化の影響が大きいとされる．さらに，このような急激な気候や環境の変化は，生態系にも大きな影響を及ぼしているのである．

このように，環境問題とはスケールこそ違え，それぞれが密接に関連している．日本においては，地球環境問題の対応として，① 地球温暖化対策（都市緑化などを推進），② ヒートアイランド対策（緑化地域制度などの創設），③ 生物多様性対策（生物多様性を支える樹林地の確保など）を施策として打ち出している[1]．

10.1.2　エコロジカルデザイン

シム・ヴァンダーリン（カリフォルニア大学名誉教授）は，「エコロジカルデザインとは，自然のプロセスと統合することにより，環境への破壊的影響を最小化するすべてのデザイン形態」と定義している[2]．自然のプロセスとは，いわば生態系（エコシステム）そのものである．われわれが生きていくために必要不可欠な空気，水などの自然が作り出す「資源」，そして自然を利用し，生産されることにより得られる「食料資源」は，このエコシステムの上に成り立っている．このエコシステムをいかに保全していくかにおいて，自然的環境では国土の保全をはじめとした自然環境の維持など，人工的環境では都市機能のコンパクト化，自然エネルギーの活用などの取り組みが挙げられる（図10.1）．このような取り組みが，最終的には持続可能な都市・地域環境と自然環境の形成につながっている．この諸課題への取り組みや一連の流れこそがエコロジカルデザインであり，都市計画と深くかかわっているのである．

そこで，都市計画におけるエコロジカルデザインで重要な都市と農村の関係をみてみる．農村は食料供給の場としてだけでなく，自然の重要性や価値を見出す場としての役割，都市の気候を緩和する環境制御的機能，防災的機能なども有している．したがって，都市と農村の良好な関係を保つことも，都市の環境計画における大きな柱の1つであり，これはすなわち，自然のプロセスと都市空間との統合を意味している．

次に，われわれの都市活動と環境への影響を考えてみる．OECDにおいて，「環境効率（eco-efficiency）」と呼ばれる考え方が検討されている．この指標は建築にかかわるすべてのプロセスにおける「環境負荷」と，建築や都市の快適性，安全性などの「生活の質」をもとに，環境効率を以下の定義式により表そうとするものである[2]．

$$環境効率 = \frac{生活の質（アウトプット）}{環境負荷（インプット）}$$

生活の質や環境負荷をどのように指標化するかは検討の余地があるとされているが，生活の質を上げると同時に，環境負荷を低減させていくことが環境効率を上げることになるという明快な考え方は，エコロジカルデザインに通じるものであることは容易に理解できよう．

以上のような課題とそれに対応する環境計画は，国民ひとりひとりの意識改革の上に成り立っており，環境教育の重要性がよりいっそう高まっている．

10.1.3　環境基本法と環境基本計画

このような環境問題に対する包括的な取り組みを進めるために，国は平成6年（同12年に見直し）に環境基本計画を策定した．この環境基本計画策定の根拠法は環境基本法（以下，環基法）である．同法は環境保全に関する諸計画と密接に関連しているため，国および地方自治体の定める環境基本計画は，まさしく"環境のマスタープラン"ともいえる計画である．なお，市町村における環

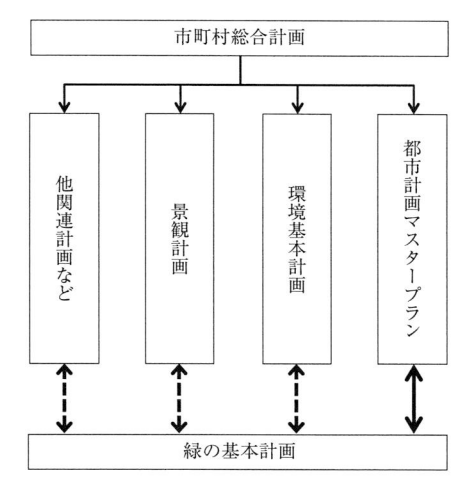

図10.2 環境基本計画と緑の基本計画の位置づけ

表10.1 環境基本計画の内容[3]

項目	内容
(1) 基本的事項	背景や目的，計画の役割と位置づけ，対象地域，計画期間について示す．
(2) 現状と課題	環境に対する認識，自然環境，快適環境，生活環境，地球環境について示す．
(3) 基本理念と環境像	現状と課題をふまえて，環境基本計画の体系を示す．さらに基本理念，望ましい環境像，基本方針，環境目標について示す．
(4) 各主体の取り組み	基本方針とその環境目標に即し，基本施策を示す．さらに，事業・制度ならびにその内容と担当部署を示し，市民と事業者の役割や取り組みについて示す．
(5) 地球温暖化防止対策	地球温暖化防止への取り組みやその効果，緑の保全についての取り組みを示す．
(6) 環境配慮方針	公共事業をはじめとした各種事業における環境配慮事項，共通の環境配慮事項などを示す．
(7) 計画の推進	計画の推進に関する体制などを示す．
(8) その他	資料，策定の経緯など．

境基本計画の位置づけは図10.2のようになる．

環基法は，環境の保全について，基本理念と環境の保全に関する施策の基本となる事項を定め，環境保全に関する施策を総合的かつ計画的に推進することを目的としている．環基法第15条において，環境基本計画は「環境の保全に関する施策の総合的かつ計画的な推進を図る計画」とされている．地方自治体の施策については，同第36条において，国の施策に準じた施策およびその他の環境の保全のために必要な施策を，総合的かつ計画的な推進を図りつつ実施すると規定されている．表10.1は大分市における環境基本計画に示されている内容である．

10.2 都市の緑地・オープンスペース計画

公園，そして緑地はわれわれの最も身近にある「環境」の1つである．緑は水際と同様に，都市にとって重要な資源である．緑やオープンスペースのもつ多様な機能や，それらが発揮する浄化作用など，われわれが健康にかつ安全に生活する上で重要な役割を果たしていることはいうまでもない．

10.2.1 緑地とオープンスペースの歴史

まず，緑地やオープンスペースとの関係を強く連想させられるのが，E. ハワードの田園都市（1898年）を具現化したレッチワース（1903年）（図10.3）やウェルウィン（1920年）である．さらに，近隣住区（C.A. ペリー，1929年），ラドバーン（H. ライト・C. スタイン，1928年）においても緑豊かな居住環境の形成が意識されている．近隣住区論ではレクリエーションと公園に供する面積を計画区域の10％程度あてることとされている．さらに，都市拡大の抑制を実現しようとした計画として，大ロンドン計画（アーバークロンビー，1944年）による周囲に約10kmの幅をもったグリーンベルト構想が挙げられる．グリーンベルトはオープンランド（農村域の土地）を開発圧

図10.3 レッチワースのビレッジグリーン

力から守る重要な役割を果たした．一方，フランス・パリにおいては，ブローニュの森が都心における市民の日常的な自然とふれあう機会を提供するなどの役割を担っている．

日本においては，1900年代前半にオープンスペースの用語が「非建ぺい地」に翻訳され，公園と同義語とみなされたとしている[4]．日本における緑地とオープンスペースの定義は明確にされておらず，ほぼ同義語として扱われている．本章では，緑地とは広義には公園やオープンスペースを含む面的な拡がり，さらに狭義には植物に覆われた土壌や水面（緑被地）を意味するものとする．

10.2.2 今日的課題

都市環境の課題として代表的なものがヒートアイランド現象である．ヒートアイランド現象は，都市化や緑地減少，人工熱の放出，大気汚染などにより，市街地部の気温が周辺部，郊外部と比べて高くなっている現象を指す．このヒートアイランド現象は，特に夏期にはエアコンによる電気使用量を増大させ，エネルギーの浪費につながり，悪循環を生み出している．

コンパクトな都市構造を実現するためには，環境を十分に配慮した機能配置が求められ，その中で緑地は，居住地と道路，商業業務集積地，工場群などの都市的あるいは産業的機能との緩衝的な役割を担っている．したがって，緑そのもの，そしてそれが群を成して形成される緑地やオープンスペースの役割，存在意義はさらに増している．

10.2.3 都市緑地法と緑の基本計画

ここでは，都市における緑地やオープンスペースの保全，整備に関する法制度および計画について整理する．

緑の基本計画策定の根拠法となるのが都市緑地法（旧都市緑地保全法，以下，都緑法）である．都緑法は，都市における緑地の保全および緑化の推進に関し必要な事項を定め，良好な都市環境の形成を図ること目的としている．特にこの緑の基本計画については，都市計画マスタープランとの整合性が図られることが重要である（図10.2参照）．さらに，緑地は都市景観の一部をなすことからも，景観計画との調整，整合性も求められる．

a．緑の基本計画

緑の基本計画は，正式には「緑地の保全及び緑化の推進に関する基本計画」と呼ばれる（都緑法第2章）．緑の基本計画に定める事項は，緑地の保全および緑化の目標などを含め，項目および構成は表10.2のようになる．

まず，緑の将来像などの基本理念，整備目標などに続き，緑のもつ機能に着目し，①環境保全機能，②防災機能，③レクリエーション機能，④景観機能，さらに都市によっては地域の特徴を出すために，歴史や風土などの機能も加えられる[5]．これらの役割に基づき，大分市の事例（図10.4）のような総合的な緑の配置方針図を空間化し，施策が示される．そしてこの都市全体の総合的な緑の配置方針に加え，地区別のミクロスケールな配置方針を定めることになる．

さらに，緑の保全や維持に関する施策についてふれ，その体制や活動方針など，緑の保全地区（特別緑地保全地区など）に関する事項，緑化推進に関する事項など，それぞれ整合性を保ちつつ示すことになる．

b．緑地保全地域，特別緑地保全地区など

さらに，都市計画区域または準都市計画区域内の緑地においては「緑地保全地域」（都緑法第3章第1節）を，都市計画区域内においては「特別緑地保全地区」（同第3章第2節）を，都市計画区域内の用途地域が定められた土地の区域には「緑化地域」（同第4章第1節）をそれぞれ都市計画に定めることができる．これら3つの地域および地区

表10.2 緑の基本計画に定める事項

1. 緑地の保全及び緑化の目標
2. 緑地の保全及び緑化の推進のための施策に関する事項
3. 次に掲げる事項のうち必要なもの
   1) 都市公園の整備の方針その他保全すべき緑地の確保及び緑化の推進の方針に関する事項
   2) 特別緑地保全地区内の緑地の保全に関する事項
   3) 緑地保全地域及び特別緑地保全地区以外の区域において，重点的に緑地の保全に配慮を加えるべき地区等に関する事項
   4) 緑化地域における緑化の推進に関する事項
   5) 緑化地域以外の区域で，重点的に緑化の推進に配慮を加えるべき地区等に関する事項

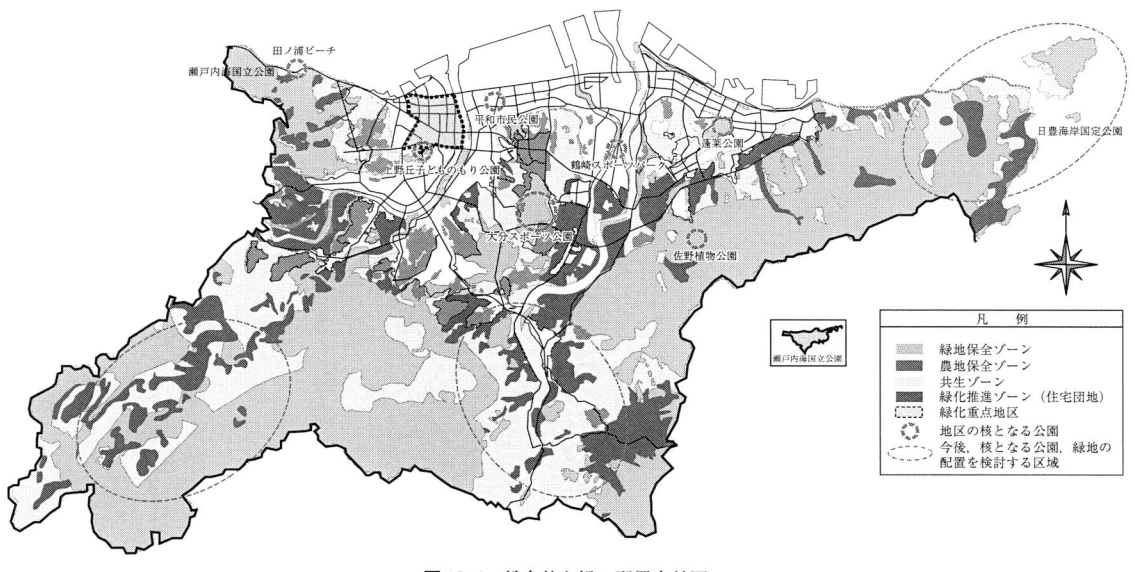

図10.4 総合的な緑の配置方針図
文献[6]を一部加工.

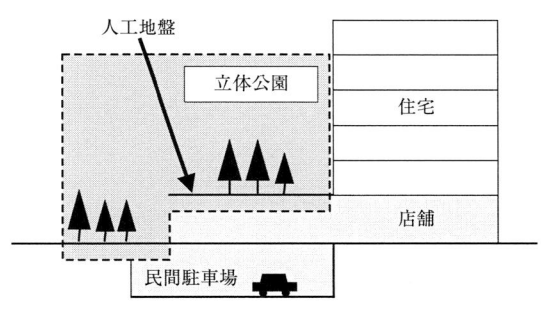

図10.5 立体都市公園制度のイメージ[1]

は，都計法第8条に定められている地域地区の1つである．また，都緑法においてはその他に緑地協定（同第5章），市民緑地（同第6章）などを定めている．

10.2.4 景観緑三法と緑の景観

景観緑三法とは，景観法，景観法の施行に伴う関係法律の整備等に関する法律，都市緑地保全法等（都緑法）の一部を改正する法律の3つの法律を指す．都緑法改正の概要としては，緑の基本計画の記載事項を拡充し，緑地の保全・緑化と都市公園の整備を総合的に推進すること，緑地保全地域制度，緑化地域制度の創設の他，地区計画の活用，立体都市公園制度の創設などが挙げられる．これらは美しい都市景観の形成の取り組みを支援するために制定されたものであり，都市の潤いやレクリエーション機能など多様な効果を発揮する緑地とオープンスペースを確保するという観点から，敷地内の緑化を義務づける緑化地域制度，立体都市公園制度（図10.5）などの活用が大いに期待される．

10.3 緑　　地

緑地，公園，レクリエーションなどのスペース，田畑などの生産的な要素の意味も含まれるが，ここでは狭義の緑地，すなわち緑地を形成する樹木や植物などが一体的に形成されたときに果たす役割や機能について整理する．また，緑地の制度的な側面からの分類も行う．

10.3.1 緑のもつ役割・機能

表10.3は緑やオープンスペースのもつ役割や機能を整理したものである．ここでは大きく5つに分類し整理をしてみる．

a. 環境保全機能

まず動植物などの生息域を保全する「生物多様性保全」の役割が大きい．これは水環境とのつながりもあり，水質保全の役割も担っている．さらに，ヒートアイランド現象の緩和に寄与する気温調節，植物のもつCO_2の吸収・固定化や大気を浄化する作用は，自然環境の保全のみならず都市・

表 10.3 緑やオープンスペースのもつ機能[7]

環境保全機能	生物多様性・生態系保全 気温調節・熱環境改善 大気浄化 都市形態規制 防風・防音・防塵
防災機能	防災拠点・避難拠点 洪水調整 延焼防止 傾斜地保全
レクリエーション機能	運動・遊戯スペース 健康増進・休養・慰楽 騒音緩和 教育・学習
景観機能	観賞・観察 都市形態認識 修景
その他の機能	歴史・文化・風土 経済（農産物生産・水運・エネルギー供給・商業娯楽施設）

居住環境に大きな影響を及ぼしている．例えば建物の壁面や屋上が緑化されることで省エネルギーに寄与でき，防災機能との関係では防風，沿道においては騒音低減化の役割も果たしている．

b. 防災機能

公園やオープンスペースは災害時に避難場所・拠点として利用される．また，樹木は火災時の延焼防止機能を有しており，公園に配されている樹木，街路樹がその役割を担う．傾斜地ではそのものの保全はもとより，土砂災害防止にも寄与している．さらに，治山治水と呼ばれるように，古来より田畑は洪水時の遊水地として洪水調節の役割を果たしてきた．水害を軽減するための農地の整備，保全の取り組みは今後も重要である．

c. レクリエーション機能

公園，レクリエーションスペースは，市民の運動，遊び，憩いの場としての役割を有している．特に公園は，市民にとって最も身近な空間であると同時に，都市・居住環境に潤いを与え心を和ませる重要な機能である．さらに，自然と親しみ，学ぶ役割（教育的効果）もある．

d. 景観機能

緑地やオープンスペースは，自然的景観，都市的景観，歴史的景観を形成する機能を有している．とりわけ，都市においては，緑地や街路樹が景観に果たす役割は大きく，町並みに潤いを与えると同時に，まちの統一感を出す役割を担っている．また，これら緑地や街路樹のボリューム感，それらが醸し出す季節感や色彩感などにより，魅力ある都市空間，街路空間が形成される．

e. 歴史・風土などその他の機能

地域によっては，歴史的な遺産，社叢林などとともに，地域の歴史と風土を形づくる役割を果たした緑地を有しており，将来にわたって歴史や文化を育み，守る機能を有する必要がある．さらに，このような歴史や風土，地域の環境を知るための教育的な機能も持ち合わせている．

10.3.2 制度から見た緑地の分類

制度的に緑地（公園緑地）をみると，総合的な公園緑地計画のマスタープラン制度，個別の公園緑地計画・公園緑地制度に区分され，後者において緑地は施設緑地と地域制緑地，そして協定・契約・認定緑地に区分することができる（図 10.6，表 10.4）．施設緑地は都市公園，公共施設緑地，民間施設緑地が含まれる．地域制緑地は都緑法による特別緑地保全地区，都市計画法による風致地区などの区域や地区が指定された緑地を指す．

10.4　公園・オープンスペース

公園，オープンスペースの整備は，良好な居住環境の形成に大きく寄与する要素である．また，市民の憩いの場としての役割をもっている．

10.4.1　公園の計画と設置基準など

公園の設置基準をもとに種類と設置目的をまとめたものが表 10.5，公園の配置モデルが図 10.7 である．大きくは住区基幹公園と都市基幹公園に分類できる．われわれの日常的利用に供される住区基幹公園の配置については，図表に示すとおり，誘致距離が街区公園では 250m，近隣公園では 500m，地区公園はいくつかの近隣住区の中心に 1000m の誘致距離をもって配置することを基準としている．都市基幹公園については，総合公園，運動公園が該当し，当該都市における市民を利用者に想定しているものである．また，利用圏域をさらに広域に想定しているものとして大規模公園

10.4 公園・オープンスペース

表 10.4 施設緑地・地域制緑地等の内容[8]

分類[*1]	種別	内容
①	施設緑地	都市施設：公園，緑地，墓園等
		地区施設：公園，緑地，広場等
		2号施設（再開発地区計画）：公園，緑地，広場等
		公共施設（市街地開発事業）：公園，緑地，広場
	地域制緑地	風致地区，特別緑地保全地区，生産緑地地区，歴史的風土特別保全地区，第1種・第2種歴史的風土特別地区
②	施設緑地	都市公園，（都市公園法）国営公園
		都市公園以外 　公共施設緑地：国民公園等 　民間施設緑地
	地域制緑地	近郊緑地保全区域，歴史の風土保全特別地区，保存樹・保存樹林，河川区域，自然公園，自然環境保全地域，農業振興地域，農用地区域，保安林区域，地域森林計画対象民有林，地方公共団体の条例に基づくもの
	協定・契約・認定緑地	緑地協定，市民緑地，認定緑化施設，市民農園，地方公共団体の条例に基づくもの，景観協定に定められているもの

[*1] 図10.6に対応.

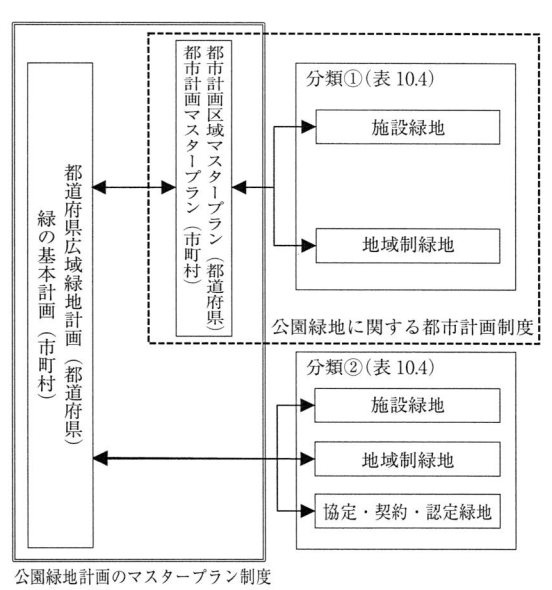

図 10.6 公園緑地制度の体系[8]

表 10.5 公園の種類と設置目的[7), 9)]

区分	種別	設置目的	標準面積（ha）	誘致距離（m）
住区基幹公園	街区公園	主として街区内に居住する者の利用に供することを目的とする公園	0.25	250
	近隣公園	主として近隣に居住する者の利用に供することを目的とする公園	2.0	500
	地区公園	主として徒歩圏域内に居住する者の利用に供することを目的とする公園	4.0	1000
都市基幹公園	総合公園	主として一の市町村の区域内に居住する者の休息，鑑賞，散歩，遊技，運動等総合的な利用に供することを目的とする公園	10〜50	住民が容易に利用できる場所に設置
	運動公園	主として運動の用に供することを目的とする公園	15〜75	住民が容易に利用できる場所に設置
大規模公園	広域公園	一の市町村の区域を越える広域の区域を対象とし，休息，鑑賞，散歩，遊技，運動等総合的な利用に供することを目的とする公園	50.0	交通至便な場所に設置
特殊公園	特殊公園	主として風致の享受の用に供することを目的とする公園	−	−
		動物公園，植物公園，歴史公園，墓園[*1]その他特殊な利用を目的とする公園		
緩衝緑地等	緩衝緑地	大気汚染，騒音，振動，悪臭等の公害防止，緩和もしくはコンビナート地帯等の災害防止を図ることを目的とする		
	都市緑地	主として都市の自然環境の保全ならびに改善，都市の景観の向上を図ることを目的とする	0.05 または 0.1 以上[*2]	−
	都市林	主として動植物の生息地または生息地である樹林地等の保護を目的とする公園	−	−
	緑道	災害時の避難路確保，都市生活の安全性及び快適性の確保を図ることを目的とする	幅員10m〜20m	
	広場公園	主として市街地の中心部における休息または鑑賞の用に供することを目的とする公園	−	−

[*1] 墓園は都市公園法では特殊公園，都市計画においては都市施設として扱われる．
[*2] 面積0.1haを標準とするが，良好な樹林地等がある場合は0.05ha以上とする．

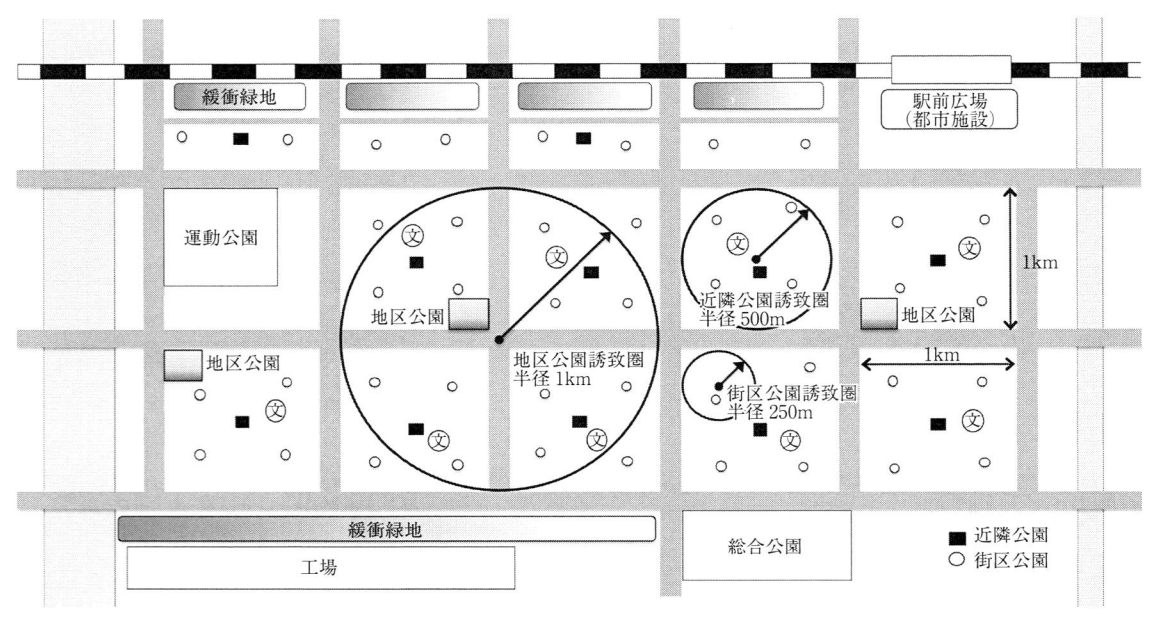

図10.7 公園の配置モデル[9]

（広域公園）がある．このように，誘致距離などの利用圏域や規模により，公園の位置づけや役割が異なっている．

10.4.2 公園の効果と役割

公園は，① 存在効果（都市形態規制，環境，防災，心理的な各効果）と ② 利用効果（健康増進，子供の健全な育成，運動・スポーツの場，文化的活動など）を有している[9]．公園の整備水準は長期的には $20m^2/$人（欧米の1/3程度）を目標としているが，国土交通省の発表によると，平成19年度末現在の都市公園の整備状況は，約 $9.4m^2/$人となっている．量的な整備目標はもちろんではあるが，市民の最も身近な都市施設として，質の高い公園整備が求められている．

10.5 緑化とまちづくり

10.5.1 住宅地における緑地と緑地協定

住宅地における緑化の方法として，地区や地域全体で緑化のガイドラインを設定することも可能であるが，地方自治体による認可を受ける緑地協定は，土地所有者全員の合意のもとに協定を結び，緑地の保全，緑化の推進を行う制度であり，都緑法（第45条）に規定されている．適用対象は，植栽の場所，その種類や量，垣やさくの構造，樹木の管理，有効期間などである．

10.5.2 屋上緑化と壁面緑化

屋上緑化や壁面緑化は建物の断熱性能の向上により，室内環境の改善に大きな役割を果たす．また壁面緑化は，建物の放射熱を低減することで，街路空間の熱環境改善に寄与している．敷地内の緑化に限らず，屋上緑化，壁面緑化を積極的に取り入れることが課題である．

10.5.3 クラインガルテンなど海外の事例

a．クラインガルテン

ドイツにおいては，都市居住者が植物を育てたり，野菜の栽培などを行い，自然にふれあうことができるクラインガルテン（小庭園）を，市民農園として活用している（図10.8）．クラインガルテンは，ドイツにおいて産業革命の頃始まった取り組みであり，市民が日常的に自然に親しみ，健康に生活できるような精神が今日でも活かされている．

b．ビオトープと生物多様性

ビオトープの概念もドイツが発祥であり，都市において手つかずの自然を取り戻すための取り組

図 10.8 ミュンヘンのクラインガルテン
オリンピックタワーより.

みのひとつである．本来のビオトープは，一定規模の拡がりとネットワークが考慮される規模の大きな空間となっており，その中で自然を自らの力で回復させるような仕組みとなっている．

日本においては，この概念を取り入れて「生物の生息に必要な最小単位の空間」と定義されている．公園と同様に市民が自然とふれあう空間としての役割や教育的な役割も期待される．

10.5.4 市民参加とこれからの緑の政策

緑の価値を再認識する時代になっている．人口減少時代に突入し，今後は都市の拡大は大きく進まないことは想像にかたくない．環境の時代に相応しい政策と同時に，市民が考え，参加し，身近な環境が地球環境にもつながっているという意識を，教育の側面からも醸成していくことが重要である．そして，将来にわたる持続可能な都市・地域を実現するためのシステムを構築することが，現代に生きるわれわれの課題である．

■参考文献

1) 国土交通省都市・地域整備局公園緑地課：公園緑地行政の新たな展開・都市緑地法等の改正について (2005).
2) 日本建築学会編：シリーズ地球環境建築入門編，地球環境建築のすすめ，彰国社 (2002).
3) 大分市：大分市環境基本計画 (2000).
4) 田代順孝：緑のパッチワーク―緑地計画のための「9＋1」章―，技術書院 (1998).
5) 鎌倉市：鎌倉市緑の基本計画 (2006).
6) 大分市：大分市緑の基本計画 (2009).
7) 萩島 哲編：新建築学シリーズ 10 都市計画，朝倉書店 (1999).
8) (社)日本都市計画学会編：実務者のための新・都市計画マニュアル I ―都市施設・公園緑地編―，公園緑地，丸善 (2002).
9) 大分県：大分県の都市計画 (2008).

11. 歩行者空間・パブリックスペースの計画

　都市の街路を行き交う歩行者，広場に憩う人々，生き生きした歩行者空間をもつ都市こそ人間にとって魅力のある都市といえよう．

　都市の歩行者空間は，単なる交通空間ではない．それは人々のコミュニケーションや祭りの場，そして人々の共有する都市景観の視点場でもある．言い換えれば，都市の歩行者空間は多様な都市の文化を育む装置なのである．本章では，都市における歩行者空間の歴史と現況，今後の展望について学ぶ．

11.1　都市のパブリックスペース論

　18世紀半ばにイギリスで始まった産業革命は，生産活動のための工業都市を生み出した．中世都市における街路と建築の親密な関係は失われた．工場と労働者住宅，そして鉄道線路から構成される直線的で味気ない街並みが出現した．

　20世紀に入ると，自動車を主役とした都市空間が構築され，歩行者空間は脇役へと退いた．しかし，現代都市においても歩行者交通は依然として重要である．自動車から鉄道，バスなどの公共交通機関への乗り換え，近隣や中心部の商業地における買い物などは歩行者交通によっている．散策のための歩行者空間は，市民のレクリエーションの場として大切である．

　21世紀に入って，地球環境問題に対する都市的対応としてのコンパクトシティの考え方や，都市ににぎわいをもたらすパブリックスペースの視点から，都市内の自動車交通を減らし，歩行者交通空間を整備することが今後の都市の課題として重要性を増してきた．

　ここでは，近年高まってきた，パブリックスペース論の中から，① 社会の器官としての街路の重要性を説いたJ.ジェイコブス，② 都市の中心地区における人々の交流の場としてのパブリックスペースとパブリックライフを唱えたJ.ゲール，③ グレートストリートの物的な構成原理を見出すことを主張したA.ジェイコブスの3人のパブリックスペース論を取り上げ，どのような観点から，21世紀のパブリックスペースを計画すべきかを考える．

a. ニューヨークの下町の通り

　J.ジェイコブス（Jane Jacobs, 1916〜2006）は，著書『アメリカ大都市の死と生』[1)]の中で，都市におけるパブリックスペースとしての街路の社会的

図11.1　ストロイエ通り[3)]

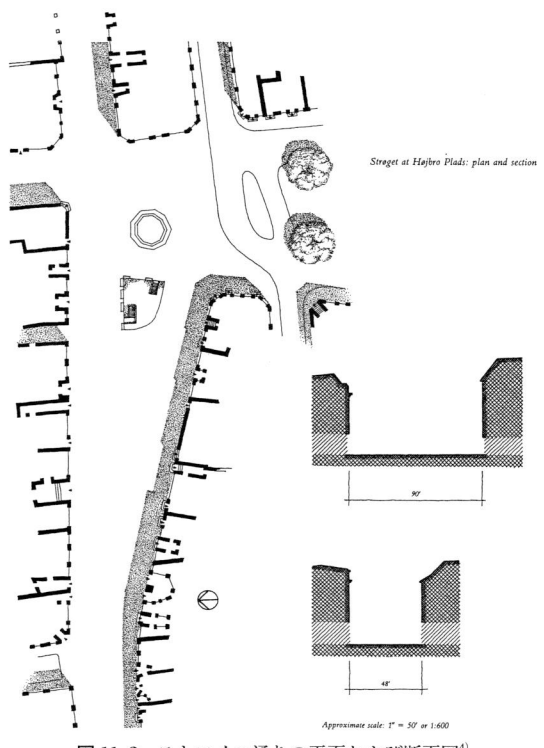

図 11.2 ストロイエ通りの平面および断面図[4]

な重要性を説いた．彼女は，歩道の用途について，① 安全性：歩道の安全性は，ニューヨークの下町に見られるように，高密な居住がもたらす，住民による通りへの視線によって保証されること，② 接触：歩道上でのインフォーマルな接触による公共生活のネットワークが地域に共有感覚をもたらすこと，③ 子供の同化作用：商業・業務機能と居住機能が混在し，子供の成育が通りでの活動を通してなされることの重要性を挙げている．公園・オープンスペースは，公共生活を担う歩道の補完としてのみ意味があり，安全性が保証されない公園・オープンスペースを「輝く田園都市」として批判した．

b．コペンハーゲンの中心地区

J. ゲールは，著書『屋外空間の生活とデザイン』[2]の中で，都市空間を舞台にした屋外活動を，① 義務的な必要活動，② レクリエーション的な任意活動，③ 他の人々との交流に基づく社会活動の3つに分類し，屋外空間の質がそれぞれの活動に及ぼす影響について，コペンハーゲンの中心地区であるストロイエ通りにおける調査・分析を通して述べている（図 11.1）．それによれば，屋外活動は，屋外空間のデザインに大きく影響され，とりわけ，良いデザインは，屋外活動の継続時間を増加させることを明らかにしている．また，彼は南欧の文化であったオープンカフェ文化を北欧であるデンマークにおいて実践活動を通して定着させることに成功している．

c．グレートストリート

A. ジェイコブス（Allan B. Jacobs）は，著書『Great Streets』[3]において，世界の著名な歩行者のための優れた大通りとして，デンマークのコペンハーゲンのストロイエ通り，スペインのバルセロナのランビュラス大通りなどを挙げ，その空間デザインを平面図，断面図，スケール，街路樹，ストリートファーニチャー，色彩，素材など具体的なファクターを挙げて比較考察し，グレートストリートの基準について述べている（図 11.2）．結局，グレートストリートは，人間の五感すべてにかかわり，その空間の記憶を形成する物的な質に基づくとしている．

11.2 近代以前の歩行者空間

11.2.1 ヨーロッパ中世都市

5世紀末の西ローマ帝国崩壊以降，都市は防御の必要性から城壁に囲まれ，小規模なものとなった．都市の内部には歩行を前提に，不規則で曲が

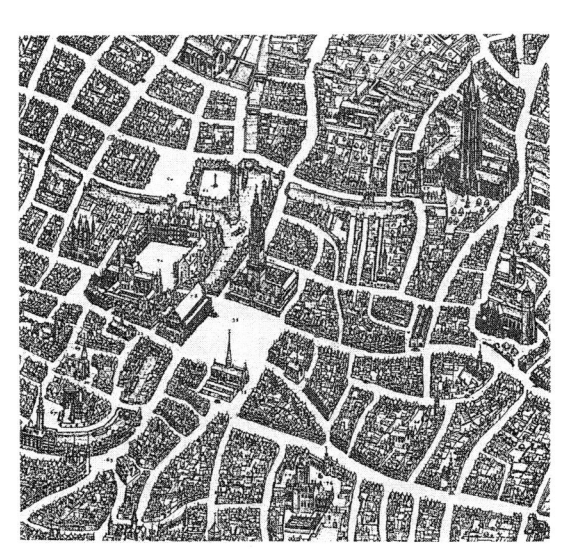

図 11.3 中世都市ブルージュ[5]

図11.4　ボローニャのポルティコ

りくねった街路網が形成された．湾曲した街路は歩行者の移動とともに変化する景観を生み，濃密で人間的な空間を出現させた．街路網の中心には教会や市場のための広場があり，街路は，都市の廊下として建築同士を緊密につないでいた．中世都市ブルージュは，こうした中世都市の空間の状況を伝えるものである（図11.3）．

イタリアの都市は，さらに高度の歩行者空間を発展させた．ボローニャでは太陽や雨を防ぐポルティコ（柱廊）が発達した（図11.4）．これは建物から建物へと歩行者を導く廊下として，高さや奥行きを伴うものであり，面としての街路から立体としての街路への変化を示している．

ヴェニスでは多くの島々をめぐる運河が主要な交通機能を果たしたために，街路網は純粋に歩行者のためにのみ機能した．幅が狭く迷路のように入り組んだ街路網は広場や橋に出会うたびに思いがけない光景を繰り広げる．運河と街路の二重の交通空間システムは現代都市にとって示唆に富むものである（図11.5）．

11.2.2　都市広場と近世都市

ルネサンス以降，ヨーロッパ都市の広場は次第に大規模化する．ヴェニスのサンマルコ広場やローマのサンピエトロ広場，スペイン階段，カンピドリオ広場は中世都市にはないダイナミックな空間である．これは，歩行に伴う連続的な視点や群衆に対応し，流動化する景観や巨大なスケール，楕円や逆透視図などの錯視の効果を狙ったものである．個々の歩行者のための小さなスケールより

もフランスのベルサイユ宮殿の庭園のように大規模で祝祭的な空間の効果が期待されるようになる．

こうした大陸でのグランドマナーの空間に対して，イギリスではピクチャレスクの美学に基づいた庭園や公園がつくられた．散策する歩行者を意識することにより，ウッズ父子（John Wood, 1704～1754, John Wood the younger, 1728～1781）は，バースにおいてロイヤルクレッセントをはじめとする画期的な都市空間を建設した．統一したファサードの繰り返しによって囲まれたコモンスペースは，歩行者にリズミカルな景観と豊かな緑地を提供した（図11.6）．

11.2.3　ガレリアとパサージュ

J. パクストン（Joseph Paxton, 1803～1865）のクリスタル・パレスに代表される鉄とガラスの巨大構築物造営技術は，歩行者空間にも影響を及ぼした．19世紀になるとミラノのガレリアに見られるガラスの大屋根（アーケード）に覆われた歩行者空間が出現した．天井高さが最高48mにも達する巨大なアーケード空間は歩行者空間の新機軸であった（図11.7）．

一方，パリでは小路にガラス屋根を架けたパサージュが生み出され，パリの魅力の1つとなった．その後，パリではオースマン（Georges Eugene Haussman, 1809～1891）によって，馬車や軍隊の行進に都合の良い直線的な大街路が整備されたが，大街路と大街路の間にはパサージュが残された．自動車交通以前から次第に，街路は街区と街

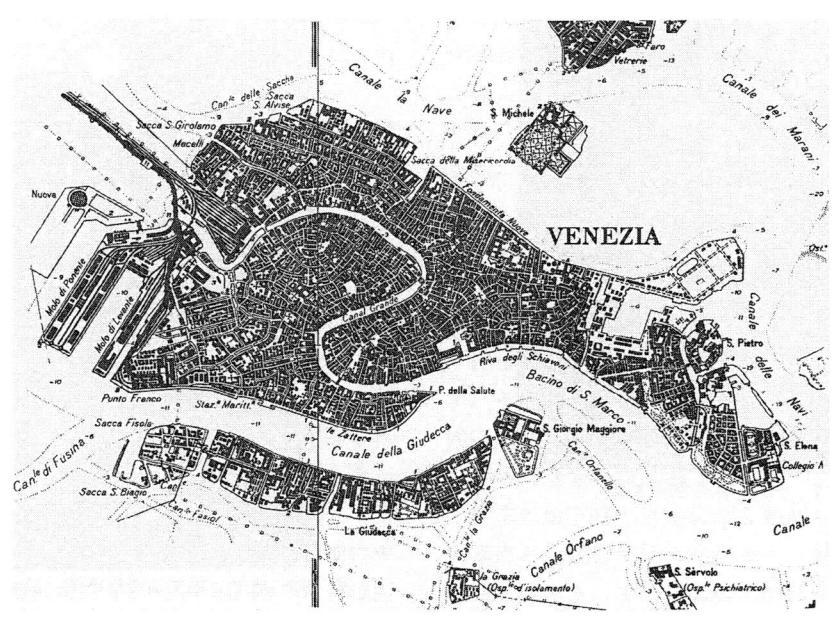

図 11.5 ヴェニスの街路網と運河[5]

図 11.6 バースのロイヤルクレッセント

図 11.7 ミラノのガレリア

区を媒介するのではなく，街区同士を分断するようになる（図 3.5 参照）．

11.2.4 イスラーム都市と街路網
a. イスラーム都市の発生

7世紀に中東のメッカから始まったイスラームは13世紀には中東，小アジア，北アフリカ，さらにはスペインにその勢力圏を広げた．カイロ，イスファハン，ダマスクスなどの大規模な交易都市や多くのキャラバンサライのための都市が建設された．イスラーム都市には，多くの袋路とわずかな通り抜け道路があり，これらはY字路によって結ばれ，細密な街路網を構成していた．イスラーム都市は，ヨーロッパ中世都市と比べて都市施設の開放性と住宅施設の閉鎖性がより徹底し，中庭型建築によって埋めつくされた独特の都市空間を生み出した．

b. 街路網

イスラーム都市のおもな街路は，ドームや木材や葦簾（よしず）で覆われ，日差しの遮られた快適な半戸外空間を歩行者に提供した．街路網は袋路を主体とした枝別れ型で，幹となる街路のアクセシビリティがきわめて高い反面，袋路はアクセシビリティが低い．幹の街路は商業施設に，枝の街路は住宅施設に対応していた．スーク（市場）は扱う品目によって場所が定められ，中心部に行くほど，容量が小さく価値の高いものが置かれた．街路はラクダによる荷物の運搬システムに対応し，道路幅

は 3.5〜1.7m 程度とせまく,曲がりくねった迷路状の構成をとっていた.

イスラーム都市は外来の商人などの歩行者にとってより快適で利便性に富み,中庭から光と空気を取り入れる建築と袋路による都市システムは,高い人口密度と道路率の低さ(＝建ぺい率の高さ)を実現していた(図 11.8).

11.2.5 日本の歩行者空間の歴史

a. 中世の京都

日本において都市は独自の展開を見せる.8世紀に中国の長安を模して造営された平安京(京都)は,その後も首都として機能し,19世紀に至るまでさまざまな変容を遂げた.当初,東市,西市として配置された官設市場は20丈(約60m)四方の街区を中心としていた.しかし,14世紀の室町幕府の成立以降,商業地の中心は室町通りに移動した.多彩な都市活動の舞台は面としての街区から線としての通りへ移った(図11.9).屋台による立ち売りを始めとして,床子,見世棚,仮屋,屋形などの仮設的な店舗に沿った歩行者空間が形成された.

この時代,「公界」あるいは「無縁」と呼ばれたパブリックスペースの概念は,道空間を中心に河原,橋の空間にも及んでいたが,同時に「巷所」と呼ばれた道路の私有化も発生した.歩行者空間の仮設性は当時の祭礼,年中行事の際に大通りに設営された桟敷(観客席)にも見られた.その後,次第に恒久的な町家が建設されたが,「庇下」と呼ばれた軒下の空間はその後も公(交通空間)と私(建築空間)の緩衝空間であった.

b. 近世城下町

中世から近世にかけての都市として自由都市堺,寺内町石山,門前町善光寺などがあるが,その後,日本の各地に展開したのは城下町であった.

16世紀に織田信長が築いた安土には城郭のみならず,その周囲に城下町が形成された.その後,江戸時代になると全国に多くの城下町が形成され,今日の地方都市の原型となった.

日本の城下町の街路網は4差路が多く,基本的には格子状の街路網である.また,広場の代わり

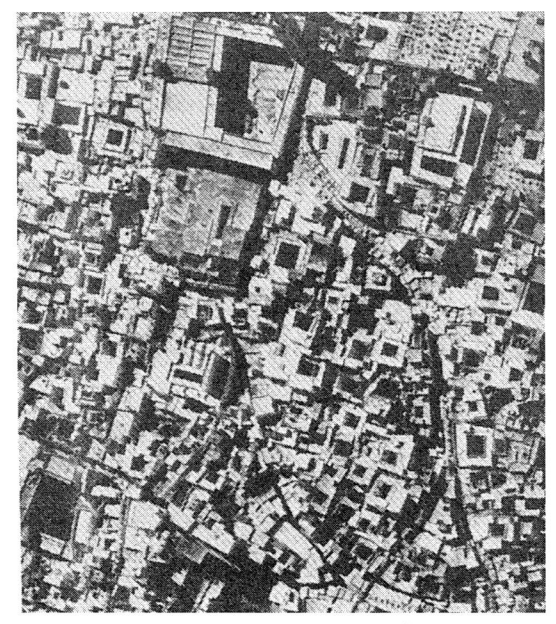

図 11.8 チュニスの空中写真[6]

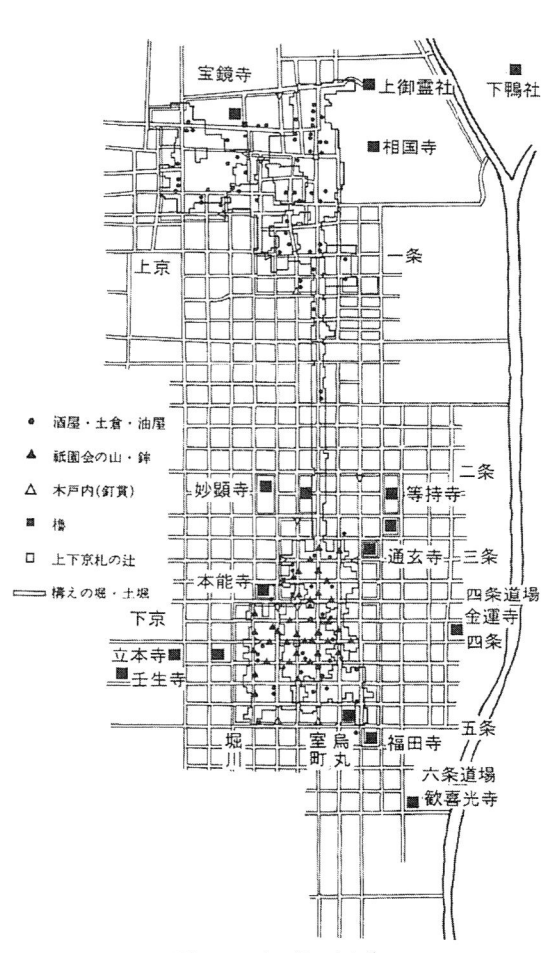

図 11.9 戦国期の京都[7]

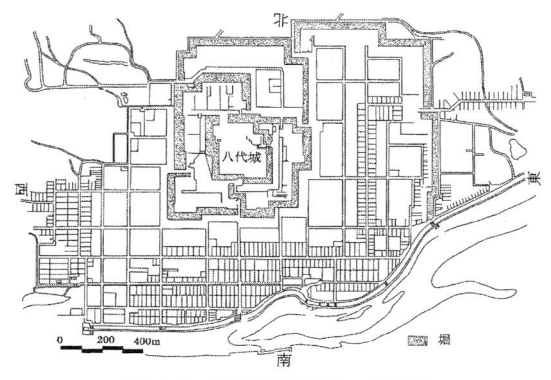

図11.10 近世城下町八代の街路網[8]

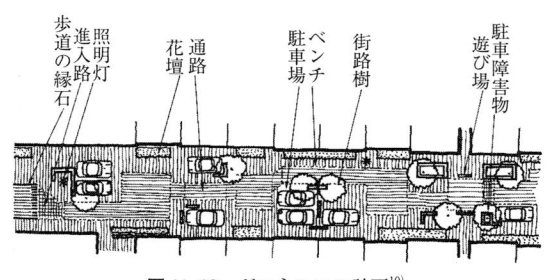

図11.12 ボンネルフの計画[10]

に街路の交差点である辻や通りに境界のあいまいな界隈空間が形成された．堀に囲まれ，防御的な形態の城郭や武家地は都市のセンターとはなりえず，町人地へのアクセスを中心に歩行者街路網が形成された．日本の歩行者空間は基本的には交通空間であり，線型の道空間（公界，無縁）に接する仮設空間（庇下），建築空間（町家）によって形成されていた（図11.10）．

11.3 住宅地区と歩行者空間

11.3.1 欧米諸都市の住宅地区

a. ハムステッド田園郊外

R.アンウィン（Sir Raymond Unwin, 1863～1940）は，1906年にロンドン郊外のハムステッドに田園郊外と呼ばれる高級住宅地区を設計した．アンウィンは中世のイギリスのビレッジやドイツのカールスルーエの空間構成を手本にして住宅地区に快適な歩行者空間と美しい景観を実現した（図11.11）．

図11.11 ハムステッド田園郊外

曲線的な街路，ビレッジグリーンを模した緑地，まとまりのある住居配置，中庭を中心とした囲い込みの手法，進行方向に対して建物の角度をずらして視覚的に囲い込む手法（クォドラングル），低い戸数密度（30戸/ha）などにより質の高い歩行者空間をもつ住宅地区を実現した（第3章も参照）．

b. 居住環境地域

1963年に発表されたイギリスのブキャナンレポート（Buchanan Report）は，自動車交通の限界を示す一方，自動車の通過交通を排した居住環境地域（environmental area）をつくることを提案している．これは「都市の部屋」とも呼ばれ，この区域内では安全な歩行者空間が形成される．

c. ボンネルフ

オランダのデルフトは17世紀に建設された歴史的な都市である．街路と運河のネットワークを生かしつつ自動車交通をさばくためにはラドバーンスタイル以外の方法が必要であった．

ボンネルフ（woonerf）と呼ばれる歩車混在道路が，この都市で始まった．この道路はインターロッキングブロックなどで舗装され，屈曲した平面やハンプ（hump）による床の凹凸で車の速度は極度に減速される．ボンネルフには住宅の庭先道路としてのさまざまな機能，歩道，車道，パーキング，オープンスペースの機能が併存している（図11.12）．

11.3.2 アジアの都市の住宅地区

a. インドネシアのカンポン

アジアの開発途上国では急激な近代化が行われてきた．都市部では近代的なビルが立ち並ぶ反面，

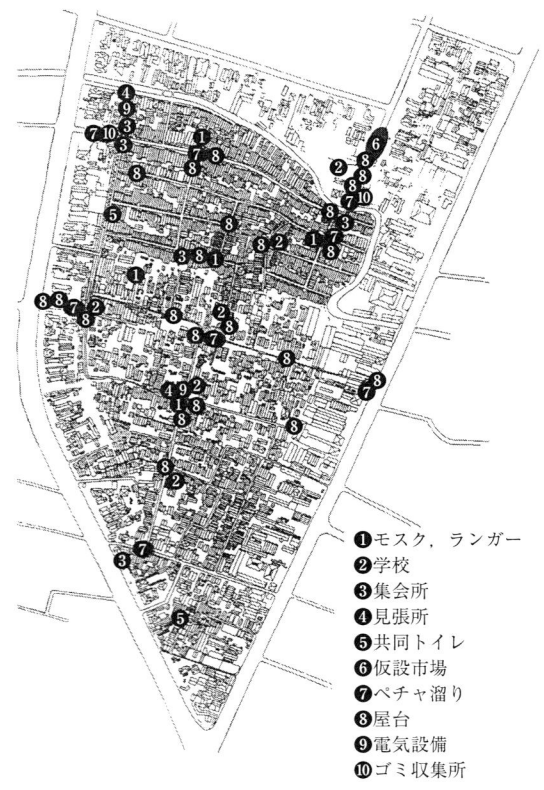

図 11.13　スラバヤ市のカンポン[11]

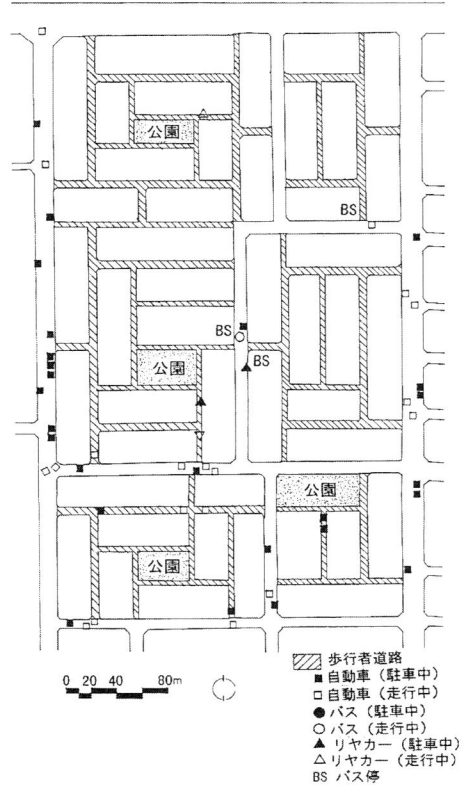

❶モスク，ランガー
❷学校
❸集会所
❹見張所
❺共同トイレ
❻仮設市場
❼ペチャ溜り
❽屋台
❾電気設備
❿ゴミ収集所

図 11.14　木浦市三鶴 IBRD 団地（韓屋型区画整理）

凡例：
／／／／　歩行者道路
■　自動車（駐車中）
□　自動車（走行中）
●　バス（駐車中）
○　バス（走行中）
▲　リヤカー（駐車中）
△　リヤカー（走行中）
BS　バス停

スコッター（squatter）と呼ばれる不良住宅地区が形成されている．インドネシアの大都市では，地方から都市に流入した人々の住むカンポンと呼ばれる街区が形成されている（図 11.13）．

表通りからカンポンに一歩入るとそこには伝統的な農村の集落に等しい空間が形成されている．住宅やインフラに多くの課題を残してはいるが，車から解放された街区内は農村的な自然をもつ安全な空間となっている．一方，表通りは車，バイク，ペチャ（人力車），自転車，歩行者，馬車が錯綜し交通事故の起こりやすい状況を呈している．

b. 韓国の住宅地区

韓国の伝統的な住宅地では街路の幅は狭く，軒高の低い住宅が連続している．この街路には自転車やバイク，リヤカーの進入が可能な反面，車の進入は不可能である．今後，車の普及率の増大に伴い，駐車場の設置や街路の拡大の課題を抱えている．図 11.14 は，木浦市の三鶴 IBRD 住宅団地の街路網を示している．韓屋型区画整理による T 字路を主体に歩行者を優先した街路網となっているため車の通過交通が排除されている．各住戸に車のアクセスは考慮されていない．

バス停が住宅地区内に設けられ，プレイロットが設置されている．自動車の保有率の低い過渡的な時代の計画と考えられるが，将来に向けて共同の駐車場を整備することにより安全な街区としての再生が期待できる．

インドネシアや韓国における過渡的な住宅地区は自動車交通のための街路網によって改造されつつあるが，すべてを一律に自動車用の街路に改造するのではなく，個々の街区のもつ特徴を生かし，自動車と歩行者が共存できる整備が必要であろう．

11.3.3　日本の都市の住宅地区

a. ニュータウンの歩行者空間

戦後，日本でも本格的なニュータウンや住宅地区が整備されてきた．1961 年の千里ニュータウン

11.3 住宅地区と歩行者空間

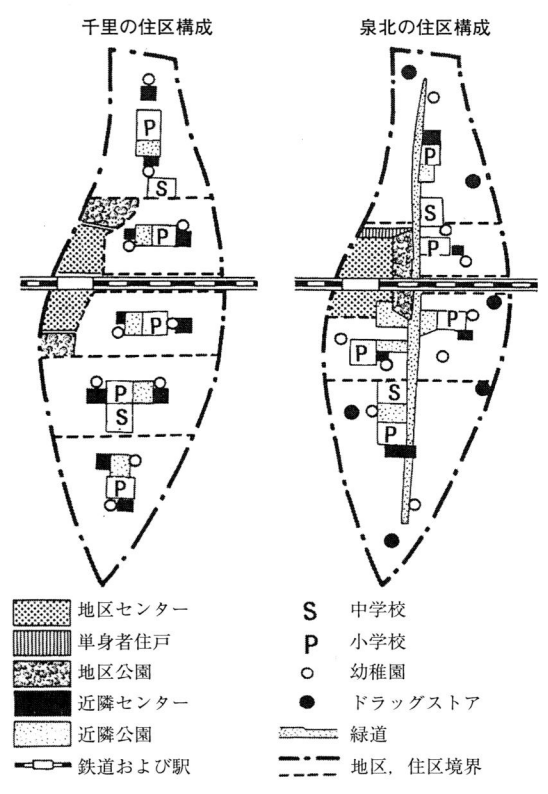

図 11.15 千里・泉北ニュータウンの構成[12]

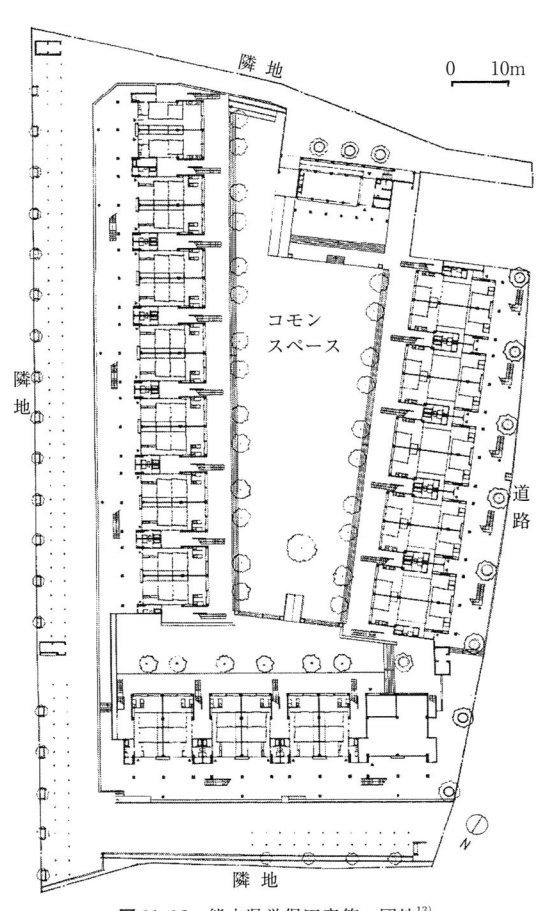

図 11.16 熊本県営保田窪第一団地[13]

計画ではイギリスのハーロウの近隣住区の計画理論に基づく住区構成とラドバーンスタイルの歩車分離が踏襲された．1964年の泉北ニュータウンでは3つの開発地域が鉄道で結ばれ，駅に置かれた地区センターから伸びる歩行者空間としての緑道が地区内の主要な施設と住居をつないでいる（図11.15）．

1981年の高蔵寺ニュータウンでは，ツールーズミレイユやカンバーノルドのニュータウンの影響の下で，フォーク状のダイナミックなペデストリアンデッキ（pedestrian deck）が計画され，近隣住区の住区構成ではなく都市軸による一体的な住区構成が試みられたが，実施の段階で計画は大幅に変更されている．

1965年から始まる多摩ニュータウンではラドバーンスタイルやボンネルフを取り入れた集大成的な住宅地計画がなされている．1989年に開発された多摩ニュータウン南大沢第15住区では敷地の地形を生かした景観構成が行われ，コモンスペースは緑道によって結ばれ快適な歩行者空間を形成している．

新しい試みとして，1992年の熊本アートポリス事業県営保田窪第一団地では完全な囲い込みにより団地居住の歩行者専用のコモンスペースが実現している（図11.16）．また，都心居住の試みとしての恵比寿ガーデンプレイス，六本木ヒルズにおける商業施設と住居施設の結合が挙げられる．

b. 住宅地区の問題点

日本の一般的な分譲マンションやバラ建ちの一戸建ての住宅地区では，基盤としての道路と上物としての住宅は別々に計画される．その結果，歩行者と車の関係はデザインされることはなく，生活道路は歩行者にとってアメニティに欠けたものとなっている．道路には電柱，ガードレール，歩道の段差，歩行者と自転車の混在などの問題があり，老人や身障者，子供への配慮に欠けている．

都市計画的にマクロにみるとアーバンスプロールによる宅地化が進行し，個々の住宅から小学校などの公共施設へのアクセスの遠距離化や幹線道路による住宅地の分断が起きている．自動車保有率の高度化と土地の小規模な区分所有が問題の解決を困難にしている．

11.4 商業地区と歩行者空間

11.4.1 欧米諸都市の商業地区

ブキャナンレポートにみるように，都市内交通のすべてを自動車でまかなおうとすれば，アメリカのロスアンゼルスのようにスモッグと広大で無機的な市街地を出現させることになる．アメリカではこうした車社会から歩行者空間を取り戻す試みが，ポートランドなどの都心の商業地区においてなされている．一方，ヨーロッパ諸都市の都心部には，歴史的な町並みを生かした歩行者優先地域が形成されている．

a．モール

モールとは，もともと「樹陰のある遊歩道」という意味である．しかし，1958年にオランダのロッテルダムのラインバーンに世界で初めて，歩行者のためのショッピングモールが完成して以来，モールとは快適で魅力的な歩行者空間をもつショッピングモール（商店街道路）を指すようになった．モールは車両交通の排除の度合いによって，フルモール（車両を完全に排除し，歩行者専用空間化したもの），セミモール（車両を制限し歩道を広げたもの）に分けられる．

ヨーロッパにおいては，中世・近世都市の原形を守りながら中心部分から面的に車を締め出したケースが数多く見られる．ドイツのミュンヘンでは第2次大戦後すぐに都心の歩行者空間計画に取り組み，1972年のオリンピックに合わせて実現した．快適な歩行者空間を作り出すために，旧市街地を囲む環状道路，駐車場の建設，自動車の交通規制，歴史的建築物の修復，ストリートファーニチャーのデザインが総合的に実施された（図11.17）．ハイデルベルグでは都心への入り口にパーキングを確保し，都心地区全域から車を締め出し，周囲の緑地へ快適に散策できる歩行ルートを実現している．ブレーメンにおいては「交通セル」が提案されている．これは都心の環状道路の内側を歩行者専用のショッピングモール（交通の壁）によって区切り，区域内の通過交通を完全に排除したものである．こうした都心への自動車の乗り入れの制限は環境問題の視点からも有益な取り組みである（図11.18）．

b．トランジットモール

セミモールの一種にトランジットモールがあ

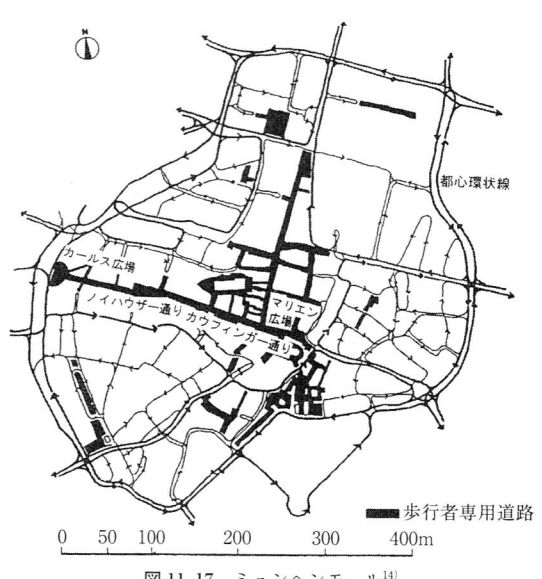

図11.17 ミュンヘンモール[14]

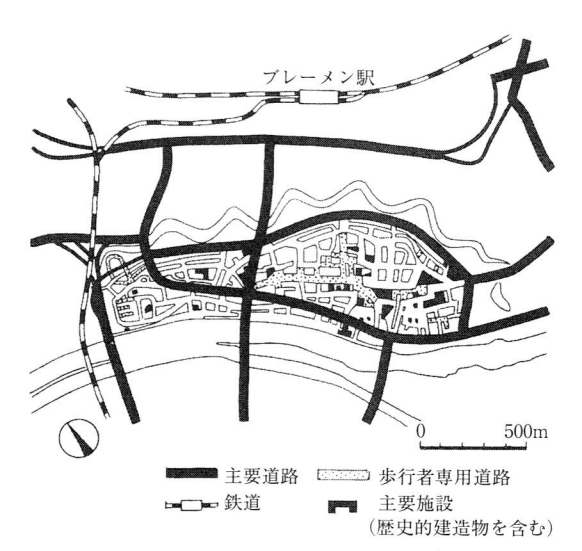

図11.18 ブレーメンの交通セル[12]

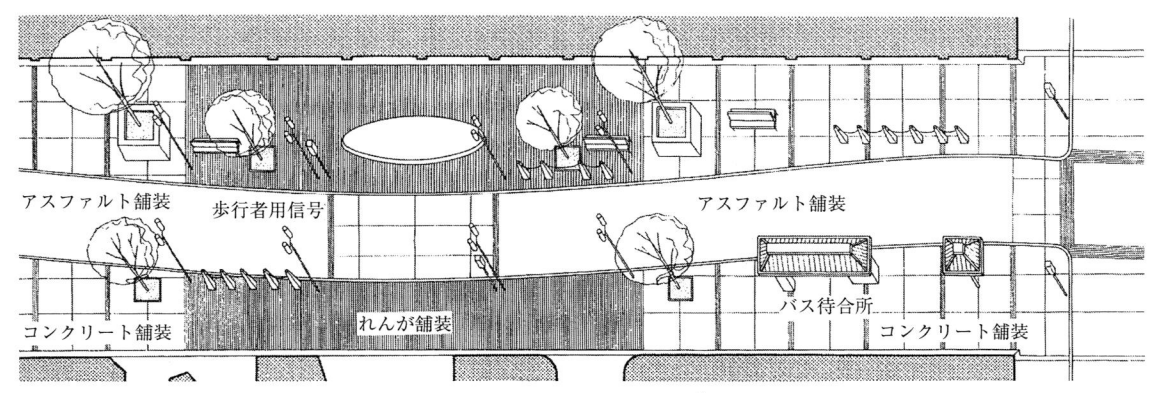

図11.19 ニコレットモール[9]

る．トランジットモールとは道路から自動車交通を締め出し，公共交通（路面電車，バスなど）と徒歩交通だけにしたものである．ミネアポリスにL．ハルプリン（Lawrence Halprin, 1916～）によって設計されたニコレットモール（Nicollet Mall）は，幹線街路を改造し，世界で初めて実現した歩行者とバスのためのトランジットモールである（図11.19）．その後，欧米の諸都市に多くのトランジットモールが実現している．アメリカにおいてはフィラデルフィアやデンバーなどの都市にバスによるトランジットモールが，また，ヨーロッパのチューリッヒ，アムステルダム，ミュンヘン，カールスルーエなどにトラム（路面電車）によるトランジットモールが実現している．

c．歩行者デッキおよびスカイウェイ

ミネアポリスでは厳しい冬の歩行者空間として，建物と建物を空中デッキで結びスカイウェイのネットワークを作り出した．また，ロンドンのバービカンでは2階レベルの歩行者デッキにより快適な歩行者空間を生み出している．

d．歩行者のための小広場

サンフランシスコでは工場跡地を利用して，ジラルデリースクウェアやキャナリースクウェアなどの歩行者のための小広場がつくられた．フランスのパリのポンピドーセンター前広場は1階掘り下げて歩行者空間を実現し，大道芸人たちのパフォーマンス広場として成功している．

e．自転車専用道路

オランダの都市では重要な交通手段として自転車が注目され，歩道，車道のほかに自転車道が整

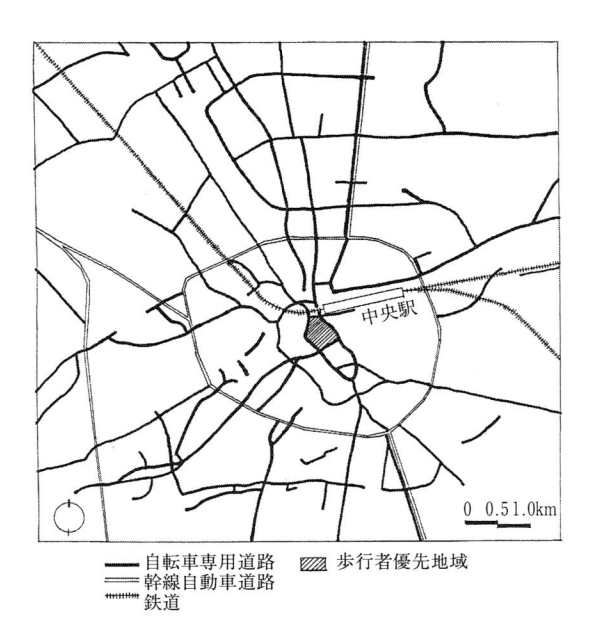

図11.20 アイントホーフェン市の自転車専用道路
（アイントホーフェン都市図をもとに筆者作成）

備されて都市内に自転車専用道路のネットワークが整備されている（図11.20）．

11.4.2 アジアの都市の商業地区

a．インドネシアの屋台

インドネシアの都市ではパサールと呼ばれる市場や街路沿いのアーケード空間，歩道に屋台（ロンボン）が出現する．こうしたアジアの都市の歩行者空間は欧米に比べて狭隘で，その上路上には多くの仮設物が置かれるので歩道の有効幅員はきわめて狭い．

しかしながら華やかな色彩，食物から発する臭

図 11.21　マカッサル市中心街

図 11.22　仁川市新浦洞の市場

図 11.23　ソウル市清渓川の再生前

図 11.24　ソウル市清渓川の再生後

い，売り手買い手の発する声，オートバイクのエンジン音，ペチャ，馬車などの混在は独特の雰囲気を作り出している（図 11.21）．

b．韓国の市場とソウルの清渓川の復元

日本から遅れて近代化してきた韓国には市場（シジャン）と呼ばれる歩行者空間がある．中心商業地の街路を屋台が占拠し，実質的な歩行者空間が出現する．ところせましと並べられた品々と歩行者の群れが織り成す喧騒はアジアのパワーを代表する歩行者空間といえよう（図 11.22）．ソウルの清渓川は都心部を東西に横断する河川であったが，1958 年頃から 1978 年にかけて暗渠化され，1971 年には清渓高架道路が完成した（図 11.23）．その後，2002 年の市長選で現大統領の李明博氏が清渓川復元を公約とし，2003 年から 2005 年にかけて清渓高架道路の撤去と清渓川の復元工事が完成した．清渓川復元にはソウル市民の 80％近くが賛成し，この事業の推進力となった．

復元された清渓川の河畔は，都心で働くサラリーマンや OL の憩いの場としてにぎわいを見せ，ソウルの都心には河川軸に沿った新しい景観が出現した（図 11.24）．この事業は，近代の都市計画理論である機能主義を超えて，交通機能よりも市民のパブリックライフを担うパブリックスペースを優先し，都市のアメニティを実現した点で新しい方向性を示すものといえよう．

11.4.3　日本の都市の商業地区

a．アーケード街とモール

日本の都市の中心商業地区の歩行者空間としてはアーケード街がある．既存の商店街に鉄骨の屋根をかけてガラスのトップライトを設けたものである．ミラノのガレリアほどの天井高さはなく，パリのパサージュほどの親密なスケールでもない．

しかし，年間にわたって雨の日の多い日本の歩

行者空間として独自の機能を発揮してきた．1969年には最初の歩行者モールである旭川買い物公園が実現した．1980年代には横浜の伊勢佐木町や仙台などでアーケード街に代わるモールが建設された．ミネアポリスのニコレットモールを手本とするモールは四季の移ろいを感じさせる方式として定着してきている．

b．地下街

日本独特の商業地の歩行者空間として地下街がある．古くは東京新宿駅西口界隈，大阪梅田阪急地下街，福岡天神地下街などがある．車の交通と完全に分離した地下空間は雨，風，日差しの影響を受けることがなく，人工的ではあるが安定した歩行者空間を提供している．

こうした地下街は地下レベルで周辺の建物の地下階や地下鉄駅に連絡することにより地下空間のネットワークを構成している．これは日本の都市空間の1つの特質ともなっている．

c．歩道上の設置物の問題点

日本の都市の商業地区の歩道は，歩行者の代表的な視点場であり，多くの人々が都市景観を共有する重要な場所である．しかしながら，路上には建物以外に，街灯，電柱，標識，広告物，地下鉄の入り口といった多くの路上設置物があり，都市景観の統一性を損なっている．

福岡市における路上設置物の調査[15]によれば，① 路上設置物の設置主体は10にのぼり，設置主体間の調整が十分ではない．② 設置基準についても相互の統一がなされていない．③ 街路景観の乱雑さは「配置間隔」「色彩」「形状・意匠」「相互の配置場所」に問題があることが指摘されている．

11.4.4 今後の展望

世界的にみると，地球環境問題の視点から自動車交通を減らし，歩行者交通を見直す動きや，インターネットによるコミュニケーションに対してフェイストゥフェイスのコミュニケーションを保証するために都心の商業地区や住宅地区における歩行者空間・パブリックスペースの再生をめざす動きは，21世紀の重要な潮流としてクローズアップされてきている．

一方，日本国内に目を転じると，都心の自動車による交通渋滞は深刻であるが，都心への自動車の乗り入れ制限などの有効な対策は施されていない．しかしながら，最近，都心に歩行者空間をつくりだす試みは散見される．例えば，都心部分の工場跡地を再開発した福岡のカナルシティには建築群に囲まれた魅力的な歩行者空間の演出が見られる．一方，車社会の進展により地方中小都市の郊外に進出する大規模なショッピングセンターは伝統的な中心商店街の空洞化と，幹線道路の渋滞，広告の溢れた書割のような景観をもたらしている．伝統的な町並みや城下町の街路網を生かした魅力的な歩行者空間をもつ，都心商業地の再生が望まれている．

■**参考文献**

1) J. ジェイコブス著，黒川紀章訳：アメリカ大都市の死と生，鹿島出版会（1977）．
2) J. ゲール著，北原理雄訳：屋外空間の生活とデザイン，鹿島出版会（1990）．
3) A. B. Jacobs：*Great Streets*, MIT Press（1995）．
4) J. Gehl, and L. Gemzoe：*Public Spaces Public Life：Copenhagen*, Arkitektens Forlag（2004）．
5) レオナルド・ベネヴォーロ著，佐野敬彦，林 寛治訳：図説 都市の世界史 第2巻，中世，相模書房（1983）．
6) ベシーム S. ハキム著，佐藤次高監訳：イスラーム都市，第三書館（1990）．
7) 高橋康夫，吉田伸之，宮本雅明，伊藤 毅編：図集日本都市史，東京大学出版会（1993）．
8) 松本寿三郎編：八代市史，近世資料編1，八代市教育委員会（1989）．
9) 日本建築学会編：建築資料集成9，地域，丸善（1983）．
10) 今野 博：まちづくりと歩行空間，鹿島出版会（1965）．
11) 布野修司：カンポンの世界—ジャワの庶民生活史—，PARCO出版（1991）．
12) 都市計画教育研究会編：都市計画教科書，彰国社（1990）．
13) 新建築，6月号，新建築社（1992）．
14) ミュンヘン市資料．
15) 森 慎太郎・日髙圭一郎・萩島 哲：街路景観にかかわる路上設置物に関する研究，都市・建築学研究，九州大学大学院人間環境学研究院紀要，6，1-11（2004）．

12. データ処理と支援システム

都市の諸計画を立案する際には，定量的な根拠が必要となる．そのためのデータ処理の手法をここで紹介する．まず，多くの都市情報の中から計画の目的に応じたデータを収集し，データを分類・解析する方法を示し，都市現象のモデル化の方法について概説する．

ついで，計画立案を支援するものとして，2つの事例を挙げている．1つは，GISについての適用事例であり，もう1つは，景観シミュレーションの適用事例である．これら以外にも今日では多くの支援システムが開発されており，読者の関心がさらに高まれば他の文献を参照してほしい．

12.1 都市のデータ解析

都市の諸現象を的確に把握し，将来の動向を予測することは，都市計画において最も基礎的でかつ重要な作業である．本節では，収集・加工された多種多様なデータをもとに，どのようにして都市現象を把握するか，おもに統計学的解析方法ならびに予測方法について解説する．

12.1.1 都市情報の選択と分類
a. 情報の選択

都市情報とは，都市をかたちづくるあらゆる物的要素にかかわる情報（例えば，地形，土地利用，建築物など）から，都市で営まれる社会的・経済的活動にかかわる情報（人口，従業者数，生産額，住環境満足度や評価など）までを包含する．これらの情報は，無限に存在するといっても過言ではない．この無限の情報の中から適切なものを選択するのが都市計画の立案にとって重要な作業となる．

図12.1は，都市情報選択の考え方を概念的に示したものである．情報の選択にあたっては，まず以下の点を明確にすることが重要である．

① 計画の対象とは何か
② どの空間レベルの計画か
③ 計画に求められている内容は何か

b. データの分類

都市情報を数学的にデータ処理する立場から見ると，それは大きく「定量的データ」と「定性的データ」に分類される（表12.1）．一般に自然科学分野で取り扱われるデータは，そのほとんどが定量的データであるが，自然科学と社会科学の中間領域に位置するともいえる都市計画の分野では，定量的データとともに定性的データの処理が求められる．

定性的データは，名義尺度（nominal scale）と

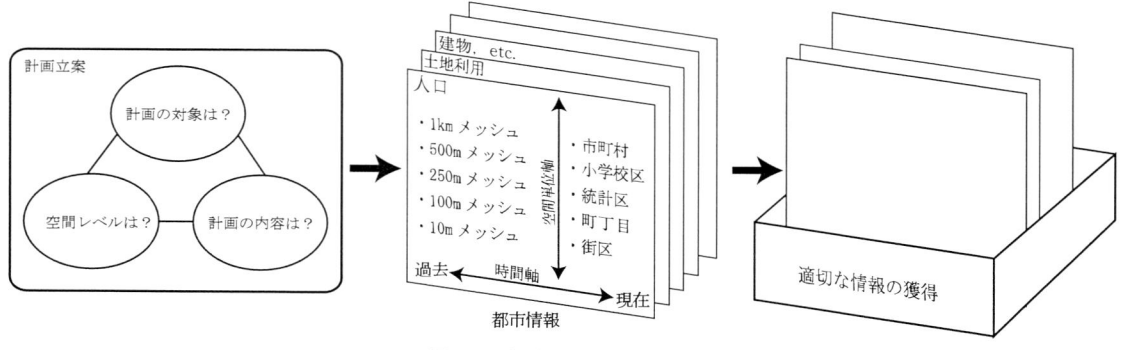

図12.1 都市情報選択の考え方

表 12.1 データの分類

分類	例
定性的データ 　名義尺度 　順序尺度	職業,職種など 意識調査結果
定量的データ 　間隔尺度 　比率尺度	人口,面積など 構成比,指数

順序尺度（ordinal scale）に分けられる．前者は，例えば職業，性別，業種などの個人や企業などの属性を表すデータが該当し，その意味で一般に「属性データ」とも呼ばれる．名義尺度はカテゴリーをもち，カテゴリーには一般に正の整数が付与され（例えば，性別の場合であれば，1.男，2.女），数的処理がなされる．カテゴリーには大小関係も順序関係もなく，すべて同等関係にある．したがってカテゴリーに付与された数字そのものは意味をもたない．一方，後者の順序尺度は，アンケート調査に基づく居住者の住環境評価（例えば，1.満足，2.やや満足，3.やや不満，4.不満）のように，カテゴリーに付与した数字が同等関係に加えて順序関係をもつデータである．

定量的データには，間隔尺度（interval scale）と比率尺度（ratio scale）がある．間隔尺度は，数値そのものが大小関係をもち，順序尺度の順位の間に，距離（間隔）が定義された尺度である．人口，土地利用面積などがこれにあたる．また間隔を考慮してつけられたスコア（評価値）なども含まれる．比率尺度は，間隔尺度をある基準値をもとに比率に変換した尺度である．例えば，土地利用面積の構成比や人口の経年的変化をある基準年を100として表した人口指数などがこれにあたる．

4つのタイプの変量のどれを組み合わせて用いるかで，適用すべき解析手法は異なってくる．

12.1.2 都市情報の処理

a. 特性分布の把握（平均と分散）

ここではまず，多変量解析への足掛かりとして，1変数（変量）の分布特性と2変数の関係をとらえる方法を見てみよう．

一般にある現象をとらえる最も初歩的な方法は，現象にかかわる諸要素の1つ1つの特性を把握する方法である．例えば，ある都市の人口分布の特徴を知りたい．いま，統計区（$i=1, 2, \cdots, n$）ごとに人口 p_i, 面積 a_i, 都心から統計区までの距離 d_i がデータとして与えられているとしよう．

データの特性を見るために，まず考えるのが統計区別人口の平均値である．これは分布特性を表す最も一般的な代表値である．次にこの人口分布のばらつき具合を知りたければ，分散や標準偏差を求めればよい．人口 p_i の算術平均と分散（標準偏差）を式で示せば，次のとおりである．

$$\bar{p} = \frac{1}{n}\sum_{i=1}^{n} p_i \tag{12.1}$$

$$V_p = \frac{1}{n-1}\sum_{i=1}^{n}(p_i - \bar{p})^2 \tag{12.2}$$

また，分布形状の特性を表すものとして，歪度と尖度がある．歪度は分布の歪んでいる程度を表し，尖度は分布の集中の度合，尖り方の程度を表す値である．

b. 属性の関係

都市計画が対象とする事象には，名義尺度や順序尺度の属性情報（定性的データ）で説明される場合が数多くある．本項では，属性データの相互関係を定量的に把握したり，多属性データから評価，予測を行ったり，それらを要約する手法について解説する．

一般に1つの属性の特徴をとらえる場合，その度数分布または構成比を用いる．例えば，ある都市の産業構造を調べようとすれば，1次，2次，3次産業就業者の度数分布や構成比で，その特性をみるだろう．さらに，就業者の構成比と年齢の関係を調べたい場合は，年齢をいくつかの階層に分類して年齢階層ごとの就業者数（構成比）を求め，これを表形式で表す作業をしばしば行う．一般にこの作業をクロス集計（cross tabulation）という．表12.2は1996年福岡市に立地する大型店舗の業態，規模，開店年のクロス集計表である．この表から，①業態に関しては，SM＋DS（スーパーマーケット＋ディスカウントストア）は68店舗で最も多く，ついで専門店は46店舗である．②業態と規模，開店年との関係についてみるとSM

表 12.2 店舗属性のクロス集計

店舗属性		No	11	12	13	14	21	22	23	31	32	33	34
業態	SM＋DS	11	68										
	百貨店	12	0	21									
	専門店	13	0	0	46								
	HC	14	0	0	0	9							
規模 (m^2)	～1000	21	28	6	21	1	56						
	1001～3000	22	31	8	21	7	0	67					
	3001～	23	9	7	4	1	0	0	21				
開店年	～1970	31	8	6	8	0	13	5	4	22			
	1971～1980	32	40	4	13	5	27	29	6	0	62		
	1981～1990	33	13	7	12	3	7	20	8	0	0	35	
	1991～	34	7	4	13	1	9	13	3	0	0	0	25

＋DS の 68 店舗のうち，40 店舗が 1970 年代に出店しており，店舗面積はほとんど 3000m² 以下である．③ HC（ホームショッピングセンター）は，1960 年代までに出店した店舗がまったくなく，1970 年代には 5 店舗が出店しているが，その後減少傾向にあることなどを読み取ることができる．

以上，対象の属性の関係をみるには，クロス集計は最も基礎的かつ有効な方法である．

12.1.3 都市情報の解析

本項では，統計学的手法の中でも都市現象の把握に最もよく用いられる多変量解析法，数量化理論について，その基本的考え方と簡単な事例を中心に解説する．

a. 統計的な手法

都市の諸現象をとらえ，評価・予測する手法は，これまでの計画実務における多様な対象の客観的で，かつ科学的な把握という要請に応えるかたちで，順次蓄積されてきた．その手法群は体系化されたものにはなっていない．しかし，計量的手法に限定して大別すれば，以下のようになる．なお，これらは手法的に排他的ではなく，実際の分析では相互に補完されながら用いられる．

ある現象に関連するいくつかの要素（因子），あるいはそれら要素間の相互関係を統計学の理論を用いて分析し，その現象を説明しようとするものである．アンケートなどによる標本調査（sampling survey）から得られるデータの分析では，元の母集団（population）の特性を科学的，客観的に推定するために欠かせない手法である．

統計的な手法は，これまでにさまざまな都市現象の把握に適用され，計画実務において最も一般に用いられている．簡単な記述統計から相関分析，さらには重回帰分析などの多変量解析まで，多様な手法が用意されている．これらの適用にあたっては，その分析目的に最もふさわしい手法の選択が，現象の的確な把握の決め手となる．

b. 回帰分析と相関

次に，例として人口密度と都心までの距離の間にはどういう関係があるかをとらえてみる．このような 2 変数の相互関係を直感的，視覚的に把握する方法として，変数の値を 2 次元平面上にプロットし，散布図を作成する方法がある．

図 12.2 は，表 12.3 に示した都心距離とネット人口密度の値をそれぞれ自然対数に変換し，プロットした散布図である．これよりネット人口密度は都心から遠ざかるに従って減少していること，またこの 2 つの変数間には直線的な関係があることがわかる．この関係を定量的に表現するにはどうすればよいだろうか．ここでしばしば登場するのが回帰分析である．

いま，2 つの変数の観測値 (x_i, y_i) に対して，次の直線回帰モデル（linear regression model）を想定する．

$$y_i = a_0 + a_1 x_i + \varepsilon_i \qquad (12.3)$$

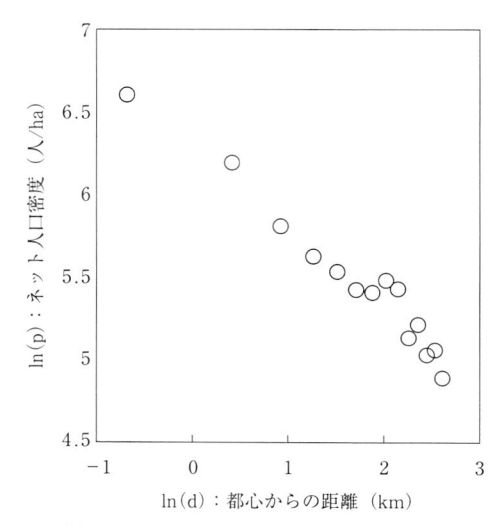

図 12.2 都心距離とネット人口密度の散布図

12.1 都市のデータ解析

表12.3 都心距離とネット人口密度

No	都心距離		ネット人口密度	
	A : km	B = ln(A)	C : 人/ha	D = ln(C)
1	0.5	−0.7	735.2	6.6
2	1.5	0.4	485.4	6.2
3	2.5	0.9	330.8	5.8
4	3.5	1.3	275.5	5.6
5	4.5	1.5	251.4	5.5
6	5.5	1.7	225.9	5.4
7	6.5	1.9	221.3	5.4
8	7.5	2.0	237.6	5.5
9	8.5	2.1	226.2	5.4
10	9.5	2.3	168.4	5.1
11	10.5	2.4	182.6	5.2
12	11.5	2.4	151.5	5.0
13	12.5	2.5	156.5	5.1
14	13.5	2.6	131.2	4.9

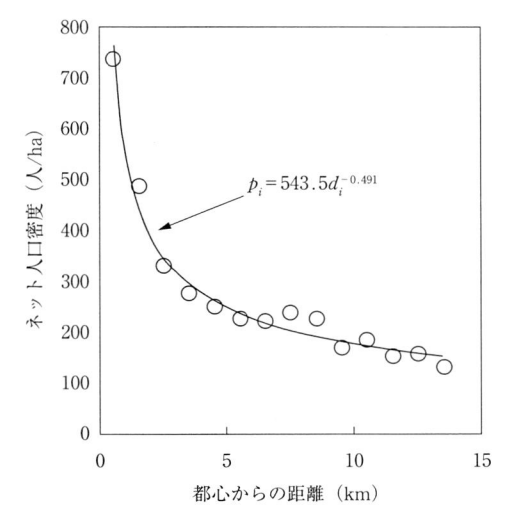

図12.3 都心距離とネット人口密度の関係

ε_i は観測値 y_i と予測値 Y_i との差を表し，予測誤差または残差と呼ぶ．次に，求めるべき直線回帰式を以下のように書く．

$$Y_i = \hat{a}_0 + \hat{a}_1 x_i \qquad (12.4)$$

ここで最小2乗法を用いて，残差の2乗和が最小となるような係数 a_0, a_1 を求めると，

$$\hat{a}_0 = \bar{y} - S_{xy}/S_{xx}\bar{x}, \quad \hat{a}_1 = S_{xy}/S_{xx} \qquad (12.5)$$

となる．なお，S_{xx}（分散），S_{xy}（共分散）は次のとおりである．

$$S_{xx} = \sum_i (x_i - \bar{x})^2 \qquad (12.6)$$
$$S_{xy} = \sum_i (x_i - \bar{x})(y_i - \bar{y}) \qquad (12.7)$$

実際に表12.2のデータを用いて回帰係数を求めてみると，直線回帰式は，

$$Y_i = 6.298 - 0.491 x_i \qquad (12.8)$$

と表される．さらに，この回帰式を元の都心距離と人口密度を用いた式に書きなおすと，次式が得られる．

$$p_i = e^{6.298} d_i^{-0.491} = 543.5 d_i^{-0.491} \quad (12.9)$$

図12.3にこのようにして求めた回帰曲線を示す．

さて，いま求めた回帰式による予測値が元の観測値をどれだけ再現しているだろうか．このような予測の精度を表す指標として相関係数（correlation coefficient）が用いられる．一般に2変数 x_i, y_i の相関係数 r_{xy} は，それぞれの分散（S_{xx}, S_{yy}）・共分散（S_{xy}）を用いて，次式で求められる．

$$r_{xy} = \frac{S_{xy}}{\sqrt{S_{xx} S_{yy}}} \qquad (12.10)$$

相関係数は，$-1.0 \sim 1.0$ の値をとり，1.0に近いほど正の相関が強く，−1.0に近いほど負の相関が強いことになる．先のデータを用いると，r_{xy} は −0.981となり，このように回帰分析を適用することで，2変数の関係を適量的に把握でき，またこの回帰式を用いて予測を行うことも可能である．なお，適用にあたっては，回帰分析の理論とその意味を十分に理解した上で用いることが肝要である．

c. 多変量解析とは

前項では，2変数のみの関係を見てきたが，都市の現象または情報は常に多面的な特性をそなえている．例えば，都市内の地区ごとの人口集積量は先にみたように都心からの距離によってある程度説明できるが，交通条件や地形条件にも影響を受けると考えられる．また，地区住環境の評価は，安全性や利便性，あるいは快適性といった複数の要因に左右される．

したがって，どんな都市現象についても，その特性をとらえるには一般に多くの種類（多変量）のデータが必要となる．それらの中から1変量，2変量を取り上げて調べても，それはその対象の一側面をみているにすぎない．また，一般にはあ

る対象を特徴づけているデータ相互間になんらかの相関関係が存在する．人間はせいぜい3次元空間上で対象を直感的に把握することができるが，それ以上の次元の理解は困難である．そこで対象の多面的な特性を総合的に把握する手法が求められる．

多変量解析とは，このような相関関係をもつ多変量データの特性を要約し，所与の目的に応じての分析手法であり，大きく以下の2つに分かれる．

① 予測または要因分析に用いる方法
② 総合特性値を求める方法

e項では，①および②の代表的な手法について紹介する．

d．重回帰分析

計画立案において人口や土地利用の将来予測を行い，それらに対する複数要因の影響の度合を調べたい場合がある．このような予測や評価を行う手法の中で，最も代表的で基本的な手法は重回帰分析である．以下はその基本的事項を概説する．

重回帰分析（multiple regression analysis）とは変量 y（目的変数）と複数の変量 $x_1, x_2, \cdots, x_p$（説明変数）の間に，一般に（12.11）式のような線形1次式（線形重回帰モデル）を想定する．

$$y_i = a_0 + a_1 x_{1i} + a_2 x_{2i} + \cdots + a_p x_{pi} + \varepsilon_i \tag{12.11}$$

ε_i は残差（予測誤差）である．ここで，回帰分析と同様に，残差 ε_i の2乗和が最小となるような係数（偏回帰係数と呼ぶ）$a_0, a_1, \cdots, a_p$ を求めればよい．また，観測値 y_i と予測値 Y_i との相関係数を重相関係数（multiple correlation coefficient）R と呼ぶ．

$$R = \frac{\sum_{i=1}^{n}(y_i - \bar{y})(Y_i - \bar{Y})}{\sqrt{\sum_{i=1}^{n}(y_i - \bar{y})^2 \sum_{i=1}^{n}(Y_i - \bar{Y})^2}} \tag{12.12}$$

この値は，観測値と説明変数との相関関係でもあり，説明変数全体が目的変数をどの程度よく推定（説明）しているかを表す．なお，この重相関係数は，前項の回帰分析の相関係数の定義と（計算式も）異なり，詳細は専門書を参考にすることが望ましい．

e．多変量データの要約

c項で述べたように，人間はある対象の特徴を把握しようとする場合，せいぜい3次元空間上での把握までが限界である．しかし，相互に相関をもつ多面的なデータから，その対象を総合的にとらえることは，都市計画および都市現象の把握に欠かせないものである．ここでは，多変量のデータを要約し，総合特性値を求める主成分分析について概説する．

主成分分析（principal component analysis）とは，相互に相関をもつ多変量データの情報を少数個の総合特性値（主成分）に要約する方法である．ここで情報の要約とは，元の多変量データのもつ情報のロスを最小にすることを意味する．

いま，p 個の特性（変量）をもつ n 個のサンプルについて，次のような p 個の特性値の重みつき平均とみなせる m 個の総合特性値を考える．

$$z_k = a_{k1} x_1 + a_{k2} x_2 + \cdots + a_{kp} x_p \tag{12.13}$$
$$(k = 1, 2, \cdots, m)$$

ただし，

$$\sum_{j=1}^{p} a_{kj}^2 = 1 \tag{12.14}$$

z_k は第 k 主成分得点，x_j は変量 j の値，a_{kj} は第 k 主成分の変量 j の重みを表す．第1主成分 z_1 の係数は（12.14）式の条件のもとで z_1 の分散が最大になるように定める．第2主成分以降は（12.14）式を満足し，かつ各主成分は無相関になるという条件のもとで，それぞれの分散が最大になるように定める．詳細は文献[3]を参照してほしい．

f．数量化理論

数量化理論（quantification theory）とは，林知己夫によって開発された理論で，定性的な属性データのカテゴリーに適当な数値（ダミー変数）を与えて，定量的変数の場合と同様に，多変量解析を施す理論である．都市計画の分野では，定性的な属性で特徴づけられる社会現象の把握が特に求められることから，しばしば用いられる手法である．

数量化理論は，大別すると外的基準のある場合と外的基準のない場合に分けられる．外的基準とは，予測したい変数，あるいは判別したい群であ

り，重回帰分析などの目的変数に相当する．複数の属性データを用いてある定量的変数の値を予測する方法が数量化Ⅰ類で，ある複数の群に判別する方法が数量化Ⅱ類である．ここで，予測，判別に用いる属性データは内的基準と呼ばれる．数量化Ⅰ類は，その分析内容からみて重回帰分析に対応する手法である．

これに対して，外的基準のない場合とは，対象とする複数の属性相互の関係をなんらかの基準に基づいて数量化し，属性またはサンプルの要約や類型化を行う方法であり，数量化Ⅲ類とⅣ類がある．これらは，それぞれ主成分分析とクラスター分析に対応する手法である．なお，数量化理論の詳細は専門書を参照してほしい．

g. 評価指標

都市の諸現象は，さまざまな要因が複雑に絡み合った相互作用の結果として具現されていると考えることができる．多変量解析や数量化理論の方法はこの複雑な要因相互の関係を解明し，現象を把握しようとするアプローチである．その一方で，要因相互の複雑な関係はブラックボックスとして，なんらかの単純な指標によってある現象や計画対象を客観的に評価，予測できれば，それは，計画立案作業において簡便でわかりやく，使い勝手のよい道具となる．この代表例として用地原単位（例えば，人口1人当たりの住宅用地面積）や環境評価指標などがある．また最近では，土地利用の混合度や集塊性を，情報エントロピーやジョイン理論などを用いて指標化する試みも積極的に行われている．

以上の計量的手法を用いた都市現象の把握には，コンピュータ利用がいまや欠かせない．しかし，その手軽さゆえに，手法適用の本来の意味や目的が等閑にされる危険性もある．計量的手法適用にあたっては，その理論の十分な理解と適切な応用が肝心である．また地図情報をベースに多様な地理的，空間的情報を管理，検索，更新，解析する地理情報システム（GIS）の都市計画への応用がさかんになっている．都市現象の把握は，必ず地図上での空間分析を伴う．今後は，コンピュータ技術の進展とともに地理情報システムをベースにした都市現象の把握が主流になっていくと考えられる．

12.2 都市現象のモデル化

12.2.1 都市モデルの概要

人口，土地利用，住宅立地，交通など都市におけるさまざまな事象を計量的に取り扱い，都市計画の科学化をめざす研究は，およそ過去50年間にわたって種々の方法論の開発を通して進められてきた．20世紀の前半までは，都市地理学，土地経済学あるいは都市生態学の分野で都市における地価や人口，土地利用などの分布についての定性的な知識が蓄積されていた．これらの知見は，さらに今日までに計量的に表現されるようになり，その後のモデル化へとつながってきている．

1950年代にアメリカでは自動車が急速に普及した．この新しいモビリティに対処するために交通計画を立案することが必要となり，政策指向的な交通モデルが開発された．その後，コンピュータの普及に伴って交通モデルの実用化が進められ，1970年代までに多くの交通モデルが提案された．ところがこれらの交通モデルは，いずれも交通が土地利用に及ぼす影響を軽視し，土地利用と交通との間の相互作用を考慮していなかった．そして土地利用へのフィードバックを無視した交通計画の課題が明らかとなり，それから交通施設整備による土地利用へのインパクトを予測する土地利用モデルが必要となった．こうして土地利用モデルは，交通モデルと相互に補足しあう政策指向的なモデルとして誕生してきたのである．

その後，都市の現象を記述し，予測するための住宅立地モデル，商業立地モデル，工業立地モデルなどさまざまな個別土地利用モデルが開発された．さらに，土地利用計画が精緻になるに伴い，都市内部での都市活動の分布を記述し，予測するために，都市内部の空間がどのように相互に関連しているかを表現し，空間相互作用を考慮した計量的なアプローチが必要となってきた．特に，今日では数値情報が溢れており，精度の高い都市計画の策定が求められ，それに有益な情報を提供できる予測モデルの開発は不可欠となってきてい

る.

しかし，都市には非常に多くの異なる要素をもつ行動主体があり，多種多様な行動が集積している．これらの都市現象の記述は，多くの困難に直面している．さらに，構築された都市の土地利用モデルは，操作的でなければならないし，実用的なモデルを作成する際に，例えば移動量を適切に表現するための適当なゾーンの大きさ，人の移動に影響を与えるゾーン間の時間距離の与え方，さらに人の移動を促す魅力度の数値化など，適用上の課題が少なくない．特に空間相互作用モデルの適用においては，対象地域周辺の外部ゾーンをどう取り扱うか，外部ゾーンと内部ゾーン間の移動量データの不足など，苦慮することは多いと考えられる．それゆえ都市内部の活動を，移動量を通して適切に表現する計量モデルの開発が，今後とも必要である．

12.2.2 多様な都市モデル

先に述べたように，ある計画対象に関連する諸要素の関係を独自の理論を用いてモデル化し，そのモデルによって対象の評価，予測を行う方法がある．これには都市計画の周辺分野である経済地理学や都市経済学の成果を応用する場合と，物理学などの自然科学系の学問領域の成果を応用する場合がある．前者は，A. ウェーバー（A. Weber）やW. アロンゾ（W. Alonso）に代表される立地論（location theory）に基づく土地利用メカニズムの解明である．後者の代表例としては，万有引力の法則のアナロジーである重力モデル（gravity model）や熱力学のエントロピー理論から導出された空間相互作用モデル（spatial interaction model）などがある．また最近では，ニューラルネットワークや遺伝的アルゴリズム，ファジー理論など新しい自然科学分野の成果を応用した空間解析モデルの開発も進んでいる．これらの理論と都市計画への応用に関しては，文献[1, 5, 6)]などを参照してほしい．都市のようなある対象を1つのシステムとしてとらえ，システムを構成する諸要素の関係を数式などで表現してモデル（模型）を構築し，そのモデルを操作することによって，対象の解析，評価，予測を行う方法である．都市を対象としたシミュレーションモデルの代表例としては，I. S. ローリー（I. S. Lowry）によって開発されたアメリカのピッツバーグ都市圏を対象にした土地利用モデル（ローリーモデル）や，マサチューセッツ工科大学（MIT）のJ. W. フォレスター（J. W. Forrester）教授によって開発されたアーバンダイナミクスモデルがある．これらの具体的内容は，文献[4, 5)]を参照してほしい．

12.2.3 人口予測モデル

都市の将来人口予測は，計画立案における最も基礎的でかつ重要な作業である．都市基本計画の策定では，まず目標年次における計画人口の設定が求められる．計画人口は，人口フレームとも呼ばれ，都市全域の土地利用計画，住宅地計画，公共施設配置計画などの前提となる．

この人口フレームの設定は，対象都市の将来人口予測に基づいて行われるのが，一般的である．具体的な予測方法としては，トレンドモデル，コホート生存モデル，あるいは計量経済モデルがよく用いられる．

トレンドモデルは，将来人口予測に最もよく用いられ，社会変化の趨勢の安定性に依存したモデルである．いずれも過去の複数時点のデータをベースに回帰分析によって，そのパラメータを推定することで求められる．このモデルは，人口変化の趨勢に着目しており，なぜそのような変化が起こるかはブラックボックスとして処理される．これに対して，変化の起こる要因あるいは構造に着目した代表的なモデルは，コホート生存モデルである．

コホート生存モデル（cohort survival model）は，都市人口変化の要因を，出生と死亡からなる自然増減と都市間の人口移動による社会増減からとらえ，ある年次の都市人口を年齢階層別に推定するモデルである．ここでは，出生率，死亡率，転出・転入率が将来的に大きく変化しないことを仮定する．したがって比較的短期の予測では高い精度が期待できるが，出生率および死亡率の変化によって，予測結果に大きく影響する場合がある．

詳細なモデルの解説は専門書を参照してほしい．

このほか，システムダイナミクスモデル（SDモデル）による人口予測の方法もある．SDモデルはMITのフォレスター教授が中心となって開発したシミュレーションモデルである．このモデルは，都市を含めた社会システムの因果関係を複雑な情報のフィードバックループ構造としてモデル化し，その動的挙動をみるものである．

国立社会保障・人口問題研究所では，都道府県別，市区町村別などの将来人口の推計を行っており，その結果は公表されている．

12.2.4 空間相互作用モデル

空間相互作用に関する先駆的な研究は，ライリー（Reilly）の小売商圏に関する研究であるといわれている．ライリーは，都市の買い物センターの魅力が人口の規模に比例し，その都市までの距離の2乗に反比例するとした．これは，ニュートンの万有引力の法則に当てはめることができるので，小売重力の法則として知られている．空間的な距離が人間の行動に影響を与える現象に着目し，都市における社会現象の法則性を初めて数式によって表現することができた．

その後，このモデルはハフ（Huff）によって，複数地点の間の相互作用を表現できるように拡張され，空間相互作用モデルと呼ばれるようになった．ハフモデルは，消費者がある買い物センターを選択する確率が，いわゆる単一制約型の重力モデルによって表されることを明らかにした．このモデルの1つの特徴は，推定する距離減衰のパラメータが1つしかないことであり，推定方法として最小2乗法または平均移動距離を一致させて推定する方法がよく用いられる．このモデルは，小売の商圏，病院の利用圏，図書館の利用圏など多くの現象をよく記述することができるので，応用性の高いモデルである．例えば新しいショッピングセンターの売上高の推定を行う場合は，調査によってゾーンごとの施設別小売購買額を求め，現実の小売床面積を用いてパラメータを推定し，モデルによって予測できる．さらに，将来の人口を想定して，ゾーンごとの将来購買額を想定し，計画さ れている小売床面積を用いれば，将来の施設ごとの小売販売額を推定することもできる．

12.3　支援システムとしてのGIS

GIS（geographic information system：地理情報システム）とは，空間上の位置を示すさまざまな情報（地理空間情報）を電子的に処理する情報システムの総称である．このGISを使うことで，空間データ情報の取得，保存，管理，加工，解析，表示をコンピュータで効率的に行うことができ，地図や3Dイメージなどの形で視覚的に表現したり，複数の種類の情報を組み合わせて高度な分析を行ったりすることができるものである．

地図情報をデジタル化することにより，同一の地図上で必要な情報の表示，検索を必要なものだけ取り出すことができ，さまざまな情報を共有しながら，修正，更新，分析を行うことができる．さまざまな分野で利用されているため，応用力が高く，幅広く用いられるようになった．

情報化の進展と社会のニーズをふまえ，誰もがいつでもどこでも必要な地理空間情報を使ったり，高度な分析に基づく的確な情報を入手し行動できる．わが国では，地理空間情報高度活用社会の実現に向けて，平成19年に，地理空間情報活用推進基本法（NSDI法）が施行され，地理情報システム（GIS）と衛星測位（PNT）の連携により，さまざまな事象に関する情報を位置や時刻と結びつけ情報通信技術を利用して取得，管理，分析，表現し，われわれの行動選択の判断材料となる的確な情報を提供するツールがつくられている．

1967年には，世界で初めて動作可能な地理情報システムが，カナダで開発された．現在のGISと遜色のない機能を備えていたが，政府機関向けのものであり，開発当時のハードソフトウェア技術の限界に近いものだったので，普及しなかった．

日本では，阪神・淡路大震災を契機として，関係省庁の密接な連携の下にGISの効率的な整備およびその相互利用を促進するため，1996年12月に「国土空間データ基盤の整備及びGISの普及に関する長期計画」が発表された[10, 11, 12]．

12.3.1 GISの特徴

a. 図形データと属性データ

図形データは，大きく分けると，ベクタデータとラスタデータ，TINデータに分けられる．ベクタデータは，ポイント，ライン，ポリゴンの3種類に細分される．ラスタデータは航空写真や，人工衛星画像，スキャンした地図などでさまざまなファイル形式のものを使用することができる．TINデータとはX，Y，Zの座標を有する点で，三角形でリンクしたネットワークで表現した空間データである．属性データとは，ベクタデータに関連づけられた属性のことである．dBASE形式ファイルや，オラクル，サイベースなどのデータベースと連携して，その内容を表示することができる[12]．

b. ベクタデータとラスタデータ

GISで用いるデータモデルとしては，境界の明確な地物や事象を表現するベクタデータモデルと，植生や土地利用など比較的境界があいまいなものを表現するラスタデータモデルがある（図12.4）．前者のベクタデータモデルはポイント（点），ライン（線），ポリゴン（面・領域）のジオメトリクラス（形状の型）からなる（図12.5）．このとき，ジオメトリと呼ばれる位置や形状を表すXY座標列と1つのテーブルに格納される1レコードの属性データが固有のIDによって関連づけられ管理される．また，後者のラスタデータは航空写真や衛星画像のようなイメージデータと，地表面温度や標高といった連続変化面を表すサーフェスデータとなる．ラスタデータは2次元平面を細かい格子（セル）に分割して表現される．セルはラスタデータ内の基本的な空間要素である．ラスタデータ内でのセルはすべて同じ大きさの正方形であり，空間的な値を表現する2値または多値の数値を格納している[11]．

12.3.2 GISを使った空間分析と事例

都市計画では都市計画図や道路台帳などのさまざまな台帳や紙地図などを扱ってきたが，GISを活用すれば膨大な量のさまざまな情報を容易に管理することができるようになった．また，土地区画整理事業や地形分類などの情報も容易に扱うことができ，地域情報の管理に非常に適している．GISの活用によって，地域管理をするだけではなく，例えば街灯などのように，次々に設置していく施設・設備などの検討を行う際に視覚的にわかりやすく説得力のある解析結果を表示することができるようになった．このように広い範囲でさまざまな情報を扱う都市計画において，GISのもつ管理能力，処理能力が大きな助けとなっている[13]．

ここでは，GISが実際にどのように使われているか，事例をもとに解説を行う．

a. 土地利用現況

大阪湾沿岸域の土地利用が1979年から1985年までの間にどのように変化してきたかを分析した（図12.6）．

各地域・地区ごとの土地利用用途占有率とその変化による，各土地利用占有率の現状及び商業用

基準地図データ

ベクタデータ

ラスタデータ

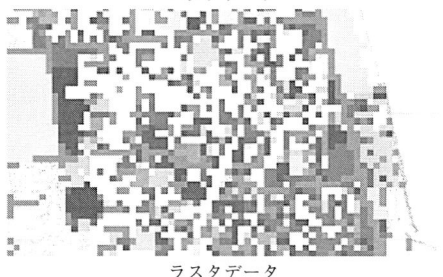

図12.4　ベクタデータとラスタデータ
（別府駅周辺の土地利用現況図）

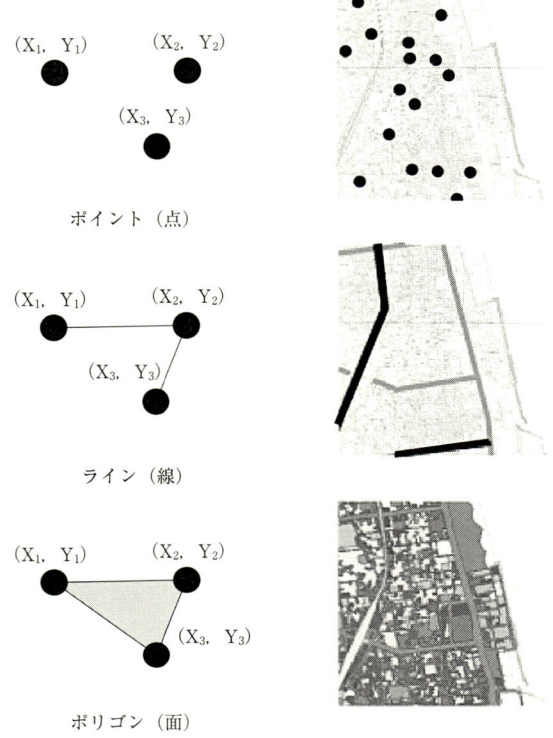

12.3 支援システムとしてのGIS

図12.5 ベクタデータのフィーチャ（形状）の種類

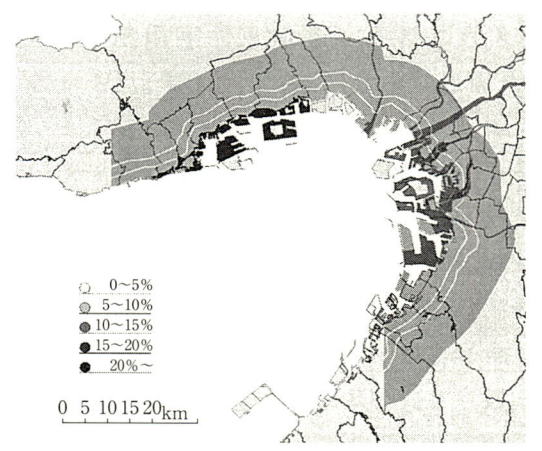

図12.6 土地利用用途転換率（1979年→1985年）

地・住宅用地占有率の増加を考慮して，どの地域・地区で，どのような用途が商業用地・住宅用地へと転換しているのかを解析し，臨海部における都市化のメカニズムを解明した．

b. 空間分析（オーバーレイ分析）[15]

使用データとして国土地理院の近畿圏細密数値情報（10mメッシュ土地利用近畿圏，1996年）を優先属性法により100mメッシュに変換し，さらに国土地理院が定義する17分類を10分類に統合し，水域・データなしを除く8分類を使用する．内訳は，工業用地10,244メッシュ，商業用地10,130メッシュ，農業用地51,073メッシュ，オープンスペース13,656メッシュ，公共用地12,287メッシュ，住宅用地34,913メッシュ，その他16,430メッシュ，計約15万メッシュだった（図12.7）．

上記土地利用メッシュデータを用いたメッシュデータマップと，海域からの距離を100mごとに，6000mまで60段階に分類した臨水界距離メッシュデータをオーバーレイ（重ね合わせ）することにより，臨水界距離別土地利用現況占有率を算出

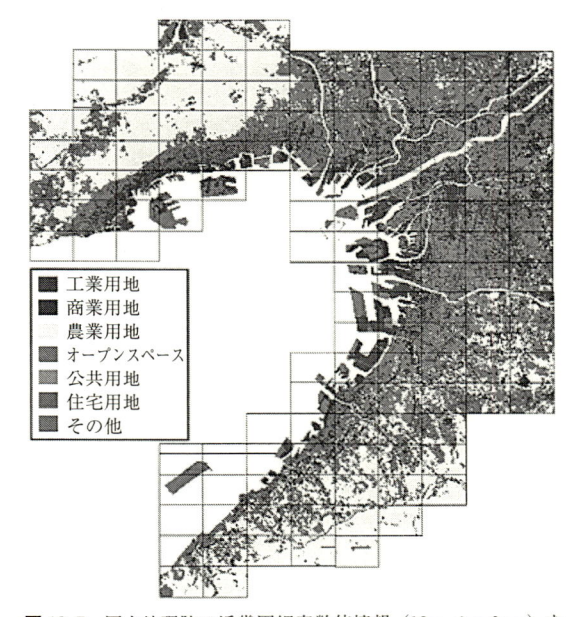

図12.7 国土地理院の近畿圏細密数値情報（10mメッシュ）をもとに作成した土地利用現況図

した．

例えば，臨水界距離100mまでの地域内での土地利用現況の用途ごとのメッシュ数を抽出し，それぞれをこの地域の総メッシュ数で除した値を臨水界距離0～100mの地域における土地利用現況占有率（％）とした．

漁業者世帯の分布と土地利用について，神戸市の漁港周辺の土地利用を分析したものが図12.8である．漁港から1kmバッファを作成し，これに，漁業者世帯の分布状況をアドレスマッチング

サービスにて得たデータと，細密数値情報住宅用途をオーバーレイして漁港周辺地域の漁業者世帯の分布を求めた．これらから，漁業者世帯の分布と，住宅地，特に低層住宅地の分布は相関関係にあるように読み取れた．漁港周辺域で漁業者世帯が多く分布し，周辺の中高層住宅地についても，1985年から1996年の間での増加が確認できた．一般的には住宅系用途が少ない大都市臨海部において，漁協に所属し，漁業生産を営む漁業者世帯の居住と船溜まり周辺の土地利用は大きく関係していることが明らかとなった[15]．

c. GIS によるマーケティングの事例[14]

薬剤師の資格をもった人が，調剤薬局を出店したい．まず，表12.4の条件①について，自宅近くのエリアを選出する．次に，昼間人口（国勢調査）データ（図12.9），法人電話帳データベースよる株式会社・有限会社の分布状況，薬局の分布図，医院・病院・クリニックの分布図などを表示しそれぞれを確認する．その中から，調剤薬局の出店候補地として最適なエリアの抽出をする．抽出エリア内の駅を乗降客数順に抽出し，より最適なエリアを選定する．

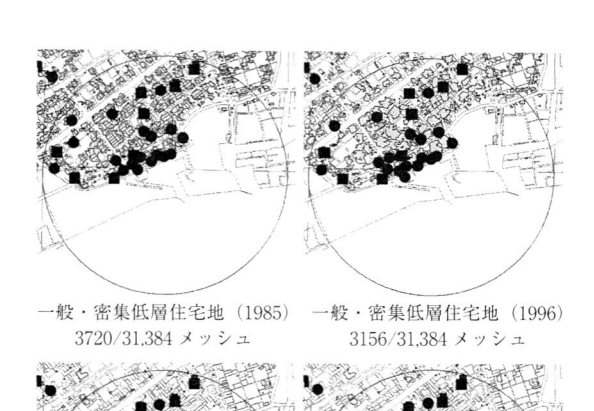

表12.4 調剤薬局出店の前提条件

① 出店エリアが自宅の近く
② 乗降客が多い駅に近い場所
③ 昼間人口が商圏（500mメッシュ圏）に2000人以上
④ 商圏内に既存薬局が3店舗以下
⑤ 商圏内に病院，診療所が5カ所以上
⑥ 法人電話帳に株式会社，有限会社と名のつく企業が100社以上

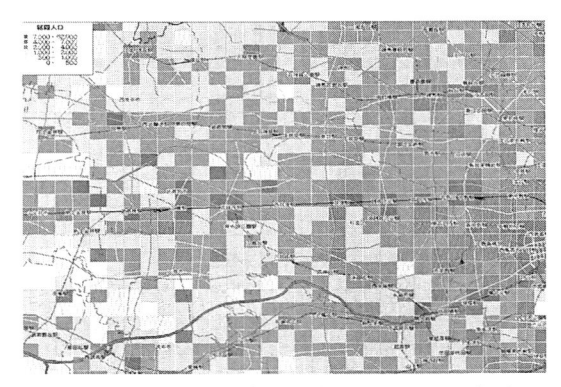

図12.9 昼間人口の分布状況（マーケティングの事例）

図12.8 船溜まり周辺地域における漁業者世帯の分布
●は戸建漁業者世帯，■は集合住宅漁業者世帯を表す．

一般・密集低層住宅地（1985）3720/31,384 メッシュ
一般・密集低層住宅地（1996）3156/31,384 メッシュ
中高層住宅地（1985）217/31,384 メッシュ
中高層住宅地（1996）226/31,384 メッシュ

12.3.3 Google

1) Google Maps[16]

Google Maps のホームページ上にあるGoogleマップによって，地図，航空写真，地形の3つの方式で，ズームを調節し，全世界を見ることができる．このマップを使用して，GIS上でベースとなる地図データとして活用することができる．

2) Google Earth[16]

Google 社が無料で配布しているバーチャル地球儀ソフトである．世界中の衛星写真を，まるで地球儀を回しているかのように閲覧することができる．設定や地域によるが，ほとんどの山がポリゴンになっており，地図を傾けると立体的な表示となる．世界の主要都市に加え，日本国内の主要都市も3Dビルディングにより再現できる（図12.10）．また，Google SketchUpにより自分で作成した3Dを表示することもできる（図12.11）．

12.3.4 インターネットを通じた情報提供・サービス

a. データ閲覧・ダウンロードサービス

1) 国土数値情報ダウンロードサービス[10]

地理情報標準プロファイルに準拠したデータ

図 12.10 Google Earth

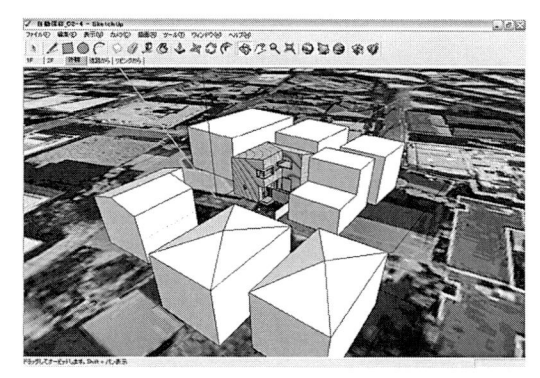

図 12.11 Google SketchUp

と，これまでのデータ形式で整備されたデータの両方がダウンロードできる．

2) オルソ化空中写真ダウンロードシステム[10]

オルソ化した空中写真を閲覧し，指定した範囲のデータをダウンロードするためのシステムである．ダウンロードした空中写真画像は GIS 上で地図に重ねて表示することができる．

3) 国土情報ウェブマッピングシステム[10]

国土数値情報や国土画像情報を Web ブラウザ上で簡単に閲覧するためのシステムで，表示色の変更やデータの切り替えも可能である．

4) 位置参照情報ダウンロードシステム[10]

街区単位・大字町丁目単位の位置座標を整備したデータをインターネット上でダウンロードできる．このデータから，住所などを含む表や台帳データ・統計データに位置座標を付与し容易に地図上でも表現できるようになる．

5) アドレスマッチング[20]

インターネット上で住所データを入力すると，経緯度データに変換することができるサービスがアドレスマッチングである．住所・地名フィールドを含む CSV 形式データにアドレスマッチング処理を行い，緯度経度または公共測量座標系の座標値を追加するために利用している．座標値を付加したファイルを GIS ソフトで読み込めば，地図データを作成することが可能で，さまざまな空間解析を行うことが可能である．

b. データ検索サービス

1) 航空写真画像情報所在検索・案内システム[10]

国や地方公共団体などの各機関・組織が保有している航空写真を，場所を地図上で確認しながら検索するためのシステムである．

2) 国土情報クリアリングハウス[10]

国土交通省の保有する地理情報のメタデータを検索するシステムである．地理的，時間的範囲，題名，キーワードなどを指定して検索することができる．検索結果は地理情報標準の JMP（Japan-Metadata Profile）形式で見ることができる．

12.3.5 地理空間情報高度活用社会の実現

元来，必要な地理空間情報はアンケートや現地調査によって自ら作成することから始める必要があったが，今日では多種多様な地理空間情報がデジタル化され，インターネットを通じての流通が加速している．このような，ネットワークを活用した地理的情報の流通機構全体をクリアリングハウスと呼ぶ[10]．

GIS は都市計画支援システムとして，地理情報などのコンテンツ作成の基盤となっている．しかし，個人情報の保護や，個々の作成した情報の占有化などが情報共有の障害となり，現在課題となっている．情報の共有を行うことによって，さまざまなコンテンツが作成され，このコンテンツはユビキタス展開によって，いつでもどこでもだれでもが利用できるようになってきている．

12.4　景観シミュレーション

景観シミュレーションとは，周辺環境も含めた視対象となる「景観場」の構成を模擬的につくり，さらにそれを見る「視点場」を設定して景観を模

擬的につくりだしてみることであり，環境を可視化することであるといえる．この景観シミュレーションは，完成後の視覚環境を予め評価し，美しい景観，あるいは望ましい景観を実現するための手法として用いられる．例えば，建築のシミュレーションと景観シミュレーションにおける建築とは，基本的にその扱いが異なってくる．景観シミュレーションにおいては，あくまでも周辺環境との関連の中で建築が評価されるわけであり，単体としての建築がいかに忠実に表現されていても景観シミュレーションを満足するものではない．

景観の何をシミュレートするかにより，その手法などもさまざまであるが，景観シミュレーションは，① 色彩や光の景観シミュレーション，② 建築・構造物・工作物の景観シミュレーションと修景，③ 都市データベースと景観シミュレーション，④ 地形データと景観シミュレーションの大きく4つに分類できよう．

① は，ビルの外壁，屋根，舗装面，看板などが対象となる．シミュレートする時間が夜である場合，照明の役割は大きくなる．② は，ストリートファーニチャーなど，景観場においていわゆる点景と呼ばれ，景観要素としてはいわば脇役である工作物をシミュレートしたり，駐車場の外壁の模様や街路樹の配置をシミュレートするものである．また，景観計画において，電柱や看板の削除などの修景に景観シミュレーションが利用される．③ は，都市内，特に市街地内の景観シミュレーションにおいて，建築物の外形，構造物，街区のデータなどいわゆる都市データベースを使ったシミュレーションが行われている．④ は，地形データ（国土地理院の数値地図50mメッシュなど）を活用して，地理的スケールの景観をシミュレートするものである．例えば，Google Earthを用いた都市空間の可視化は，③ と ④ を組み合わせたシミュレーションツールとして評価できる．

さらに，シミュレートする内容により，データの組み合わせ，利用するソフトウェア，そしてアウトプットの精度などが異なってくる．1つは，広範囲に及ぶ地形の再現をはじめとするマクロレベルでのシミュレーションである．この場合，「景観場」が大規模になるため，建物などの細かなモデリングは省略することが一般的である．マクロレベルでは，プログラムによるシミュレートやGISがおもに利用される．もう1つは，人の視点からみた道路景観などのミクロレベルでのシミュレーションである．この場合，周辺や背景となる地形などは部分的あるいは簡便な表現にとどめ，建物や構造物などを詳細に表現することが求められる．ミクロレベルでは，3Dモデリングソフトがおもに利用される．

このように景観シミュレーションでもさまざまな手法が存在する．本節では建築設計や都市計画において活用される手法を事例を通して紹介する．

12.4.1　ペイント系ソフトによるシミュレーション

フォトモンタージュに代表される手法である．例えば，看板や電柱，ストリートファーニチャーや樹木などの要素を，画像処理により配置あるいは除去する方法である．写真画像内の要素を除去するだけでなく，実空間の写真とコンピュータ上で作成したモデル（建物や道路など）を合成する方法もフォトモンタージュの一種である（図12.12）．また，建築物や構造物などの仕上げ材を変化させる場合は，テクスチャーマッピングの手法がとられる．

12.4.2　CGによるシミュレーション

一般的なCG（コンピュータ・グラフィックス）による方法では，3Dモデリングソフトを利用して仮想的にモデルを構築し，画像を作成する方法（図12.12）や，空間内を指示的に回遊するアニメーション（ムービー）を作成する方法がある．このCGによるシミュレーションは，先ほどと同様に，看板や電柱，樹木などの要素を配置，あるいは建物高さ，テクスチャーを変更するなどして，いくつかのパターンを検討案として用意し，比較・評価が行われる．アニメーション（図12.13）や画像の作成は，リアリティを追求することで，再現性を高めることができる．しかし，このリアリティ

図 12.12 大分府内城（モデル）と現況の合成モンタージュ
（大分大学佐藤誠治建築・都市計画研究室作成）

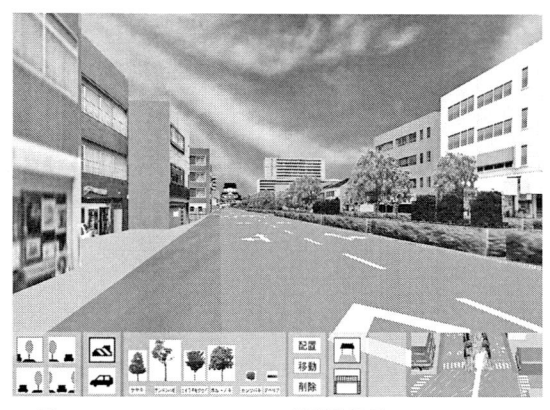

図 12.14 VR システムによる植樹帯位置のシミュレート
（大分大学佐藤誠治建築・都市計画研究室作成）

図 12.13 建物高さシミュレーション
（大分大学佐藤誠治建築・都市計画研究室作成）

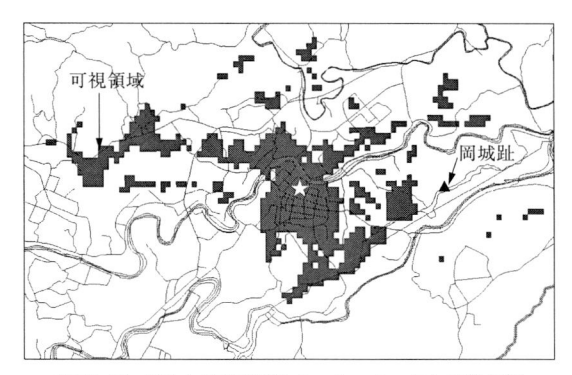

図 12.15 GIS 上での地形シミュレーションと可視分析
図中の☆は視点場を表す．

性ゆえに，個々の考えが提示案に固定化される懸念や，変更点を反映するための作業や時間を要することなどが短所として挙げられる．

12.4.3 VR によるシミュレーション

CG の短所を補う方法が，VR（virtual reality：仮想現実感）によるシミュレーションである．VR は，予めいくつかのパターンや樹木，ストリートファーニチャーなどの要素を配置できるように作成した VR システムを，被験者が自由に操作，移動し評価を行うことができるものである（図 12.14）．この VR は，ワークショップなどにおいて，住民や開発主体などからの提示案を複数人で検討する際に用いられるようになっている．また，VR はいくつかの検討案を保存したり，過去に遡り再検討を加えることができるようにすることも可能である．さらには，ネットワーク上での協調設計など，インタラクティブなコミュニケーションツールとして今後も活用が期待される．

12.4.4 地形シミュレーション

大規模な地理的スケールの景観を評価する．地形データとしては，数値地図（国土地理院）や等高線データが利用される．地形シミュレーションは，可視頻度をはじめとした可視分析とその評価が行われる．現在では，GIS の機能を活用した可視分析も可能となっている（図 12.15）．

以上のように，景観シミュレーションの目的や方法は多岐にわたる．現在では，都市空間データの入手が容易になると同時に，その情報やツールも多様である．必要な情報と提示すべき案などを事前によく検討した上で，データやツール，さらには評価方法を選択することが肝要であり，このことが，意思決定支援ツールとしての景観シミュレーションの意義や価値を高めるのである．

■参考文献

1) 青木義次：建築計画・都市計画の数学―規模と安全の数理―，数理工学社（2006）．
2) 青山吉隆，戸田常一ほか：都市モデル―手法と応用―，丸善（1984）．
3) 奥野忠一，久米　均ほか：多変量解析法，日科技連出版社（1971）．
4) 谷村秀彦，梶　秀樹ほか：都市計画数理，朝倉書店（1986）．
5) 日本建築学会編：建築・都市計画のための調査・分析方法，井上書院（1987）．
6) 日本建築学会編：建築・都市計画のためのモデル分析の方法，井上書院（1992）．
7) 山口喜一編著：人口推計入門，古今書院（1990）．
8) 国土交通省国土計画局参事官室：GIS「地理空間情報」の活用で拓く豊かで活力ある社会（2008）．
9) 岡部篤行，村山祐司編：GISで空間分析，古今書院（2006）．
10) 国土交通省国土計画局参事官室：GIS Geographic Information System，地理情報システム（2008）．
11) 土原　聡，吉田　聡，川崎昭如，古屋貴司：図解！ArcGIS 身近な事例で学ぼう，pp.74-104，古今書院（2005）．
12) 大場　亨：ArcGIS8で地域分析入門，成文堂（2004）．
13) 村山祐司，柴崎亮介：シリーズGIS第1巻，GISの理論，pp.73，pp.77，朝倉書店（2008）．
14) 平下　治：3日で分かるビジネスGIS特訓ドリル，pp.146-151，商業界（2005）．
15) 菅　雅幸：大都市沿岸域における地域構造の変化に関する研究，pp.21，pp.47，pp.85，日本大学学位論文（2007）．
16) ObraClub：やさしく学ぶGoogle SketchUp（2009）．
17) 菅　雅幸，佐藤武典：観光都市における土地利用の変化，日本建築学会大会学術講演梗概集，pp.545-546（2008）．
18) 国土交通省ホームページ：
    http://www.mlit.go.jp
19) Wikipedia：
    http://ja.wikipedia.org/wiki
20) アドレスマッチングサービス：
    http://newspat.csis.u-tokyo.ac.jp/geocode/modules/csv-admatch0/
21) ESRIジャパンホームページ：
    http://www.esrij.com/
22) 佐藤誠治，小林祐司：CGシミュレーションの景観評価への応用，都市計画，**56**（6），51-54（2007）．

13. 都市の防災計画

13.1 地域防災と都市の防災計画

地域防災計画は，一般に災害予防計画，災害応急対策計画，災害復興計画などから構成され，この計画に基づいて，地方自治体はハード，ソフトの両面から防災対策に取り組む．その前提条件として，災害ごとの被害想定やハザードマップの作成が行われる．

都市の防災計画は，地域防災計画に示される防災対策のうち，おもに地震災害，風水害，火事災害に対するハード面の対策を担う．一般に，都市レベルでは安全な都市構造の形成や土地利用の規制・誘導，地区レベルでは市街地環境整備でもって，災害に強い都市づくりのための施策が展開される．

13.2 都市の防災計画の考え方と手法

13.2.1 都市レベルの防災計画

都市レベルの防災計画では，防災上の問題が発生しないようにするための危険地区化の規制・防止と，市街地の防災性能確保のための防災構造化と消防活動設備・空間の整備がおもな取り組みとなる．

a. 土地利用の変容による危険地区化の規制・防止

まずは，都市計画区域マスタープランにより，溢水，津波，高潮，土砂災害などによる災害発生の恐れのある土地などは，防災上の具体的な措置なしには市街化区域に含めず，地域特性に応じて都市防災に関する方針を定める．また，開発許可

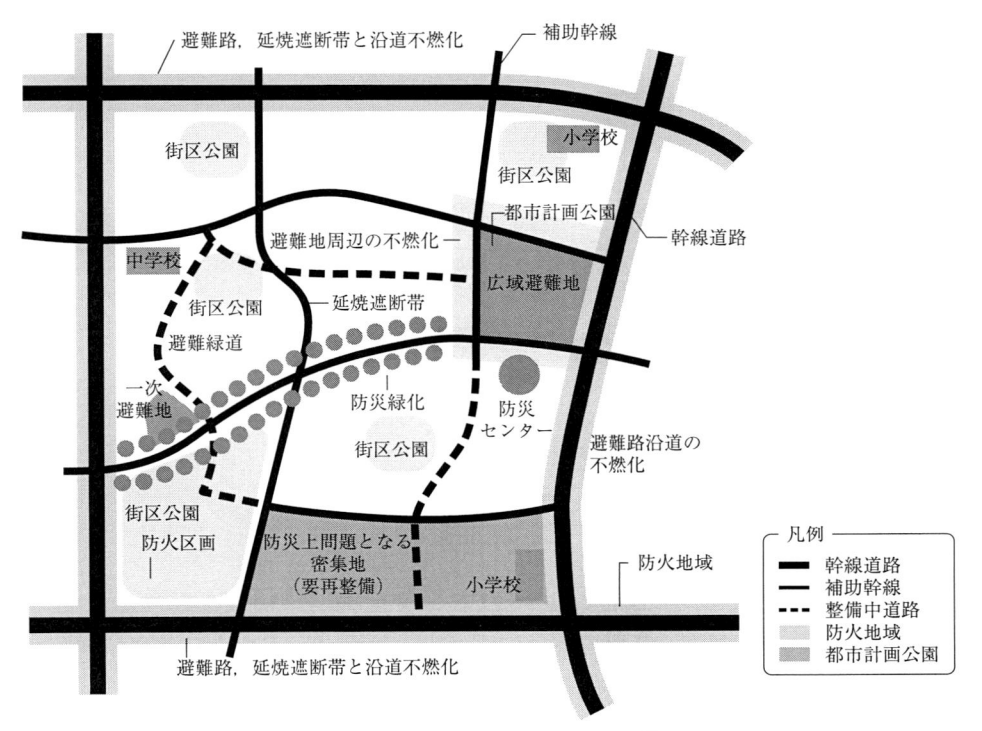

図 13.1 都市の防災構造化のイメージ[1]

制度における技術基準として防災にかかわる基準を設け，災害予防の見地から市街地として必要な水準を確保していく．

b. 市街地の防災構造化

市街地については地域地区制度により用途混在を防止し，危険物貯蔵処理施設の制限や，形態規制による過密化の防止を図る．また，防火地域，準防火地域の指定により，建築物の不燃化を進める．火災による被害を最小限にするため，これらの不燃化建築物群，幹線道路，公園緑地，鉄道，河川を延焼遮断帯とする都市の防火区画化を図る．

さらに，都市公園，小中学校などを避難所・避難場所，主要道路を避難路とした避難ネットワークを構築する．これらの避難場所などについては，防災活動の拠点としての機能もあわせて整備を行う（図13.1）．

また，都市河川の改修や下水道（雨水管渠）の整備や貯留・浸透なども含めた総合的な雨水対策を図り，都市水害の発生を抑止する．

c. 消防活動設備・空間の整備

消防水利の確保と貯水槽の耐震化を進め，それらの適正配置を行う．また，震災時の道路閉そくの防止のため，道路幅員の確保，沿道の建築物の耐震化を進め，消防活動困難区域の解消に努める．

13.2.2 地区レベルの防災計画

地区レベルの防災計画では，まず，災害危険度判定の結果などに基づく危険地区の抽出が行われる．

一般に，大都市圏に多く存在する，道路・公園などの公共施設が未整備で老朽化した木造住宅の密集する市街地や，地方都市では非戦災市街地，斜面市街地，漁村集落から形成された市街地などの，いわゆる密集市街地が危険地区として防災計画の対象となる．これらの危険地区は市街地整備による改善が図られることになる．

一般に市街地整備は，面整備と段階的整備の2つの手法に大別される（図13.2）．

面整備とは，対象となる地域の建築物の除去や建設のみならず，街区，街路，広場，公園などの再構成など，全面的に建て替えを行う手法をいう．土地区画整理事業，市街地再開発事業，防災街区整備事業などが代表的な事業手法として挙げられ

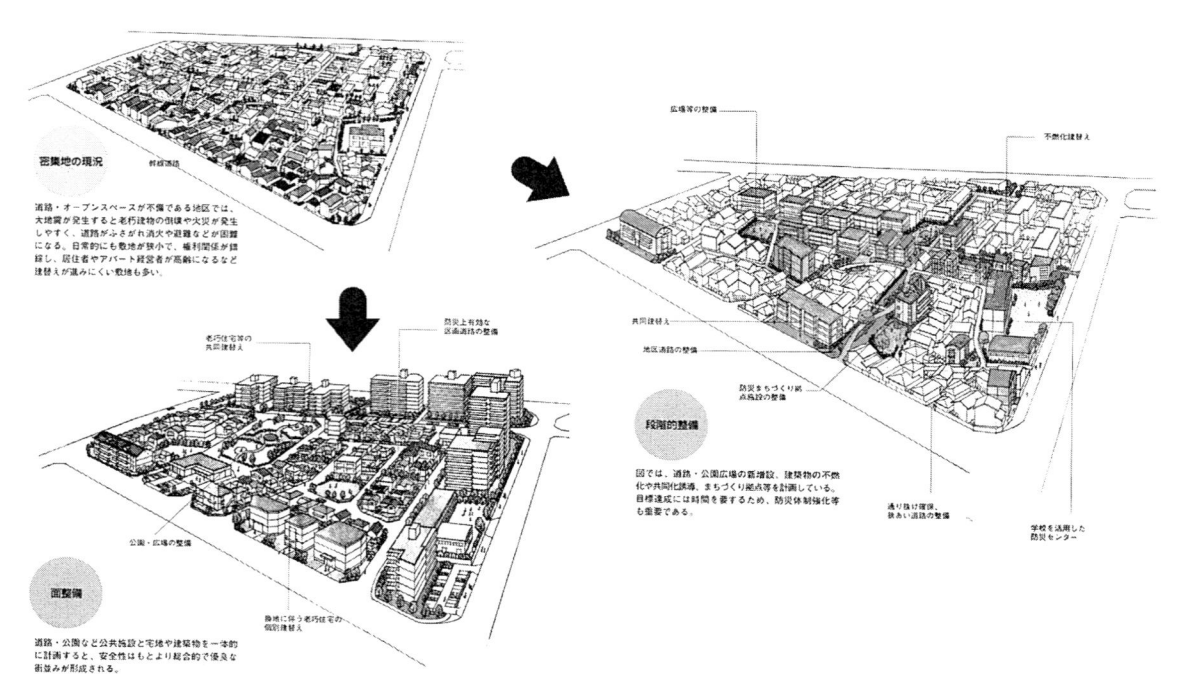

図13.2 面整備と段階的整備のイメージ[1]

る．地区の防災性を高める上では面整備は有効な手法であるが，事業自体が非常に大規模な事業となり，財源の確保や，利害関係者の合意形成，権利調整などにおいて多くの労力が必要となるなどの欠点もある．

一方，段階的整備は地区計画制度などを活用し，時間をかけて施設や建物を部分的に整備する手法であり，修復・改善型のまちづくりといわれる．この整備手法は，面整備と比較すると既存のコミュニティが維持しやすいなどの特徴があり，住民の主体的参加による協働の取り組みとして行われる．このような地区レベルの整備メニューとしては，建築物の不燃・難燃化，耐震化への誘導，狭隘道路の拡幅，行き止まり道路の解消，危険なブロック塀の除去や生垣化，緑化やポケットパークづくりなどがある．

段階的整備によるハード面の地区の修復・改善の取り組みと住民による自主防災活動などのソフト面の取り組みを総称して「防災まちづくり」という．1995年1月に発生した阪神・淡路大震災を契機に，1997年に密集市街地防災街区整備促進法が成立し，住民参加による防災まちづくり活動をベースとして推進する修復・改善型のまちづくり事業手法も整備された．

13.3 防災まちづくりの実践

13.3.1 防災まちづくりのプロセス

防災まちづくりは，自治会などの地域コミュニティ組織を単位として，地区住民を主体に行政，専門家，NPOなどとの協働で進められる．

その手順に定型化されたものはないが，その一例を図13.3に示す．これは，愛知県の「地域組織のための防災まちづくりガイド」に示されたPDCAサイクルによる防災まちづくりの進め方の概念図である．

地区住民が主体となり，ハード面では市街地の防災性能の向上をめざして，建物の耐震化，耐火化の取り組み，道路，公園などの生活基盤施設整備を段階的に進め，一方ソフト面では地区住民の防災意識を高め，災害時の相互扶助などの対応力を高めるため，勉強会，防災訓練などに取り組む．このハードとソフト両面から安全性向上をめざすには継続的な取り組みが不可欠で，まちづくり活動の継続性を担保する仕組みが重要である．

13.3.2 防災まちづくり活動の事例

a. きっかけづくり

地区住民が主体となる防災まちづくりには，そのきっかけづくりが欠かせない．行政から自治会などの地元組織へ呼びかけ，まずは説明会などを開催する．住民自身が地区の災害危険性を理解し，安全性向上に向けた取り組みの必要性を共有するためである．行政は，町丁目単位の災害危険度評価（建物倒壊危険性，延焼危険性，避難行動困難性など）の結果やハザードマップなどを情報提供する．

なお，防災意識の向上には防災訓練，災害図上訓練（disaster imagination game），出前講座なども有効である．

b. 地区の現状・課題の理解と共有化

住民の取り組みの必要性の理解が得られると，次は地区の防災上の問題点や課題の共有化を図る．ここでは，7.1節で示したまちづくり手法と同じく，タウンウォッチングと点検マップづくりの手法が使われる．まち歩きでは，狭隘道路，老朽建物，危険なブロック塀，空き家など防災上の問題となるもの，消火器，消火栓，消防水利，まとまった緑や空地など災害時に役立つものなどを確認する．そして地区レベルの防災点検マップを

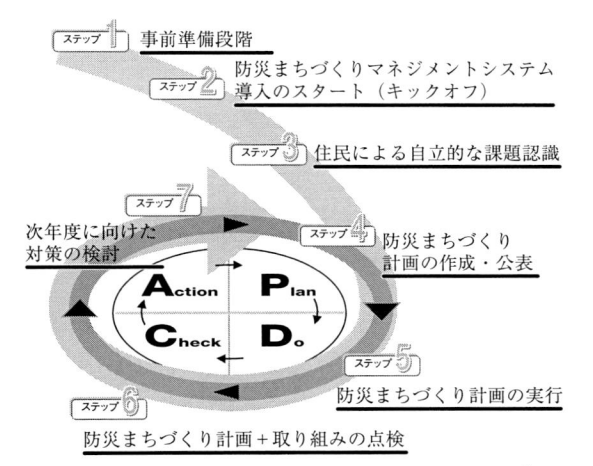

図13.3 PDCAサイクルによる防災まちづくり概念図[2)]

岩滑区の防災まちづくりの計画（平成17年度版）

岩滑区では、防災まちづくり方針に基づき、今年度は以下の11の取り組みをおこなうことになりました。

これらは「防災まちづくり発会式」「防災まちづくりワークショップ」「防災まちづくり連絡協議会」「防災運営委員会」を経て決められたものです。皆さんのご参加、ご協力をお願いいたします。

岩滑区防災まちづくり方針
　将来の地震に対して、人的被害が生じないような地域づくりを目指していきます。

分類	項目	内容
道路の安全確保	①通学路の安全点検	学校、PTA役員、地域防災会の役員が通学路安全性の点検を行います。愛知建築士会半田支部が通学路のブロック塀等の安全調査を行います。
	②ブロック塀の勉強会の開催	愛知県、半田市の協力で、ブロック塀倒壊の写真展示、ビデオ上映を行うとともに、ブロック塀被害の所有者責任を勉強します。また、ブロック塀危険個所を調査し、学校、地区役員、自主防災会に知らせます。
古い木造建築の耐震化	③耐震診断の受診促進	チラシの配布、講習会の開催を通じ、耐震診断の必要性をPRします。各団体の会合や区民展などでもPRタイムやPRコーナーを設けるとともに、耐震診断申込用紙を区内各所に置いてもらいます。
	④耐震改修済み建物の見学会	耐震改修実施済み家屋の見学会や、信頼できる業者の紹介をします。
家具の転倒防止	⑤家具の転倒防止の講習会の開催	自主防災会役員、町内会長、老人会、PTA役員等地元の各種団体に呼びかけ、治工具、機具の講習会を開きます。愛知建築士会半田支部、地区内在住の建築業者、大工さん等にも協力してもらいます（第一回を10/19に開催、約60名が受講。第二回、第三回は11月、12月を予定）。
	⑥希望する家庭で家具の転倒防止を実施	75～80歳以上の高齢者宅かそれに準ずる世帯で家具の転倒防止を実施します（半田市調査の31世帯についても実施します）。
	⑦家具の転倒防止モデルの展示	区民館にモデルハウスを設け、転倒防止の見本や器具を展示します。また、電気ドリル等の工具を購入し、区民に貸し出します。秋の区民展(10/29・10/30)は多くの区民の方に見ていただきました（約700人の来場）。
地域の助け合い	⑧町内会、隣組も防災活動に参加	隣組長にも協力を求め、区会にて町内会、隣組の参加を決議します。
	⑨隣組単位での安否確認の仕組みづくり	安否確認チェックカードを全世帯に記入してもらい、隣組長、町内会長、自主防災会ブロック長が保管し、災害時や防災訓練に活用します。
	⑩高齢者世帯への声かけ運動	毎年の防災訓練や家具固定のアフターサービスなどを通じ、隣組長、町内会長、自主防災会役員と高齢者のコミュニケーションを図ります。
	⑪災害弱者のいる家庭の把握	民生委員等の協力も得て、災害弱者のいる家庭を把握します。

半田市岩滑区　平成17年11月　　　　　　　　　　　　　　　　防災まちづくりマネジメント計画

協力団体　愛知建築士会半田支部、半田災害支援ボランティアコーディネーターの会、NPO法人りんりん、愛知県、半田市、岩滑小学校、岩滑小学校PTA、民生委員

図13.4　岩滑区の防災まちづくり計画[2]

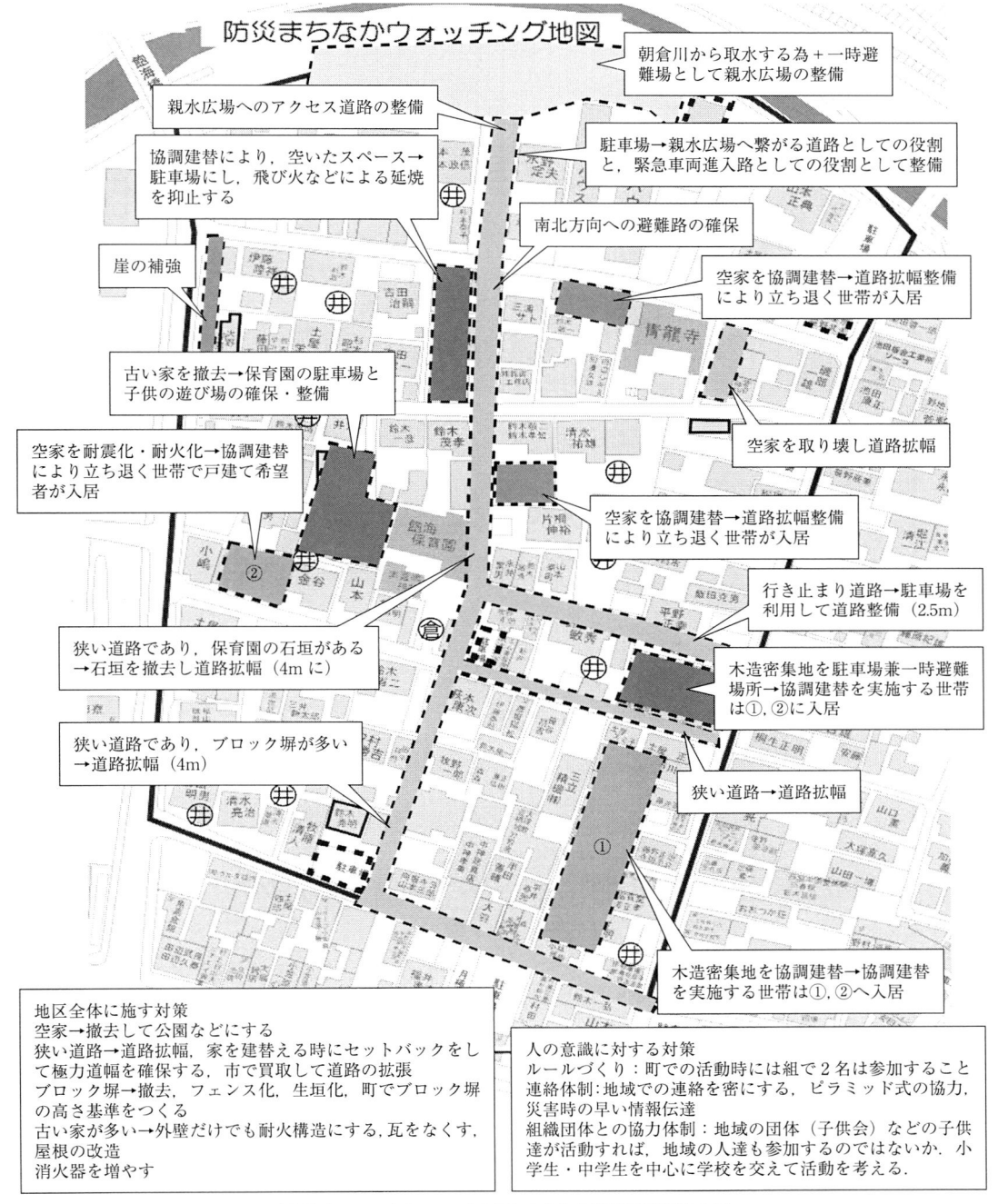

図 13.5 ワークショップでまとめられた整備計画素案の例

作成し，それをふまえて課題整理図をまとめ，課題の共有化を図る．

c. 行動計画づくり

地区の課題整理の結果をもとに，計画づくりを行う．ここでいう計画とは，行政の計画ではなく，住民自らが取り組む防災まちづくりの行動計画が中心となる．

一般に，ワークショップ方式で専門家，行政の協力を得て行われる．例えば，「なぜこのエリアは火災の延焼危険性が高いのか」，「なぜ避難行動の困難性が高いのか」，その原因を住民が理解し，その課題解決のためにとるべき行動や対策は何かを

考える.参加住民の合意形成を図りながら行動計画案をまとめる(図13.4).

想定される対策は,建物耐震化や耐火化,道路整備などのハード整備に加え,多様な層への防災意識の啓発活動や防災訓練参加向上策,災害弱者情報の共有などのソフトな取り組みまで多様である.これらのメニューを事前に用意しておくことが肝要である.

なお,防災まちづくりの取り組みの中で,都市計画法の地区計画制度や密集市街地事業制度の適用を前提に,ハードの市街地整備を中心に考える計画素案づくりが実施される場合がある.この場合も住民と行政の協働によるワークショップ方式で地区の整備計画素案づくりに取り組む(図13.5).

d. 行動の実践,点検・改善

地区住民は,行動計画に基づいて対策の取り組みを実践することになる.そして,実践の結果を自らチェックして,取り組みの効果や問題点を洗い出す.最後に,取り組みの改善点や行動計画の見直しを検討し,次の取り組みや行動計画の改良につなげていく.

以上のような一連の取り組みを継続的に行うことで,漸進的にまちの安全性向上をめざしていく.

■参考文献
1) 防災都市づくり研究会編:都市再生のための防災まちづくり,ぎょうせい(2003).
2) 愛知県:地域組織のための防災まちづくりガイド(2005).

索　引

ア　行

アーケード　78,127
アゴラ　13
アテナイ　13
アテネ憲章　22,29
アドレスマッチング　139
アーバークロンビー, P.　25
アワニー原則　27
アンウィン, R.　25,121
アンケート方式　70

イスラーム都市　12,119
市場集落　15

ウィーン　17,18,77,79
ヴェニス　118
ウェルウィン　25
ウッズ父子　118
ウルマン, E.　31

衛星測位　135
駅前広場　85
エコロジカルデザイン　108
絵になる景観　95
エリアマネジメント　75

オーウェン, R.　19
屋上緑化　114
オースマン　17,118
オーバーレイ分析　137
オープンスペース　109
オルソ化空中写真　139
オルムステッド, F.L.　20
温室効果ガス　108

カ　行

回帰分析　130
街区公園　112
開発の規制　61
カナルハウス　79
カルソープ, P.　27

ガルニエ, T.　21
ガレリア　118,119
間隔尺度　129
環境基本計画　108
環境基本法　108
環境効率　108
環境問題　107
観光資源　105
観光まちづくり　105
カンバーノルド　123
カンポン　121

既成市街地　33
基本計画　6
基本構想　6,39
キャナリースクウェア　125
仰角　89
共同建て替え　64
共有化　93
居住立地限定階層論　32
居住立地要因　31
拠点と軸の構成　36
近代建築国際会議　22
近隣公園　112
近隣住区　23,109
　　ペリーの――　23
『近隣住区論』　23
近隣商業地　33

空間相互作用モデル　135
Google Earth　138
Google SketchUp　138
Google Maps　138
クラインガルテン　79,114
グランド・プロジェ・ド・パリ　76
グランドマナー　118
クリアリングハウス　139
グリーンベルト　26,109

計画行政　3
計画フレーム　7,34
景観課題図　95
景観計画　97
景観計画区域　97

景観形成基準　97
景観形成図　95
景観現況図　94
景観シミュレーション　139
景観重要建造物　97
景観重要公共施設　97
景観重要樹木　97
景観地区　97
景観特性図　94
景観農業振興整備計画　97
景観配慮デザイン　92
景観法　92,97
景観緑三法　111
形態規制　63
ゲデス, P.　23
ゲール, J.　116
現状変更行為　101
減歩　63
権利床　64

公園配置モデル　112
公園緑地系統　20
郊外型・ロードサイド型商業地　33
公共施設緑地　112
工業団地　33
工業都市　19
工業立地　31
交通機関　80
交通セル　124
国勢調査　1
国土形成計画　46
国土利用計画　46
古都保存法　98
五番街　75
コホートモデル　34,134
コモンスペース　123
コンパクトシティ　27

サ　行

細密数値情報　138
堺（自由都市）　120
サルテア　20

CIAM　22,29
GIS　135
ジェイコブス，A.　116
ジェイコブス，J.　26,116
市街化区域　57
市街化調整区域　57
市街地再開発事業　63
軸景　91
CG　140
寺社地　11
市場（シジャン）　126
システムズ・アナリシス　6,7
施設緑地　112
自然環境　107
持続可能性　107
持続可能な開発　27
視対象　89,90,92
実施計画　6
指定都市　2
自転車交通　77,86
自転車専用道路　125
視点場　89,91
自動車起終点調査　82
CBD　32
シミュレーション分析　7
市民参加型のまちづくり　70
斜線制限　62,63
重回帰分析　132
従業者配分計画　36
住区基幹公園　112
修景　98,101
重相関係数　132
集団規定　57
集中交通量　82
集約型都市構造　37
重要伝統的建造物群保存地区　100
主成分分析　132
首都　2
周礼　9
順序尺度　129
城下町　11,120
商業立地　31
正面景　91
将来予測　7,68
ショッピングモール　124
ジラルデリースクウェア　125
人口300万人の現代都市　22
人口集中地区　1
人口配分計画　36
人口予測　134

水視率　91

数量化理論　132
スカイウェイ　125
ストア　13
ストロイエ通り　117
スフォルツィンダ　16
スプロール　59
スラム　19

生活拠点　39
清渓川　126
政策実験　34
成長の限界　27
生物多様性　108
接道義務　62
セミモール　124
善光寺（門前町）　120
泉北ニュータウン　123
千里ニュータウン　122

相関係数　131
総合計画　39,89,109
　　北九州市の——　43
　　静岡市の——　43
　　市町村合併後の——　42
　　新潟市の——　42
　　福岡市の——　40
総合設計制度　76

タ　行

対岸景　91
大都市　2
大ロンドン計画　26,61,109
竹富島憲章　104
多変量解析　131
単純予測　33

地域拠点　39
地域制緑地　112
地域地区　61
地域の解読　89
地域防災　143
地下街　127
地区計画　64
地区公園　112
中核市　2
駐車場の地下化　77
中心業務地区　33
中心市街地　77
中心市街地活性化　54
中枢管理都市　1
駐輪場　87

長安城　9
町人地　11
地理空間情報活用推進基本法　135
地理空間情報高度活用社会　139
地理情報システム（GIS）　135

通過交通　80
ツールーズミレイユ　123

TIN データ　136
D/H　90
定性的データ　128
低層高密度　79
定量的データ　128
田園都市　23,25
伝統的建造物群保存地区　99

道路の段階構成　84
特別劇場地区　75
特別ゾーニング地区　74
特別緑地保全地区　110,112
特別リンカーンスクエア地区　75
特例市　2
都市間交通　80
都市基幹公園　112
都市計画（定義）　2
都市計画区域　57
都市計画提案制度　66
都市計画マスタープラン　47
都市公園　112
都市構造　37
都市軸構成　6
都市成長境界線　28
都市調査　67
都市的土地利用　1
都市内交通　80
都市美運動　20
都市モデル　133
都市問題　4
都市緑地法　110
都心・副都心商業地　33
土地区画整理事業　63
土地利用　5,29
土地利用計画　29
土地利用分布　30
土地利用用途占有率　136
土地利用予測　33
トランジットモール　124
トレンドモデル　34

ナ 行

内陸工業地　33

ニコレットモール　125
ニューアーバニズム　28

ハ 行

パクストン，J.　118
バグダード　12
パサージュ　118
パサール　125
バージェス，E.W.　30
バシリカ　14
バース　118
パーソントリップ調査　81
発生交通量　82
パティオ型住宅　79
バービカン　125
パブリックスペース　116
ハムステッド田園郊外　25,121
パリ　16,76
ハリスとウルマンの多核心モデル　31
ハルプリン，L.　125
ハーロウ　123
バロック的都市デザイン　19
ハワード，E.　23

ビオトープ　114
ピクチャレスク　118
日田市豆田町伝建地区　103
ヒッポダモス　13
ヒートアイランド現象　110
標本調査　130
比率尺度　129

ファサード保存　77
VR　141
フォトモンタージュ　140
フォルム　14
俯角　89
俯瞰景　91
ブキャナンレポート　84,121
福岡市2011グランドデザイン　41
福岡市・新基本計画　40
武家地　11
藤原京　10
物的計画　5
部門別計画　5
フーリエ，C.　19,20

不良住宅密集地区　32
フリンジ住宅　79
フリンジパーキング　75
ブルグス　15
フルモール　124
ブルンドラント委員会　27
文化的景観　101
分布交通量　82

平安京　10
平城京　10
壁面緑化　114
ベクタデータ　136
ペデストリアンデッキ　123
ペリー，C.A.　23

ホイト，H.　31
防災計画　143
防災まちづくり　145
　　PDCAサイクルによる――　145
歩行者天国　75,77,78
歩行者モール　127
保存地区　77
保田窪第一団地　123
ポートランド　124
保留床　64
ポルティコ　14,118
ボローニャ　118
ボンネルフ　121
ポンピドーセンター前広場　125

マ 行

マクロモデル　34
まちかどウォッチング　72
まちづくり協議会　70
まちづくり支援ツール　70
まちづくりの体制　52
マッピングシステム　139
マンフォード，L.　23

ミクロモデル　34
緑の基本計画　110
見られ頻度　89
ミレトス　13
民間施設緑地　112

名義尺度　128
メトロ　28

モール　124

ヤ 行

八女市八女福島伝建地区　103
誘致距離　112
用途地域　61,69,91,110

ラ 行

ラスタデータ　136
ラ・デファンス地区　76
ラドバーン住宅地区計画　23
ランビュラス大通り　117

理想都市　19
　　オーウェンの――　20
　　周礼の――　9
　　スフォルツィンダの――　16
　　フーリエの――　20
立体都市公園制度　111
立地要因　31
　　業務系事務所の――　32
　　小売・サービス業の――　33
　　事業所の――　32
流軸角　91
流軸景　91
流通団地　33
緑化地域　110
緑地　109
緑地協定　114
緑地保全地域　110
臨海埋立地　33
リンクシュトラーセ　18

ル・コルビュジェ　22

歴史的環境の保全　78
歴史的風致維持向上計画　102
歴史的町並み　97
歴史まちづくり法　102
レッチワース　25

ロイヤルクレッセント　118,119
ローマ　13
　　――の再開発　16
ロンドン　23,61,109,121,125

ワ 行

ワークショップ方式　70

編著者略歴

萩島　哲 (はぎしま　さとし)
1942年　福岡県に生まれる
1965年　九州大学工学部建築学科卒業
現　在　九州大学名誉教授
　　　　工学博士

シリーズ〈建築工学〉7
都市計画　　　　　　　　　　定価はカバーに表示

2010年10月30日　初版第1刷
2024年 2 月25日　　　第10刷

編著者　萩島　哲
著　者　一記瀬貝　祐重
　　　　太　髙　圭一心伸世洋誠祐雅
　　　　大日鵺三趙大佐小菅
　　　　幸彰郎治雄晨子治司幸
　　　　森藤林

発行者　朝　倉　誠　造
発行所　株式会社　朝倉書店
　　　　東京都新宿区新小川町6-29
　　　　郵便番号　162-8707
　　　　電話　03(3260)0141
　　　　FAX　03(3260)0180
　　　　https://www.asakura.co.jp

〈検印省略〉

© 2010〈無断複写・転載を禁ず〉　印刷・製本　デジタルパブリッシングサービス
ISBN 978-4-254-26877-5　C 3352　　　　Printed in Japan

JCOPY 〈出版者著作権管理機構 委託出版物〉
本書の無断複写は著作権法上での例外を除き禁じられています．複写される場合は，そのつど事前に，出版者著作権管理機構（電話 03-5244-5088, FAX 03-5244-5089, e-mail: info@jcopy.or.jp）の許諾を得てください．